"十三五"国家重点出版物出版规划项目

现代机械工程系列精品教材

"十二五"普通高等教育本科国家级规划教材

普通高等教育"十一五"国家级规划教材

自动化制造系统

第 4 版

主　编　张根保

副主编　王立平　陈子辰　龚光容

参　编　郭　钢　桂贵生　潘晓弘

　　　　胡立德　邢预恩

主　审　邵新宇　陈心昭

U0240152

机 械 工 业 出 版 社

自动化制造系统是智能制造的载体，是制造技术的主要发展方向之一，它对提高产品质量和劳动生产率、降低制造成本、减轻劳动强度、提高制造过程的适应性，进而提高企业的市场竞争能力具有极其重要的意义。

本书系统地介绍了自动化制造系统的基本知识，以及自动化制造系统的规划、设计、分析及其优化运行的基本理论和方法，介绍的重点是面向多种、小批量生产的柔性自动化制造系统，并将"人机一体化"和"适度自动化"的思想融合进本书中。本书的结构体系完整，编写手法新颖，理论联系实际，追求先进性和实用性的完美结合。考虑到自学的方便性，也便于学生抓住复习的重点，每章后都附有一定数量的复习思考题。

本书可作为机械工程、工业工程等各类与制造有关的学科和专业的本科生教材或研究生的教学参考书，亦可供有关制造企业的工程技术人员自学和参考。

图书在版编目（CIP）数据

自动化制造系统/张根保主编 . —4 版 . —北京：机械工业出版社，2017.8（2025.1 重印）

"十二五"普通高等教育本科国家级规划教材 "十三五"国家重点出版物出版规划项目 现代机械工程系列精品教材

ISBN 978-7-111-57083-7

Ⅰ.①自… Ⅱ.①张… Ⅲ.①柔性制造系统-自动化-高等学校-教材 Ⅳ.①TH164

中国版本图书馆 CIP 数据核字（2017）第 131131 号

机械工业出版社（北京市百万庄大街 22 号 邮政编码 100037）
策划编辑：余 皡 责任编辑：余 皡 张珂玲
责任校对：潘 蕊 封面设计：张 静
责任印制：单爱军
河北鑫兆源印刷有限公司印刷
2025 年 1 月第 4 版第 10 次印刷
184mm×260mm·18.5 印张·452 千字
标准书号：ISBN 978-7-111-57083-7
定价：59.00 元

电话服务 网络服务
客服电话：010-88361066 机 工 官 网：www.cmpbook.com
010-88379833 机 工 官 博：weibo.com/cmp1952
010-68326294 金 书 网：www.golden-book.com
封底无防伪标均为盗版 机工教育服务网：www.cmpedu.com

第4版前言

本书自2011年6月第3版出版至今已有多年时间，期间多次印刷，被国内很多高校都选作教材。在这期间，制造技术又有了不少新进展，特别是德国的"工业4.0"和中国的"中国制造2025"的发布，为自动化制造技术的研究和应用又增加了新内容，为自动化制造技术的发展指出了新方向，"智能制造"和"机器换人"已成为自动化制造的主流，推动自动化制造技术的研究和应用向着更加深入的方向发展，也使得本书的读者群不断扩大。

为了适应新的发展形势，再加上本书已被列入"十三五"国家重点出版物出版规划项目（现代机械工程系列精品教材），在客观上也要求对本书进行再修订。

在修订过程中，除了更正第3版书中存在的各种问题外，我们还根据制造技术的新进展强化了一些内容，如智能制造。

修订后的总体框架没有改变，只在内容上做了调整。参加本书修订工作的有：重庆大学张根保教授（第一章、第七章），重庆大学郭钢教授（第二章），合肥工业大学桂贵生教授（第三章），重庆大学胡立德教授（第四章），浙江大学陈子辰教授（第五章），清华大学王立平教授（第六章），南京理工大学李小宁教授（第七章），浙江大学潘晓弘教授（第八章），南京理工大学龚光容教授（第九章），内蒙古科技大学邢预恩教授（第十章）。全书由张根保教授进行策划、统稿并担任主编，王立平教授、陈子辰教授和龚光容教授担任副主编。华中科技大学邵新宇教授和合肥工业大学陈心昭教授仍担任本书主审。

在本书修订过程中，我们参考了国内外众多的同类教材和专著，也吸收了很多学者和读者提出的宝贵意见，在此一并致谢。限于编者的水平，书中的缺点错误在所难免，希望广大读者提出宝贵意见（E-mail：gen. bao. zhang@263. net），以利于本书的改进和提高，也利于本书在国内自动化制造人才培养和企业应用方面发挥更大作用。

编　者

目　录

缩写术语表

AGV	Automated Guide Vehicle		GPSS	General Purpose Simulation System
AM	Agile Manufacturing		GT	Group Technology
AMS	Automatic Manufacturing System		ICAM	Integrated Computer Aided Manufacturing
APT	Automatically Programmed Tools		IDEF	ICAM Definition Method
ATC	Automated Tool Changer		IMS	Intelligent Manufacturing System
BPR	Business Process Reengineering		IRR	Internal Rate of Return
CAD	Computer Aided Design		JIT	Just In Time
CAM	Computer Aided Manufacturing		LP	Lean Production
CAPMS	Computer Aided Production Management System		LPT	Longest Processing Time
			LR	Longest Remaining Processing Time
CAPP	Computer Aided Process Planning		LSOPN	Longest Subsequent Operation
CIM	Computer Integrated Manufacturing		MAS	Manufacturing Automation System
CIMS	Computer Integrated Manufacturing System		MC	Machining Center
			MIS	Management Information System
CMM	Coordinate Measuring Machine		MOPNR	Most Operation Remaining
CNC	Computerized Numerical Control		MRPII	Manufacturing Resources Planning
CP	Process Capability Index		MTBF	Mean Time Between Failure
DBS	Data Base System		MTTE	Mean Time To Failures
DFD	Data Flow Diagram		NAV	Net Annual Value
DNC	Distributed Numerical Control		NC	Numerical Control
EDD	Earliest Due Date		NES	Network System
E – R	Entity Relationship Model		NPV	Net Present Value
EMS	Electric Manufacturing Simulator		NPVI	Net Present Value Index
ERP	Enterprise Resource Planning		OEE	Overall Equipment Effectiveness
ERR	External Rate of Return		PERT	Program Evaluation and Review technique
FAL	Flexible Assembly Line		PLC	Programmable Logic controller
FAS	Flexible Assembly System		QIS	Quality Information System
FEMCA	Failure Mode Effects and Criticality Analysis		QTC	Quick Tool Changer
			RGV	Rail Guide Vehicle
FIFO	First In First Out		RPN	Risk Priority Number
FTA	Failure Tree Analysis		SA	Structured Analysis
FMC	Flexible Manufacturing Cell		SD	Structured Design
FMECA	Failure Mode Effects and Criticality Analysis		SLACK	Least Amount of Slack
			SLOPN	Least Ratio of Slack to Operation
FML	Flexible Manufacturing Line		SPT	Shortest Processing Time
FMS	Flexible Manufacturing System		SR	Shortest Remaining Processing Time
FOPNR	Fewest Operation Remaining		TIS	Technical Information System

第一章　自动化制造系统概论

自动化制造是人类在长期的生产活动中不断追求的主要目标。随着科学技术的不断进步，自动化制造的水平也越来越高。采用自动化制造技术，不仅可以大幅度降低操作者的劳动强度，而且还可以提高生产效率，改善产品质量，提高制造系统响应市场变化的能力，从而提升企业的市场竞争能力。

本章共包括6节内容：第一节给出与自动化制造系统有关的一些基本概念和定义；第二节讨论自动化制造系统的组成及其学科特点；第三节介绍自动化制造系统的意义及其发展历程；第四节讨论自动化制造系统的特点、适用范围及实现原则；第五节涉及自动化制造系统的评价指标；最后一节简单介绍系统工程技术及分析、设计自动化制造系统的方法。

第一节　基本概念

一、制造及制造业

制造（Manufacturing）是人类按照市场需求，运用主观掌握的知识和技能，借助于手工或可以利用的客观物质和工具，采用有效的方法，将原材料转化为最终物质产品并投放市场的全过程。因此，制造不是指单纯的加工和装配过程，而是包括市场调研和预测、产品设计、选材和工艺设计、生产准备、物料管理、加工装配、质量保证、生产过程和生产现场管理、市场营销、售前售后服务以及报废后的回收处理等产品寿命循环周期内一系列相互联系的活动。

在这里，我们所定义的是制造的广义概念，与传统的狭义制造概念不同，后者往往只包括生产车间内与物流有关的加工和装配过程。

制造业是所有与制造有关的企业组织的总称。制造业是国民经济的支柱产业，它一方面创造价值、物质财富和新的知识，另一方面为国民经济各个部门包括国防和科学技术的进步与发展提供先进的手段和装备。在工业化国家中，约有1/4的人口从事各种形式的制造活动，在非制造业部门中，约有半数人的工作性质与制造业密切相关。纵观世界各国，制造业发达的国家，它的经济必然强大。大多数国家和地区的经济腾飞，制造业功不可没。

二、系统

系统（System）是具有特定功能的、相互间具有有机联系的许多要素所构成的一个不可分割的整体。虽然一个系统可以进一步划分成一些更小的分系统，而且这些分系统也可以单独存在并对外呈现一定的特性，但这些分系统都不具备原有系统的整体性质。另外，这些分系统的简单叠加也不能构成原来的系统，而仅仅是一个分系统间的简单集合。

一般的系统都具有下述性质：

（1）目的性　任何一个物理或组织系统都具有一定的目的。例如，制造系统的目的是将制造资源有效地转变成有用的产品。为了实现系统的目的，系统必须具有处理、控制、调节和管理的功能。

（2）整体性　系统是由两个或两个以上可以相互区别的要素，按照系统所应具有的综合整体性构成的。系统的整体性说明，具有独立功能的系统要素以及要素间的相互关系是根据逻辑统一性的要求，协调存在于系统整体之中，对外呈现整体特性。系统的整体性要求应从整体协调的角度去规划整个系统，从整体上确定各组成要素之间的相互联系和作用，然后再去分别研究各个要素。离开整体性去研究系统的各要素，就失去了原来系统的意义，也就无法实现系统的功能。

（3）集成性　任何系统都是由两个或两个以上的要素组成的，每个要素都对外呈现出自身的特性，并有其自身的内在规律。但这些要素都要通过系统的整体规划有机地集成为一个整体。因此，系统的集成性并不等于集合性，前者构成一个有机的整体，可以实现系统整体运行的最佳化；后者仅是各组成要素之间的简单叠加，不仅达不到最优，有时系统还会由于参数不匹配而无法运行。

（4）层次性　系统作为一个相互作用的诸要素的总体，它可以分解成由不同级别的分系统构成的层次结构，层次结构表达了不同层次分系统之间的从属关系和相互作用关系。将系统适当分层，是研究和设计复杂大系统的有力手段。

（5）相关性　组成系统的要素是相互联系、相互作用的，相关性说明了这些联系之间的特定关系。研究系统的相关性可以弄清楚各个要素之间的相互依存关系，提高系统的延续性，避免系统的内耗，提高系统的整体运行效果。弄清楚各要素的相关性也是实现系统有机集成的前提。

（6）环境适应性　任何系统都必然会受到外部环境的影响和约束，与外部环境进行物质、能量和信息的交换。一个好的系统应能适应外部环境的改变，能随着外部条件的变化而改变系统的内部结构，使系统始终运行在最佳状态。

三、制造系统

制造系统（Manufacturing System）是为了达到预定的制造目的而构造的物理或组织系统。作为一个系统，制造系统具有构成上述系统的一切特征。图1-1用黑箱方式表示制造系统及其与外部环境的关系。其中，信息、原材料、能量和资金作为系统的输入，成品作为系统的主动输出，废料以及其他排放物（包括对环境的污染）作为系统的被动输出。

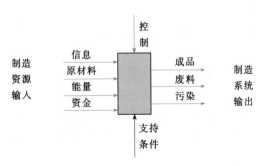

图 1-1　用黑箱方式表示制造系统

在研究制造系统时，除了要搞清楚系统与外部环境的关系外，我们更感兴趣的主要是它的内部组织和结构。在系统内部包括很多与制造活动有关的因素：人员、设备、组织机构、管理方式、技术系统、资金等，简单地将这些因素相加，无法取得整体最优的效果，也不称其为系统。只有从系统的观点出发，运用系统工程的原理和技术去统筹规划各个要素，才能实现各要素之间的有机集成，使系统运行在最佳状态，以最经济有效的方式达到制造活动的目的。

四、制造自动化

根据本书给制造下的定义，广义制造过程包括很多内容。制造自动化（Manufacturing Automation）就是在广义制造过程的所有环节采用自动化技术，实现制造全过程的自动化。由于篇幅所限，本书将制造自动化的侧重点放在自动化物流及处理技术方面，所涉及的制造自动化仅局限在狭义制造范畴以内，即仅包括物流和物料处理的适度自动化和与物流有关的信息流处理自动化。

五、制造规模

制造企业的产品品种和生产批量大小是各不相同的，我们称之为制造规模（Manufacturing Scale）。通常，可以将制造规模分为三种：大规模制造、大批量制造和多品种小批量制造。

年产量超过5000件的制造常称为大规模制造，例如标准件（螺钉、螺母、垫圈、销子等）的制造、自行车的制造、汽车制造等。大规模制造常采用组合机床生产线或自动化单机系统，通常其生产率极高，产品的一致性非常好，成本也较低。

年产量在500~5000件之间的制造常称为大批量制造，如重型汽车制造、大型工程机械制造等均属于大批量制造。大批量制造的自动化程度和生产率通常较低，实际中多使用加工中心和柔性制造单元。

年产量在500件以下的制造通常称为多品种小批量制造，如飞机制造、机床制造、大型轮船制造等。随着用户需求的不断变化，机械制造企业的生产规模越来越小，多品种、单件化已成为机械制造业的主导方式。本书所介绍的自动化制造系统就主要针对多品种小批量制造规模。

六、制造系统的分类

可以从不同的角度对制造系统进行分类。在图1-2中，我们从人在系统中的作用、加工对象的品种和批量、零件及其工艺类型、系统的柔性、系统的自动化程度及系统的智能程度等方面对制造系统进行了分类，并适当介绍了它们各自的特点。各种类型的不同组合，可以得到不同类型的制造系统。例如，刚性自动化离散型制造系统就是自动化程度、系统柔性和工艺类型三种分类方式的组合。它适用于离散型制造企业的大批量自动化制造。

限于篇幅，本书主要介绍人机一体化的、面向机械制造业的多品种、小批量生产的柔性自动化制造系统的系统分析及设计，这种类型的制造系统是制造自动化系统的主要发展方向。

图 1-2　制造系统的分类

第二节　自动化制造系统的定义、组成及学科特点

一、自动化制造系统的定义

广义地讲，自动化制造系统（Automatic Manufacturing System，AMS）是由一定范围的被

加工对象、一定的制造柔性、一定自动化水平的各种设备和高素质的人组成的一个有机整体。它接受外部信息、能源、资金、配套件和原材料等作为输入，在人和计算机控制系统的共同作用下，实现一定程度的柔性自动化制造，最后输出成品、文档资料、废料和对环境的污染。

图1-3所示为人机一体化自动化制造系统的概念模式。

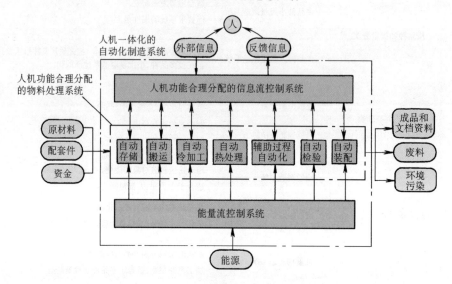

图1-3　人机一体化自动化制造系统

可以看出，自动化制造系统具有五个典型组成部分：

1. 具有一定技术水平和决策能力的人

现代自动化制造系统是充分发挥人的作用的、人机一体化的柔性自动化制造系统。因此，系统的良好运行离不开人的参与。对于自动化程度较高的制造系统如柔性制造系统（Flexible Manufacturing System，FMS），人的作用主要体现在对物料的准备和对信息流的监视和控制上。对于物流自动化程度较低的制造系统如分布式数控系统（Distributed Numerical Control，DNC），人的作用不仅体现在对信息流的监视和控制上，而且还体现在要更多地参与决策和物流过程。总之，自动化制造系统对人的要求不是降低了，而是提高了，它需要具有一定技术水平和决策能力的人。

2. 一定范围的被加工对象

现代自动化制造系统能在一定的范围内适应被加工对象的变化，变化范围一般是在系统设计时就设定了的。现代自动化制造系统加工对象的划分一般是基于成组技术（Group Technology，GT）原理的。

3. 信息流及其控制系统

自动化制造系统的信息流控制着物流过程，也控制成品的制造质量。系统的自动化程度、柔性程度和与其他系统的集成程度都与信息流控制系统关系很大，应特别注意提高它的控制水平。

4. 能量流及其控制系统

能量流为物流过程提供能量，以维持系统的运行。在供给系统的能量中，一部分用来维持系统运行，做了有用功；另一部分能量则以摩擦和传送过程的损耗等形式消耗掉，往往会对系统产生各种危害。所以，在制造系统设计过程中，要格外注意能量流系统的设计，以优化利用能源。

5. 物料流及物料处理系统

物料流及物料处理系统是自动化制造系统的主要组成部分，它在人的帮助下或自动地将原材料转化成最终产品。一般讲，物料流及物料处理系统包括各种自动化或非自动化的物料储运设备、储运设备、加工设备、检测设备、清洗设备、热处理设备、装配设备、控制装置和其他辅助设备等。各种物流设备的选择、布局及设计是自动化制造系统设计的重要内容。

二、自动化制造系统的功能组成

自动化制造系统的功能组成可以用图 1-4 所示的树形结构图表示。

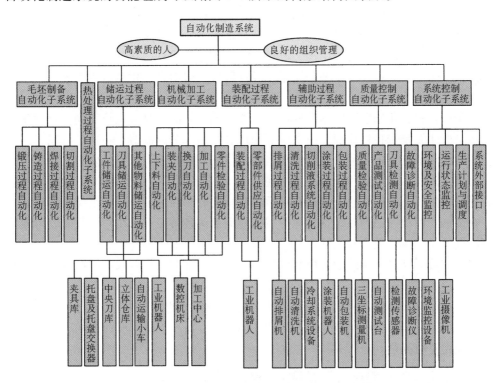

图 1-4　自动化制造系统的功能组成

可以看出，一个典型的自动化制造系统主要由以下子系统组成：毛坯制备自动化子系统、机械加工自动化子系统、储运过程自动化子系统、装配过程自动化子系统、辅助过程自动化子系统、热处理过程自动化子系统、质量控制自动化子系统和系统控制自动化子系统。人作为自动化制造系统的基本要素，可以与任何自动化子系统相结合。另外，良好的组织管理对于设计及优化运行自动化制造系统是必不可少的。本书中涉及的自动化制造系统主要是机械加工自动化系统，仅包括与机械加工有关的内容，并不包括热处理自动化子系统、毛坯制备自动化子系统及装配过程自动化子系统等。没有介绍装配过程自动化子系统的主要原因在于装配过程自动化要比机械加工自动化复杂得多，研究成果和实际应用比自动化机械加工系统要少得多，目前主要采用工业机器人来实现。热处理过程自动化、毛坯制备自动化、涂装过程自动化和包装过程自动化亦不是本书介绍的主要内容。需要指出的是，分布式数控系统（Distributed Numberical Control，DNC）、柔性制造单元（Flexible Manufacturing Cell，FMC）、柔性制造系统（Flexible Manufacturing System，FMS）、柔性装配自动化系统（Flexible Assembly System，FAS）和柔性制造线（Flexible Manufacturing Line，FML）均由若干个子系统所组成，因此它们分别属于自动化制造系统的一种类型，所以没有将它们列入图中。

三、自动化制造系统的寿命周期

与任何系统一样，自动化制造系统也有它自己的寿命周期（Life Cycle），达到一定的服役年限后系统就得报废。通常将系统的设计、制造、安装、调试、验收、应用、维护、报废及回收处理这些过程的集合称为自动化制造系统的寿命周期。在寿命周期的各个阶段，人们对自动化制造系统关注的重点是不同的。

在系统的设计阶段，需要根据加工对象选择加工方法，采用成组技术将未来的加工对象进行分类成组，然后确定系统的结构，进行各组成部分的设计。在这一阶段，人们更注重从设计方面保证系统的柔性、生产率和质量。设计阶段一般由自动化制造系统的用户和供应商参与完成。

制造阶段是自动化制造系统本身的产生阶段，与一般的产品或系统不同，自动化制造系统的制造阶段主要是选择供应商，由供应商完成各组成部分的制造。在这一阶段，用户关心的是供应商提供成套设备的能力和价格。当然，供货期也是重点考虑的内容之一。

在安装、调试、验收阶段，供应商根据合同将各组成部分运到用户现场进行安装和调试，并进行试加工，在确认达到设计要求后再进行验收。在这一阶段，供应商要对用户进行培训，在试加工时要考虑到系统投入运行后可能遇到的各种情况。用户验收时要考察系统是否达到预期的生产率、质量和柔性。

在验收完成后就进入系统的应用和维护阶段，需要按照操作要求应用系统，并按照维护要求对系统进行维护和保养。

在系统达到服役年限后，就进入系统的报废及回收处理阶段。在报废过程中，如果有些设备还可以继续使用，就可予以保留并派作其他用场，对于无法继续使用的设备，则可按国家的有关规定进行处理。

四、自动化制造系统与企业其他系统的关系

自动化制造系统主要完成产品制造，属于企业生产运营的操作层，它只是企业各种应用系统的一部分，企业要进行正常的生产经营活动，还需要其他的应用系统，如设计系统、管理系统、信息系统等。在自动化制造系统的运行中，需要与企业的其他应用系统发生信息、能量和物质交换。

企业的技术系统主要完成产品的研发及设计、工艺设计和生产准备等活动。自动化制造系统需要从技术系统获取产品的设计信息、工艺信息（包括数控代码）和工装信息（包括刀具、夹具、量具等），自动化制造系统需要向技术系统反馈加工过程的各种状态信息（可加工性、可装配性、产品的实验信息等）。

企业的管理系统主要完成各种管理活动，包括质量管理、营销管理、物资供应管理、财

务管理、成本管理、生产计划管理、人力资源管理、设备管理、能源管理等。在其运行过程中，自动化制造系统需要从管理系统获取如下信息：生产计划和作业计划、质量控制要求、外购原材料和外协件信息、能源供应信息、刀夹量具准备信息和设备信息等。自动化制造系统需要向管理系统反馈的信息有：生产计划完成情况、物资消耗情况、废次品率、工废和料废情况、设备运行情况和能源消耗情况等。

信息系统是企业的神经系统，现代企业中的各种信息都是通过信息系统来传递、存储和处理的。企业的技术信息和管理信息需要通过信息系统传递给自动化制造系统的控制系统，来自自动化制造系统的信息也要通过信息系统传送到技术系统和管理系统中。

五、自动化制造系统的学科特点和学科体系

由自动化制造系统的定义可以看出，它所涉及的学科范围很宽，呈多学科交叉状态。它的核心是制造科学和技术，通过系统工程技术的纽带作用将现代制造科学及技术和以计算机为基础的自动控制技术结合起来，实现有关科学和技术的有机集成，从而形成一个人机结合的、多学科交叉的柔性自动化制造系统。图 1-5 所示为自动化制造系统的学科体系。

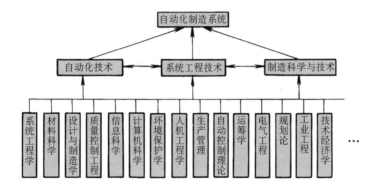

图 1-5 自动化制造系统的学科体系

第三节 自动化制造的意义及其发展历程

一、自动化制造的意义

制造过程的自动化是科学技术不断进步和生产力高度发展的产物，是人类早已向往且期待已久的理想生产形式。自动化制造系统的实现标志着人类进入了现代化文明生产的新纪元。自动化制造方式一经出现，立即得到人们的高度重视。其主要原因在于，采用自动化制造技术可以有效改善劳动条件，显著提高劳动生产率，大幅度提高产品的质量，有效缩短生产周期，并能显著降低制造成本。因此，制造自动化技术得到快速发展，并在生产实践中得到越来越广泛的应用。归纳起来，实现自动化制造系统具有下面的意义。

1. 提高生产率

制造系统的生产率表示在一定的时间范围内系统产出总量的大小，而系统的产出总量是

与单位产品制造所花费的时间密切相关的。采用自动化技术后，不仅可以缩短直接的加工制造时间，更可以大幅度缩短产品制造过程中的各种辅助时间，从而使生产率得以提高。

2. 缩短生产周期

现代制造系统所面对的产品特点是：品种不断增多，而批量却在不断减小。据统计，在机械制造企业中，单件、小批量的生产占85%左右，而大批量及大规模生产仅占15%左右。随着消费的不断个性化，单件、小批量生产占主导地位的现象目前还在继续发展，因此可以说，传统意义上的大批量生产正在向多品种小批量生产模式转换。据统计，在多品种小批量生产中，被加工零件在车间的总时间的95%被用于搬运、存放和等待加工中，在机床上的有效加工时间仅占5%。而在这5%的时间中，又只有30%的时间用于切削加工，其余70%的时间又消耗于定位、装夹和测量的辅助动作上。因此，零件在车间的总时间中，仅有1.5%是有效的切削时间，如图1-6所示。采用自动化技术的主要效益在于可以有效缩短零件98.5%的无效时间，从而有效缩短生产周期。

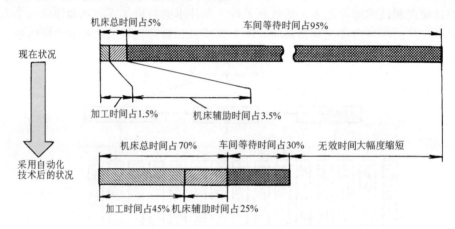

图1-6　机械零件加工时间分配

3. 提高产品质量

在自动化制造系统中，由于广泛采用各种高精度的加工设备和自动检测设备，减少了工人情绪波动的影响，因而可以有效提高产品的质量，保证质量的一致性。

4. 提高经济效益

采用自动化制造技术，可以减少生产面积，减少直接参与生产的工人的数量，减少废品率，因而就减少了对系统的投入。由于提高了劳动生产率，系统的产出得以增加。投入和产出之比的变化表明，采用自动化制造系统可以有效提高经济效益。

5. 降低劳动强度

采用自动化技术后，机器可以完成绝大部分笨重、艰苦、枯燥甚至对人体有害的工作，从而降低了工人的劳动强度。

6. 有利于产品更新

现代柔性自动化制造技术使得变更制造对象更容易，适应的范围也较宽，十分有利于产品的更新，因而特别适合于多品种小批量生产。

7. 提高劳动者的素质

现代柔性自动化制造技术要求操作者具有较高的业务素质和严谨的工作态度，无形中就

提高了劳动者的素质。

8. 带动相关技术的发展

实现制造自动化可以促进自动检测技术、自动化控制技术、产品设计与制造技术、系统工程技术等相关技术的发展。

9. 体现一个国家的科技水平

自动化制造技术的发展与国家的整体科技水平有很大的关系。例如，从1870年以来，各种新的自动化制造技术和设备基本上都首先出现在美国，这与美国高度发达的科技水平密切相关。

总之，采用自动化制造技术可以大大提高企业的市场竞争能力。

二、发展里程及现状

自从18世纪中叶蒸汽机发明而引发工业革命以来，自动化制造技术就伴随着机械化开始得到迅速发展。从其发展历程看，自动化制造技术大约经历了四个发展阶段，如图1-7所示。

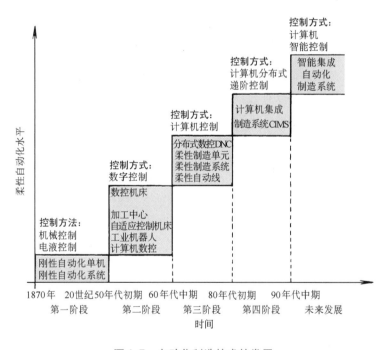

图1-7　自动化制造技术的发展

第一个阶段：从1870年到1950年左右，纯机械控制和电液控制的刚性自动化加工单机及系统得到长足发展。如1870年美国发明了自动制造螺钉的机器，继而于1895年发明多轴自动车床，它们都属于典型的单机自动化系统，都是采用纯机械方式控制的。1924年第一条采用流水作业的机械加工自动线在英国的Morris汽车公司出现，1935年苏联研制成功第一条汽车发动机气缸体加工自动线。这两条自动线的出现使得自动化制造技术由单机自动化转向更高级形式的自动化系统。在第二次世界大战前后，位于美国底特律的福特汽车公司大量采用自动化生产线，使汽车生产的生产率成倍提高，汽车的成本大幅度降低，汽车的质量也得到明显改善。随后，其他工业化国家，如苏联以及日本都开始广泛采用自动化制造技术和系统，使这种形式的自动化制造系统得到迅速普及，其技术也日趋完善，在生产实践中的应用也达到高峰。尽管这种形式的自动化制造系统仅适合于像汽车这样的大批量和大规模生产，但它对人类社会的发展起到了巨大的推动作用。值得注意的是，在此期间，苏联于1946年提出成组生产工艺的思想，它对自动化制造系统的发展具有极其重要的意义。一直到目前，成组技术仍然是自动化制造系统赖以发展的主要基础之一。

第二个阶段：从1952年到1965年左右，数控技术（Numerical Control，NC），特别是单机数控得到飞速发展。数控技术的出现是自动化制造技术发展史上的一个里程碑，它对多品种小批量生产的自动化意义重大，几乎是目前经济性实现小批量生产自动化的唯一实用技术。第一台数控机床于1952年在美国的麻省理工学院研制成功，它一出现就立即得到人们的普遍重视，从1956年开始就逐渐在中、小批量生产中得到应用。1953年，麻省理工学院又研制成功著名的数控加工自动编程语言（Automatically Programmed Tools，APT），为数控加工技术的发展奠定了坚实的基础。1958年，第一台具有自动换刀装置的数控机床即加工中心（Machining Centre，MC）在美国研制成功，进一步提高了数控机床的自动化程度。第一台工业机器人（Industrial Robot）于1959年出现于美国。最早的工业机器人是极坐标式的，它的出现对自动化制造技术具有很大的意义。工业机器人不但是自动化制造系统中必不可少的自动化设备，它本身也可单独工作，自动进行装配、焊接、涂装、热处理、清砂、浇铸等工作。1960年，美国研制成功自适应控制机床（Adaptive Control Machine Tools），使机床具有了一定的智能色彩，可以有效提高加工质量。1961年在美国出现计算机控制的碳电阻自动化制造系统，可以称为计算机辅助制造（Computer Aided Manufacturing，CAM）的雏形。1962年和1963年又相继在美国出现了圆柱坐标式工业机器人和计算机辅助设计及绘图系统（Computer Aided Design，CAD），后者为自动化设计以及设计与制造之间的集成奠定了基础。1965年出现的计算机数控机床（Computerized Numerical Control，CNC）具有很重要的意义，因为它的出现为实现更高级别的自动化制造系统扫清了技术障碍。

第三个阶段：从1967年到20世纪80年代中期，是以数控机床和工业机器人组成的柔性自动化制造系统得到飞速发展的时期。1967年英国的Molins公司研制成功用计算机控制6台数控机床的可变制造系统Molin-24，这就是目前统称的DNC（Distributed Numerical Control）分布式数控系统的雏形，这个系统被称为是最早的柔性制造系统，它的出现成功地解决了多品种小批量复杂零件生产的自动化及降低成本和提高效率的问题。同一年，美国的Sundstand公司和日本国铁大宫工厂也相继研制成功计算机控制的数控系统。1969年日本研制出按成组加工原理运行的IKEGAI可变加工系统。1969年美国又研制出工业机器人操作的焊接自动线。随着工业机器人技术和数控技术的发展和成熟，20世纪70年代初出现了小型自动化制造系统即柔性制造单元FMC，继而又出现了柔性制造系统FMS。柔性制造单元和柔性制造系统到目前仍是制造自动化的最高级形式，即自动化程度最高并且实用的系统。1980年日本建成面向多品种小批量生产的无人化机械制造厂——富士工厂，从毛坯及外购件入库、搬运、加工到成品入库等除装配以外均实现完全自动化。20世纪80年代初期，日本还开发了一个由机器人进行装配的全自动化、无人电机制造厂和一个规模庞大的利用激光进行加工的综合柔性制造系统。需要指出的是，这种在无人自动化工厂方面的努力最终却是不成功的，原因并不在技术，而主要在于它的经济性太差和忽视了人在制造系统中的核心作用。

第四个阶段：从 20 世纪 80 年代至今，制造自动化系统的主要发展是计算机集成制造系统（Computer Integrated Manufacturing System，CIMS），并被认为是 21 世纪制造业新模式。CIMS 是由美国人约瑟夫·哈林顿于 1974 年提出的概念，其基本思想是借助于计算机技术、现代系统管理技术、现代制造技术、信息技术、自动化技术和系统工程技术，将制造过程中有关的人、技术和经营管理三要素有机集成，通过信息共享以及信息流与物流的有机集成实现系统的优化运行。所以说，CIMS 技术是集管理、技术、质量保证和制造自动化为一体的广义自动化制造系统。CIMS 概念刚开始提出时，并没有受到人们的重视，一直到 20 世纪 80 年代初，人们才意识到 CIMS 的重要性，世界各国纷纷投入巨资研究并实施 CIMS。可以说，80 年代是 CIMS 技术发展的黄金时代。早期人们对 CIMS 的认识是全盘自动化的无人化工厂，忽视了人的主导作用，国外也确实有些 CIMS 工程是按照无人化工厂来设计和实施的。但是随着对 CIMS 认识的不断深入，人们意识到无人化工厂并不会给企业带来经济效益，这种无人化工厂至少在目前阶段是不实用的。于是，按全盘自动化模式设计的 CIMS 工程纷纷"下马"，国外甚至有人开始否定 CIMS，认为 CIMS 技术在现阶段是不现实的。但更多的人对 CIMS 技术作了重新思考，认为实施 CIMS 必须摒弃全盘自动化的思想，应充分发挥人的主观能动性，将人集成进整个系统，这才是 CIMS 的正确发展道路。于是，从 20 世纪 90 年代起，CIMS 的观念发生了巨大变化，开始提出以人为中心的 CIMS 的思想，并将并行工程、精益生产、敏捷制造和企业重组等新思想、新模式引入 CIMS，进一步提出第二代 CIMS 的概念。CIMS 中一般包括 4 个应用分系统，其中与物流有关的是制造自动化分系统（Manufacturing Automation Sub-system，MAS），它的主体就是计算机控制的柔性制造系统，这种人机结合的、集成环境下的自动化制造系统就是本教材将要重点介绍的内容。

自动化制造技术在我国的发展历程为：第一条机械加工自动线于 1956 年投入使用，是用来加工汽车发动机气缸体端面孔的组合机床自动线。第一条加工环套类零件的自动线是于 1959 年建成的加工轴承内外环的自动线。第一条加工轴类零件的自动线是 1969 年建成的加工电动机转子轴的自动线。1964 年以后不到 10 年时间，我国装备制造部门就为第二汽车制造厂（即现在的东风汽车集团公司）提供了 57 条自动线和 8000 多台自动化设备，表明我国提供自动化制造系统的能力有了很大的提高。我国数控机床以 1958 年研制成功的数控立铣床为开端，1973 年起集中力量研制数控机床、加工中心及计算机数控机床。到 1985 年年底，我国生产的数控机床的品种已达 50 余种，并远销国外。应该看到，我国数控机床虽然有了长足的发展，但存在着技术水平低，性能不稳定等问题，远远不能满足国内用户的需求。因此，国家每年还要花费大量的外汇进口数控系统和数控机床。我国于 1984 年研制成功两个柔性制造单元，第一个柔性制造单元于 1986 年投入运行，用于加工伺服电动机零件。1987 年以后，从国外引进 10 余套柔性制造单元，也自行研制了我们自己的 FMS。在这些 FMS 中，有些应用得很好，充分发挥了它的效益，而有些系统却利用率不高，造成资源的极大浪费。我国工业机器人的研究始于 20 世纪 70 年代初，自从 1986 年国家"863"高科技发展计划将机器人列为自动化领域的一个主题后，我国机器人技术得到很快的发展，已研制成功涂装、焊接、搬运、能前后左右步行、能爬墙、能上下台阶、能在水下作业的多种类型的机器人。自从 1986 年"863"计划起，作为自动化领域的两个主题之一，CIMS 在我国的研究和推广应用得到极快的发展，已取得大量研究应用成果和明显的经济及社会效益。

第四节　自动化制造系统的特点、适用范围及实现原则

一、自动化制造系统的分类及其特点

不同的自动化制造系统有着不同的性能特点和不同的应用范围，因此应根据需要选择不同的自动化制造系统。根据系统的自动化水平和规模，我们将自动化制造系统分成图 1-8 所示的一些类型。

1. 刚性半自动化单机

除上下料外，机床可以自动地完成单个工艺过程的加工循环，这样的机床称为刚性半自动化单机。这种机床采用的是机械或电液复合控制，一般采用多刀多面加工，如单台组合机床、通用多刀半自动车床。从复杂程度讲，刚性半自动化单机实现的是加工自动化的最低层次，但是投资少、见效快，适用于产品品种变化范围和生产批量都较大的场合。刚性半自动

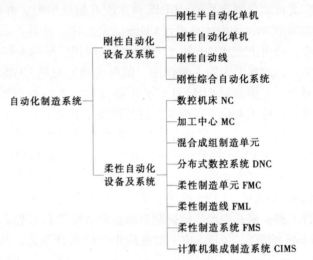

图 1-8　自动化制造系统的分类

化单机的主要缺点是调整工作量大，加工质量较差，工人的劳动强度也大。

2. 刚性自动化单机

它是在刚性半自动化单机的基础上增加自动上下料装置而形成的自动化机床。因此这种机床实现的也是单个工艺过程的全部加工循环。这种机床往往需要定做或在刚性半自动化单机的基础上改装，常用于品种变化很小，但生产批量特别大的场合。主要特点是投资少、见效快，但通用性差，是大量生产最常见的加工装备。

3. 刚性自动线

刚性自动化生产线是用工件输送系统将各种自动化加工设备和辅助设备按一定的顺序连接起来，在控制系统的作用下完成单个零件加工的复杂大系统。在刚性自动线上，被加工零件以一定的生产节拍，顺序通过各个工作位置，自动完成零件预定的全部加工过程的加工和部分检测工作。因此，刚性自动线具有很高的自动化程度，具有统一的控制系统和严格的生产节拍。与自动化单机相比，它的结构复杂，完成的加工工序多，所以生产率也很高，是少品种大批量生产适用的加工装备。除此之外，刚性自动线还具有可以有效缩短生产周期、取消半成品的中间库存、缩短物料流程、减少生产面积、改善劳动条件、便于管理等优点。它的主要缺点是投资大，系统调整周期长，更换产品不方便。为了消除这些缺点，人们发展了组合机床自动线，系统的各个功能部件由专业厂生产，可以大幅度缩短建线周期，更换产品后只需更换机床的某些部件即可（例如可换主轴箱），大大缩短了系统的调整时间，降低了生产成本，并能收到较好的使用效果和经济效果。组合机床自动线主要用于箱体类零件和其

他类型非回转件的钻、扩、铰、镗、攻螺纹和铣削等工序的加工。刚性自动化生产线目前正在向刚柔结合的方向发展，我国已开始大量地使用加工中心等柔性加工设备。

4. 刚性综合自动化系统

一般情况下，刚性自动线只能完成单个零件所有相同工序（如切削加工工序）的加工，对于其他自动化制造内容如热处理、锻压、焊接、装配、检验、涂装以及包装却不可能全部包括在内。包括上述内容的复杂大系统称为刚性综合自动化系统。它常用于产品比较单一，但工序内容多，加工批量特别大的零部件的自动化制造。刚性综合自动化系统结构复杂，投资力度大，建线周期长，更换产品困难，但生产效率极高，加工质量稳定，工人劳动强度低。

5. 一般数控机床

一般数控机床（Numerical Control Machine Tools）用来完成零件一个工序的自动化加工循环。早期的数控机床的控制系统都采用硬连接电路，即控制逻辑是通过硬件电路实现的，故称为"硬件数控"。这种数控机床虽然可以通过改变控制程序实现不同形状零件的加工，但存在很多缺点，如：零件编程工作量大、容易出错、不能够实现自适应控制、加工过程中频繁起动纸带阅读机、容易出现输入故障、控制功能由硬件电路决定、系统缺乏灵活性等。为了克服硬件数控的缺点，人们采用通用计算机代替硬连接电路，实现了软件数控，即统称的计算机数控。计算机数控的出现为更高级别的自动化制造系统的实现开辟了广阔的前景。

与硬件数控相比，计算机数控系统具有如下优点：①由于控制程序常驻内存，避免了频繁起动纸带阅读机，减少了因反复使用纸带而引起的错误，因而系统的可靠性较高；②允许直接在机床上编制和修改数控加工程序，使系统的操作性能得到改善；③计算机数控使得系统的功能扩展变得非常容易，因为只需要修改相应的程序即可；④计算机数控使得机床的自适应控制成为可能。一般数控机床常用在零件复杂程度不高，品种多变，批量中等的生产场合。

6. 加工中心

加工中心是在一般数控机床的基础上增加刀库、自动换刀装置甚至零件更换装置而形成的一类更复杂，但用途更广，效率更高的数控机床。由于具有刀库和自动换刀装置，就可以在一台机床上完成车、铣、镗、钻、铰、攻螺纹、轮廓加工等多个工序的加工。因此，加工中心具有工序集中、可以有效缩短调整时间和搬运时间，减少在制品库存，加工质量高等优点。加工中心常用于零件比较复杂，需要多工序加工，且生产批量中等的生产场合。根据所处理的对象不同，加工中心又可分为铣削加工中心和车削加工中心。

7. 混合成组制造单元

成组制造单元是采用成组技术原理布置加工设备，包括成组单机、成组单元和成组流水线。在成组制造单元中，数控设备和普通加工设备并存，各自发挥其最大作用。如果成组制造单元与计算机应用软件和网络系统紧密结合起来，将会在未来制造业中发挥越来越大的作用。

8. 分布式数控系统

分布式数控系统 DNC 是采用一台计算机控制若干台 CNC 机床的系统。因此，这种系统强调的是系统的计划调度和控制功能，对物流和刀具流的自动化程度要求并不高，主要由操作人员完成。DNC 系统的主要优点是系统结构简单、灵活性大、可靠性高、投资小、以软取胜，注重对设备的优化利用，是一种简单的、人机结合的自动化制造系统。

9. 柔性制造单元

柔性制造单元 FMC 是一种小型化柔性制造系统，FMC 和 FMS 两者之间的界限比较模糊。通常认为，柔性制造单元是由 1～3 台数控机床或加工中心所组成，单元中配备有某种形式的托盘交换装置或工业机器人，由单元计算机进行程序编制和分配、负荷平衡和作业计划控制。与柔性制造系统相比，柔性制造单元的主要优点是：占地面积较小、系统结构不很复杂、成本较低、投资较小、可靠性较高、使用及维护均较简单。因此，柔性制造单元是柔性制造系统的主要发展方向之一，深受各类企业的欢迎。就其应用范围而言，柔性制造单元常用于品种变化不是很大，生产批量中等的生产场合。

10. 柔性制造系统

一个柔性制造系统 FMS 一般由 4 个部分组成：两台以上的数控加工设备、一个自动化的物料及刀具储运系统、若干台辅助设备（如清洗机、测量机、排屑装置、冷却润滑装置等）和一个由多级计算机组成的控制和管理系统。到目前为止，柔性制造系统是最复杂、自动化程度最高的单一性质的自动化制造系统。柔性制造系统内部一般包括两类不同性质的运动：一类是系统的信息流；另一类是系统的物料流，物料流受信息流的控制。

柔性制造系统的主要优点是：①系统自动化程度高，可以减少机床操作人员；②由于配有质量检测和反馈控制装置，零件的加工质量很高；③工序集中，可以有效减少生产面积；④与立体仓库相配合，可以实现 24 小时无人工作；⑤由于集中作业，可以减少加工时间；⑥易于和管理信息系统（Management Information System，MIS）或企业资源计划（Enterprise Resources Planning，ERP）、技术信息系统（Technical Information System，TIS）及质量信息系统（Quality Information System，QIS）结合形成更高级的自动化制造系统，即 CIMS。

柔性制造系统的主要缺点是：①系统投资大，投资回收期长；②系统结构复杂，对操作人员的要求很高；③结构复杂使得系统的可靠性较差。

一般情况下，柔性制造系统适用于品种变化不大，批量在 200～2500 件的中等批量生产。目前柔性制造系统有向小型化和简单化发展的趋势。

11. 柔性制造线

柔性制造线 FML 与柔性制造系统之间的界限也很模糊，两者的主要区别是前者像刚性自动线（特别是组合机床自动线）一样，具有一定的生产节拍，工件沿一定的方向顺序传送，后者则没有固定的生产节拍，工件的输送方向也是随机性质的。柔性制造线主要适用于品种变化不大的中批量和大批量生产，使用的机床主要是多轴主轴箱可更换式机床和转塔式加工中心。在工件变换以后，各机床的主轴箱可自动进行更换，同时载入相应的数控程序，生产节拍也会做相应的调整。

柔性制造线的主要特点是：具有刚性自动线的绝大部分优点，当批量不很大时，生产成本比刚性自动线低得多，当品种改变时，系统所需的调整时间又比刚性自动线少得多，但建立系统的总费用却比刚性自动线要高得多。有时为了节省投资，提高系统的运行效率，柔性制造线常采用刚柔结合的形式，即生产线的一部分设备采用刚性专用设备（主要是组合机床），另一部分采用换箱或换刀式柔性加工机床。

12. 计算机集成制造系统

计算机集成制造系统（CIMS）的概念详见第十章第一节。CIMS 是目前最高级别的自动化制造系统，但这并不意味着 CIMS 是完全自动化的制造系统。事实上，目前意义上 CIMS

的自动化程度其至比柔性制造系统还要低。CIMS 强调的主要是信息集成，而不是制造过程物流的自动化。CIMS 的主要特点是系统十分庞大，包括的内容很多，要在一个企业完全实现难度很大，但可以采取部分集成的方式，逐步实现整个企业的信息及功能集成。

二、自动化制造系统的适用范围

不同类型的自动化制造系统具有不同的适用范围，图 1-9 表示了各种自动化制造系统的适用范围。

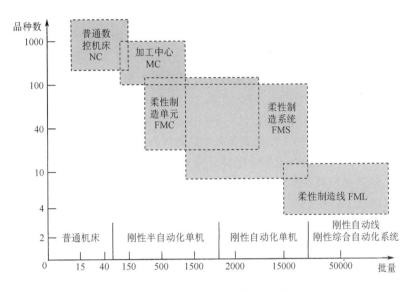

图 1-9　自动化制造系统的适用范围

可以看出，通用机床由于其加工范围宽、调整简单，非常适用于品种多但批量比较小的生产场合。刚性半自动化单机由于其调整比通用机床困难，其生产规模应该高于普通机床，但品种却受到较大的限制。刚性自动化单机由于增加了自动上下料机构，使得系统的自动化程度更高，但调整生产对象也更加困难，更适用于大批量以上的生产规模。在生产批量特别大时，更适合于采用综合自动化程度更高的刚性自动线或刚性综合自动化系统。

对于柔性自动化加工系统而言，数控机床一般适合于批量很小的自动化加工，对零件的品种数基本上没有什么限制（只受加工尺寸和零件形状的限制）。对于加工中心而言，由于自动化程度更高，其适用范围从批量和品种上看都与普通数控机床不同，一般情况下，批量要大于普通数控机床，但品种却要少一些。柔性制造单元、柔性制造系统和柔性制造线从批量上呈递增趋势，但从品种上却呈递减趋势。

需要指出的是，图 1-9 所示的加工范围并不是绝对的。另外，各种类型制造系统的加工范围之间有一定的重叠现象，在进行系统选型时要根据具体情况具体分析。

三、自动化制造系统的实现原则

在数控机床出现以前，制造自动化技术仅用在大批量生产中，经济性地实现中、小批量制造的自动化则被视为不可能。早期的自动化制造设备都是以机械或电液控制的自动化单机和刚性自动线的方式出现的（包括组合机床自动线），这种类型的自动化制造设备生产率极高，但系统改变困难，因此只能用于大批量生产中。数控技术的出现使得中、小批量生产的自动化成为可能。中、小批量生产的自动化设备及系统包括数控机床、加工中心、柔性制造单元、分布式数控系统、柔性制造系统、柔性制造线等。目前，中、小批量生产的自动化是自动化制造的主要研究和应用领域。

为了经济性地实现自动化制造，可以从下面的一些途径去考虑问题：

1. 产品设计方面

在产品设计过程中需要考虑通用化、系列化、标准化和模块化问题，通过采用"四化"措施，不仅可以快速调整产品结构以快速地响应市场，又能增加产品品种，减少零部件品种的变化，提高零部件的相似性，还可以借助于成组技术有效增加加工批量，这是发展制造自动化的重要措施之一。据分析，采用"四化"原则设计产品，产量可望增加30%～50%。零部件品种的减少可以降低自动化制造设备或系统的改变频率，产量增加有利于采用更加高效的制造设备。使被加工零件达到一定的批量，是采用自动化制造系统的首要条件。

在产品设计时采用"面向制造的设计"和"面向装配的设计"技术，可以合理优化产品和零部件的结构，使产品便于加工和便于装配，这是提高自动化制造生产率的有效途径之一。

毛坯准确度是自动化制造系统能够经济且高质量地实现加工制造的关键因素，因此应尽可能采用各种先进的毛坯制备方法，如精密铸造、精密锻造、冷挤压、精密轧制等无切削工艺。这样，既可以减少材料消耗，又可以缩短机械加工时间。

2. 工艺技术方面

采用成组技术是实现自动化制造的基础。目前的产品正日益向着多品种小批量方面发展。批量的减少造成生产设备必须频繁地改变，以满足不同品种的要求。采用成组技术后，可以有效地增加相似零件的加工批量，以接近用大批量生产的效率和效益来实现中、小批量生产。

采用柔性可重组的、高可靠性的和高质量的生产设备和工艺方法是自动化制造系统得以实现的保证。

对于刚性自动化制造系统，采用流水线作业方式是必要的，因为它面对的是品种较少、但生产批量又特别大的情况。

刚柔结合的自动化制造系统往往特别适合于产量比较大但品种又改变比较多的生产实际。

3. 制造系统本身

通过对产品和零件的分析，选择适当的自动化制造方式（有关内容参见第四章）。通过人机分析合理分配人和机器的功能，从而充分发挥人、机各自的优势（有关内容参见第二章）。考虑多采用自动检测装置，在系统中增设反馈控制功能，可以有效提高系统的自动化程度。信息流处理和物料流动的自动化是自动化制造系统的两个主要内容，在系统分析和设计时应予以高度重视。以人为中心的小组化工作方式也是实现自动化制造系统的主要途径之一。

第五节　自动化制造系统的评价指标

一、自动化制造系统评价的特点

任何一个人造系统都是为某一特定目的而设计建造的。为了对设计方案进行优化选择，也为了衡量所建造的系统是否满足使用要求，是否达到预定的目标，就需要对系统进行评价。对自动化制造系统的评价应保证其全面性、完整性和真实性，能够量化的要尽量量化。为此，首先应建立一套完整的评价指标体系，然后根据评价指标对方案进行系统的分析和评估，为设计方案的取舍提供理论依据。由于环境的多变和数据难于获取，对自动化制造系统的评价仅靠理论分析与计算往往是不够的，还应辅以计算机模拟或仿真，需要解决的是多目标优化问题。

二、自动化制造系统的评价指标

可以从六个方面评价一个自动化制造系统，我们称这六个方面为自动化制造系统的六要素，它们的构成如图 1-10 所示。

1. 生产率

生产率是自动化制造系统的主要衡量指标之一，提高生产率也是人们建造自动化制造系统的主要目的之一。通常情况下，采用自动化制造系统可显著提高生产率，其主要原因在于零件在车间的辅助时间可以得到最大限度地缩短。在系统设计和运行中采用工艺过程最佳化技术，选用高效率的加工和检测设备还可有效缩短零件在机床上的加工制造和装配时间。生产率提高后，不仅可以缩短产品的交货周期，同时还可降低制造成本。自动化制造系统的理论生产率可以根据生产节拍通过计算得到。

图 1-10 自动化制造系统评价的六要素

2. 产品质量

制造系统的输出应是高质量的产品，否则系统就失去其存在价值。广泛采用高精度机床、多工位自动加工、自动检验、反馈补偿控制、自适应控制、自动装配、质量控制等技术，不但可以有效减少生产中的误差和人为因素的影响，还可以可靠地取得提高产品质量的效果。因此，与常规制造系统相比，采用自动化制造系统可以在其寿命周期内显著地提高产品质量。应该指出的是，产品质量并非越高越好，应根据用户的需求确定适当的质量水平，以达到既满足使用要求，又降低制造成本的目的。自动化制造系统在产品质量方面追求的最高目标是实现"零缺陷"生产。此处所说的质量主要是指所加工零部件的精度和产品性能，属于狭义质量的范畴。

评价制造系统对产品质量要求的满足程度时常用工序能力指数（Process Capability index：CP 或 Cpk）。为了保证加工质量，减少废次品，制造系统的工序能力指数（Cp）应该位于 1.67 ~ 1.33 之间，有时甚至会要求 Cp≥1.67。

3. 经济性

提高制造系统的经济性不仅可以提高制造企业的经济效益，而且还可以降低其产品的销售价格，减轻用户的负担。因此应重视提高系统的经济性。通过采用高效率的设备减少产品在车间的总时间，通过系统的优化设计和运行节约能源和资源，通过自动化减少劳动工人的数量，通过自动检验和质量控制减少次废品率，通过提高设备利用率减少设备的投入费用等都是提高系统经济性的有效措施。自动化制造系统的经济性评价见本书的第八章。

4. 寿命周期与可靠性

自动化制造系统在其寿命周期内应能够可靠地工作，经常出故障的系统会给用户带来很大的损失。通常自动化制造系统的结构相当复杂，系统的环节很多，因此出故障的概率也很大。可以通过可靠性分析及设计来提高系统的可靠性，如采用故障模式和故障树分析预测系统可能出现的各种故障，应尽可能简化系统的结构，采用高可靠性的零部件，通过优化设计提高薄弱环节的可靠性，必要时采取冗余结构提高可靠性等。对于智能化制造系统，还应具备故障自诊断和自修复功能，以实现系统的"零故障"运行。自动化系统的可靠性见本书第六章。

5. 制造柔性

未来自动化制造系统面对的是多品种小批量生产。这种生产模式要求系统具有很大的柔性，才能适应外部环境快速改变的需求。提高系统柔性最早采用的是组合机床自动线的方式，通过改变控制结构和更换多轴主轴箱来适应产品结构的变化，但这种方式仅适合于产品批量大、品种变化小的场合。自从数控技术出现以来，提高制造系统柔性的主要措施是利用各种数控装备，如数控机床、工业机器人、数控检测设备等。另外，采用模块化设计的工艺系统可以实现系统的快速重构，对提高系统的柔性具有很重要的意义。

6. 可持续发展性

长期以来，人们对环境保护重视不够，形成"先污染、后治理"的局面，造成严重后果。自从1992年联合国"环境与发展"大会以来，可持续发展的思想已逐渐得到人们的认可。人们意识到应从预防的角度进行环境保护，这就要求制造系统及其产品应优化利用能源和资源，减少乃至消除对环境的污染，对操作者实施劳动保护等。也就是说，应在制造系统规划和运行过程中实施"清洁化生产"战略，追求的最终目标是对环境的"零污染"和对资源的"零浪费"，实现资源的优化利用。制造系统的可持续发展性已成为自动化制造系统的主要评价指标，具体内容见本书第十章。

除了以上六个常用评价指标外，对自动化制造系统的性能评价还常用到设备综合效率（Overall Equipment Effectiveness：OEE），用来表征实际的生产能力相对于理论产能的比率。OEE 是由可用率、表现指数和质量指数三个关键要素组成：

$$OEE = 可用率 \times 表现指数 \times 质量指数$$

式中，可用率 = 操作时间/计划工作时间，它用来评价停工所带来的损失，如设备故障、原材料短缺、生产方式改变等；

表现指数 =（总产量/操作时间）/生产率，表现指数是用来评价生产速度上的损失，如设备磨损、材料不合格、操作人员的失误等都会带来生产速度的损失；质量指数 = 良品数/总产量，质量指数用来评价产品的质量损失，反映制造系统满足产品质量要求的能力。

第六节　系统工程技术与自动化制造系统方法论

一、系统工程技术与方法概述

系统工程是以研究大规模复杂系统为对象的一门交叉学科。它采用自然科学和社会科学中的某些理论、思想、方法、策略和手段，根据总体协调的需要，将系统的各部分有机地联系起来，把人们的生产、科研或经济活动有效地组织起来，应用定量与定性分析相结合的方

法和计算机等工具，对系统组成要素、组织结构、信息交换和反馈控制等功能进行分析、设计、制造和服务，从而达到最优设计、最优控制和最优管理的目的，以便最充分地发挥人力、物力和财力的潜力，通过系统管理技术，使局部和整体之间的关系协调配合，以实现系统的综合最优化。

可以看出，系统工程是一门工程技术，它综合应用一般系统论、大系统理论、经济控制论、运筹学等学科理论和方法解决工程实际问题和其他复杂系统问题。

自动化制造系统是一个复杂的大系统，它涉及的内容很多，包括人、机器、控制系统、被加工对象、外部环境等。对于这样复杂的系统，只有采用系统工程的理论和方法去规划、分析、设计和运行，才能使各部分协调工作，收到整体最优的效果。

系统工程方法论是解决工程实际问题时所应遵循的步骤、程序和方法。图1-11是解决系统工程问题的一般程序和步骤。

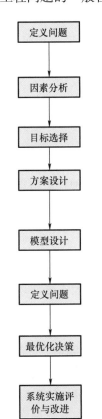

定义问题　　弄清楚所要解决的问题是什么？涉及的范围有多大？受到哪些约束？系统的输入和输出是什么？

因素分析　　对被描述有关的因素进行分析,确定因素的类型:可控的、不可控的、质的属性、量的属性等,确定各种因素之间的关系,系统的优化就是对量的可控因素优化确定的过程。

目标选择　　将需求具体化,确定衡量目标。

方案设计　　设计为达到目标所可能采取的多种方案。所设计的方案应尽可能多些。

模型设计　　用适当的方式描述问题与因素之间的关系,建立模型时一般应忽略次要因素,突出主要因素。模型可以是下面方式中的任意一种或它们之间的组合:物理模型、图解模型、数学模型、随机模型和计算机模型。

定义问题　　研究模型的可行解,确定解的范围。

最优化决策　　用适当的手段求解模型,从众多的可行解中找到最佳解。当所建立的是数学模型时,可运用运筹学中的数学规划法去求解。目前常用仿真的方式求解模型。

系统实施评价与改进　　将所选方案付诸实施,对运行结果进行评价,并根据评价结果改进方案。

图1-11　解决系统工程问题的一般程序和步骤

二、自动化制造系统功能建模的基本概念

自动化制造系统是一个人机结合的、以计算机控制为主的复杂系统。它包括操作人员、若干个多种类型的工作站、一个或多个物料储运系统，在单级计算机或多级计算机的控制下进行加工制造。在进行复杂系统的规划和设计时，为了使设计人员、用户以及维修人员对系统的功能达成一致的理解，必须采用一种通用性强、规则严格、没有歧义的工具对系统的功

能进行描述，称为系统的功能建模。功能模型是系统分析和设计的有效工具，因此建立系统的功能模型是自动化制造系统总体方案设计的一项非常重要的内容。

一个好的建立功能模型的工具必须满足以下条件：

1）能够从各个方面全面描述系统。

2）系统描述简单明了，容易读懂，便于理解。

3）具有严格的建模规则，不会产生多义性。

4）所建立的模型应能够被用来进行系统的分析与设计。

5）模型可以借助于计算机来处理。

描述系统的功能可以有多种方法，可以用数学公式，也可以采用图形，甚至可以采用文字叙述的方式，但对于复杂的大系统，目前应用较多的是 IDEFO（ICAM Definition Method）方法，它是 1980 年由美国空军公布的 ICAM（Integrated Computer Aided Manufacturing）工程中使用的结构化分析和设计方法。

IDEFO 方法使用图形语言建立系统模型，称为 IDEFO 模型。它的主要优点是简单明了，准确性高，能全面描述各个活动之间的关系。IDEFO 方法的一个鲜明特点是采用严格的、自顶向下的、逐层分解的方式来构造模型，这种建模方式特别适合于描述复杂的大系统。由于篇幅所限，本书不准备介绍系统功能建模方法，感兴趣的读者可以参考相关著作。

三、自动化制造系统信息建模的基本概念

自动化制造系统是企业信息流和物流的结合点，有大量的信息需要处理，如它要接收来自管理信息系统的生产控制信息和物料供应信息，来自技术信息系统的各种技术信息，来自质量信息系统的质量控制信息等，它还要向上述系统反馈相关信息。另外，在自动化制造系统内部还有众多的信息需要处理和共享，反映这些信息的数据都必须存储在数据库中，实现统一管理。

建立自动化制造系统信息模型的目的是为了全面描述和分析它的信息要求，为数据库设计和有关控制器设计提供必要的技术准备，以实现自动化制造系统内部以及与外部环境的全面信息集成。

自动化制造系统的信息模型是一种描述信息的"概念模式"，它不偏向于任何专门的数据应用，同时还独立于数据的物理存取方式。这个概念模式的主要目的是提供一个数据含义和相互关系一致的定义，从而用来集成化管理数据，并实现数据共享。建立信息模型可以采用各种方式，如数据流程图（Data Flow Diagram，DFD），实体联系图 E-R，甚至文字描述等，但目前应用较多的是美国空军于 1981 年公布的 $IDEF_{1X}$ 方法。该方法支持数据库概念模式开发所必需的语义结构，具有信息管理所必需的一致性、可扩展性、无冗余性和可变换性。$IDEF_{1X}$ 方法结构简单、描述清晰、易读易懂，便于不同阶段、不同类型的人员相互交流，且不易产生误解。由于篇幅所限，本书不准备介绍系统信息建模方法，感兴趣的读者可以参考相关著作。

四、人在自动化制造系统中的作用

提起自动化这个术语，人们往往会把它与人对立起来，似乎只要一搞自动化，就不再需要人，就意味着人失业。因此在西方国家，有人借此反对实现自动化。事实上，人和自动化

并不矛盾。实践表明，全盘自动化的无人化工厂无论在经济上，还是在技术上在现阶段都是不现实的。这就是为什么在 20 世纪 80 年代初期建成的几个无人化制造工厂都相继"下马"的原因。在自动化制造系统中，人起着不可替代的作用。首先，在制造过程中总是有各种各样的突发决策问题，需要根据具体情况才能及时做出正确决策，仅靠计算机显然是不可能的。另外，有些制造环节，如由人来完成，既经济又能保证质量；如由机器来完成，可能它的机械结构和控制系统将十分复杂，不仅占地面积大，系统的可靠性也差，往往还难以保证加工质量。概括起来，人在自动化制造系统中可以起下面的作用：

1）监视系统的运行状态。

2）随时排除系统的复杂故障。

3）完成机器无法完成的复杂工作。

4）完成机器不能经济性完成的工作。

5）在系统控制和调度中起主导作用。

6）随时调整系统运行参数。

可以看出，自动化制造系统不仅没有降低对人的要求，反而要求参与自动化制造系统的人具备比过去更全面的知识、更高水平的能力，人在自动化制造系统中的作用将会越来越大。这部分的详细内容见第二章。

 复习思考题

1-1 试比较广义制造的定义与你原来所理解的定义的区别。

1-2 论述人机一体化自动化制造系统的主要特征。

1-3 自动化制造系统是如何适应多品种小批量生产的？

1-4 自动化制造系统的功能越全、自动化程度越高，它的实用价值是不是就越大？

1-5 柔性设备是否一定比刚性设备好？为什么？

1-6 应该从哪几个方面评价自动化制造系统？

1-7 试述各种自动化制造系统的特点和适用范围。

1-8 试述人在自动化制造系统中的作用。

第二章

自动化制造系统的人机一体化设计与评价

自动化制造系统，尤其是柔性自动化制造系统的出现和大量使用，导致使用者与自动化制造系统间的关系发生了根本的变化。早期许多自动化制造系统的设计者片面追求系统的自动化和无人化，反而降低了系统运行的可靠性和经济性，最终导致系统的运行失败。沉痛的教训迫使人们重新认识人在自动化制造系统中的重要地位和作用，因而提出发展适度自动化的制造系统——人机一体化的制造系统的概念。近年来随着全球制造业的快速发展和我国制造业的崛起，我国制造业获得了一个难得的发展机遇。然而如何根据中国国情，快速发展人机一体化的制造系统，是摆在我们面前的一个新课题。

本章将从自动化制造系统的人机一体化基本概念、设计方法、系统运行维护和人机一体化评价方法等方面，来论述自动化制造系统的人机一体化设计与评价。

第一节　自动化制造系统的人机一体化基本概念

一、人机一体化制造系统的定义

20 世纪 80 年代以来，在全球制造业市场竞争日益激烈的形势下，自动化制造系统的研究、开发和应用成为工业发达国家及一些发展中国家投资的热点。如第一章所述，自动化制造系统的实质是现代制造技术、计算机信息技术、自动化技术、电子、通信及人工智能等高新技术有机结合的产物。因此，制造系统的高度自动化曾一度成为人们研究的核心内容，并期望建立一种全盘自动化的无人工厂，这就是早期开发研究自动化制造系统的设想。

在这种思想指导下，人们过分追求制造系统的自动化和无人化，忽视了人在系统中的作用与决策管理职能，使许多高度自动化的制造系统在运行过程中造成意想不到的失败和损失。德国工程师协会在 1990 年对德国若干实施 CIMS 的企业进行调查表明，在影响 CIMS 成功的因素中，30％来自"企业文化"。美国先进制造技术研究公司 AMRC 和杨基公司（Yankee）在 1990 年 4 月的调查报告中也指出，实施 CIMS 的障碍 70％来自人。欧共体国家初期开发实施 CIMS 的企业，追求全面自动化，忽视人机系统匹配，导致 80％的系统失败。1991年，日本丰田汽车公司曾投巨资建设一个高度自动化的装配厂，由于机器设备太复杂，装配工人既不能自如地操作，也不能很好地维修，结果高度自动化并没有带来高效益，反而使公司的运行成本急剧增加。后来丰田公司把应该由人从事的一部分工作交还到工人手中，强调汽车装配生产系统的最佳人机匹配。并声称，这一适度降低了自动化水平的工厂是最现代化的工厂，因为更高的自动化水平并不能带来生产成本的降低。这一适度降低自动化程度的新举措，从更深的意义上来说，反映了日本工业界在推行自动化制造系统中思想认识上的一次深刻变化与反省。

从这些调查报告和实例中可以看到，在发展自动化制造系统的过程中，忽视人的影响因素与作用是不可取的。20 世纪 90 年代中期，在全球制造业和学术界中，逐步提出并形成了人机一体化，发展适度自动化制造系统的新思想。这一思想在 21 世纪初广泛推行的精益生产、敏捷制造、智能制造、协同工作方式、人机一体化制造系统、现代集成制造系统等现代制造新模式上得到充分体现。这些新制造模式的共同特点是强调人与机器系统的最佳匹配，充分发挥人在制造系统中的控制和管理作用，并考虑制造系统与社会、经济环境和人力资源等更大范围的匹配，使自动化制造系统的运行取得最佳的综合效益。

自从有了制造系统，就有了人与制造系统的关系，无论制造系统的自动化程度如何，它终究是一种生产工具，而掌握生产工具的是人而不是机器。因此，任何制造系统必定是一个人机一体化的系统。为此，我们给出人机一体化制造系统如下定义："所谓人机一体化制造系统，就是人与具有适度自动化水平的制造装备和控制系统共同组成的一个完整系统，各自执行自己最擅长的工作，人与机器（制造装备）共同决策、共同作业，从而突破传统自动化制造系统将人排除在外的旧格局，形成新一代人机有机结合的适度自动化制造系统。"该定义的核心内容是强调人在制造系统中的重要作用，人机功能的最优匹配，以实现制造系统经济高效、安全可靠地运行，使整个制造系统取得最佳的社会经济效益。

二、自动化制造系统的人机一体化总体结构

在人机一体化制造系统定义下的自动化制造系统应该在三个层面上实现一体化，即感知和信息交互层面、控制层面（对输入制造系统的加工信息进行识别、判断、推理、决策和维护）和执行层面，这三个层面的有机结合，就构成了人机一体化制造系统的总体结构，如图 2-1 所示。

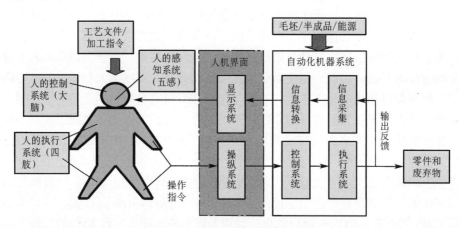

图 2-1　人机一体化制造系统的总体结构

1. 感知和信息交互层面上的人机联合作用

人机一体化制造系统感知和信息交互层面由人的五官感知系统和机器的信息显示系统共同组成，一方面由人感知外界对系统的输入信息，如被加工零件的工艺文件、毛坯信息、作业计划指令和机床参数等，另一方面由机器通过传感器感知制造系统内、外部的物理信息，如机床工作状态、排屑状态、加工精度、环境温度、照明、在制品暂存等，并由数据转换系统把这些信息转换为人能感知的形式，由显示系统传达给人，达到信息交互的目的，用于人机间信息交互的载体有文字、数码、图形、语音、声光信号等。

人机感知的联合作用体现在：自动化制造系统中机器系统可精确感知系统输入信息，环境信息，人及机器本身的定量信息，并可通过拓宽感知范围感知人类不能感知的信息（如微波、红外、超声波等）；而人类则利用自身创造性思维与模糊综合判断决策能力的优势，对机器感知和决策出来的信息进行综合感知，正确识别、判断自动化制造系统所需的输入信

息与反馈信息。因此,通过人机联合感知多维综合信息,充分利用机器视野广阔、定量感知精确,人对复杂现象模糊定性感知和创造性思维、预测能力强的特点,提高自动化制造系统信息感知的全面性、可靠性和准确性,为系统智能定量控制提供支持,从而提高整个系统的可控性,改善系统的综合性能。

2. 控制层面上采用人机共同决策

在制造系统中,人主要从事形象思维,灵感思维等创造性思维活动,人的中枢神经系统通过对人、机、环境所感知信息的综合处理、判断和决策,向人的肢体运动系统下达执行指令或向机器智能决策系统提供必要信息;机器的智能决策系统根据机器对人、机、环境感知的综合信息进行复杂数据的快速计算和严密的逻辑推理,向人显示运算结果,等待人的进一步指令;或在特殊情况下自动做出必要决策,驱动控制系统或执行系统去执行必要的操作任务。自动化制造系统能根据加工任务信息进行制造过程的动态仿真,并将加工仿真结果显示给人,由人判断该加工方法是否能达到加工要求,若能达到,则可按此方法加工直至到达要求为止。这一过程就充分体现了人机联合决策控制制造系统工作的执行效果。

控制层面上的人机联合控制有三种控制策略:第一种为"机主人辅"控制策略。人在信息综合分析、定性问题处理、模糊控制以及灵巧动作的执行等方面有远远高于机器的能力。所以,制造系统在处理较复杂的加工活动时,特别是由机器处理非结构化、非线形、模糊性及随机性强的事件时,往往都要得到人的帮助。另外,在有些情况下,让机器完成复杂控制活动需付出巨大代价,这时"机主人辅"的控制策略就起着减少这种代价的作用。第二种为"人主机辅"控制策略。即由机器的智能决策系统来辅助人进行控制,机器完成人类感知范围以外的信息处理,大规模数据定量处理及严密的快速逻辑推理等工作。如工艺仿真系统,将辅助人完成被加工零件的工艺方案的可视化、动态过程显示和工艺方案的优化。第三种为"人机耦合"控制策略。在人机联合控制的系统中,由于这样或那样的原因,人或机器的单独决策都可能出现失误,因此,人机耦合控制,可在人或机器出现失误时,系统自动切换到另一种控制方式,两者有机地配合,从而保证系统的稳定性和可靠性。如客运飞机的有人驾驶和无人自动驾驶系统的配合就属于这种情况。

3. 执行层面上人机交互协作、取长补短,充分发挥各自优势

人在制造系统中主要从事灵巧性、协调性、创造性强的操作活动(如发出指令、操纵控制台、编写加工程序、机器系统监控、维修以及意外事件应急处理等),而机器系统则主要完成功率大、定位精度高、动作速率快或一些超出人能力范围的操作活动,如数控机床的操作。但是,人在系统中应该始终处于主导地位,应当充分发挥人在系统中的主导作用。

三、自动化制造系统的人机一体化设计方法和主要步骤

人机一体化设计是为了解决自动化制造系统中人和机器作业效能、系统匹配、系统安全性、作业人员劳动保护等问题。人机一体化设计并非单一制造设备的人机关系设计,而是适合于所有制造系统的一种通用设计。一般来说,狭义的人机一体化设计是指对制造系统物理设备本身人机界面所进行的设计,强调人机功能的合理分配,机器的操纵控制装置宜人性设计,安全装置设计及人机间的作业匹配设计,将人机关系设计的原理和参数体现在制造设备的物化界面上。而广义的人机一体化设计理论和方法,除进行狭义人机一体化设计的内容外,还强调人、机器、环保和社会因素构成的大系统的总体协调与配合,如人机作业方式、

作业人员的选择、培训计划、系统维修等一系列人机系统的匹配和"大环境支持系统"的设计。

人机一体化设计属于多学科联合设计。因此，只有采用系统工程的方法才能综合各学科的观点，实现设计的优化。人机一体化设计方法在解决自动化制造系统设计问题时，多运用系统化的设计策略，并制订与其他技术设计相匹配的进度，从总体方案设计开始就充分考虑人的因素，追求人与机器的完美结合。人机一体化设计流程如图2-2所示，主要步骤体现在如下几个方面。

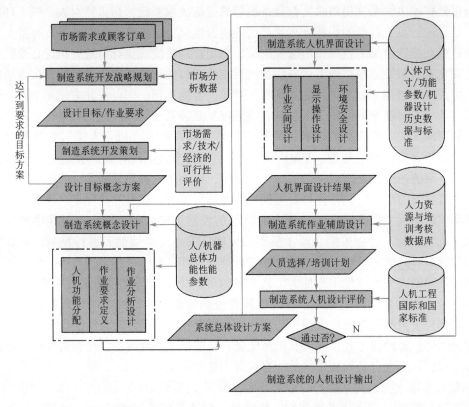

图2-2　自动化制造系统的人机一体化设计流程

1. 定义系统目标和作业要求

人机一体化设计的最初阶段是定义系统目标和作业要求。定义系统目标就是用规范性术语描述自动化制造系统加工的对象和采用的制造设备；作业要求是说明为了实现系统目标，系统必须干什么。系统作业要求包括两方面的内容：若干条目的"要求"和"限制因素"，前者具体地说明了系统的目标，后者则说明实现目标时所必须受到的条件限制，如"加工1吨载重量轻型汽车变速箱体的柔性制造系统"。系统作业要求的定义要采用用户需求调查、访谈、问卷、作业研究等技术，才能做到定义可靠、正确、全面。

从内容上讲，系统作业要求的定义应包括三个方面的内容：

1）要自动化制造系统做什么？

2）系统设计结果的评价标准是什么？

3）如何进行度量？

一个自动化制造系统的开发设计过程包括：市场调查、战略规划、战略确认、概念定义（或概念设计）、详细设计、工艺/工装设计、试制、运行实验、整改完善、批量生产、投入正式运行等。从人机工程学的角度看，在制造系统的战略规划阶段就要引入人机一体化的设计思想，并在后续的各个设计阶段，逐步细化和完善人机一体化设计工作。因此，应从以下几个方面进行考虑：

1）制造系统的加工对象、未来的使用者和运行环境。

2）目前同类制造系统的使用和操作方法。

3）使用者的作业需求。

4）确保制造系统目标实现时人对制造系统和环境的要求，以及制造系统和环境对人的要求。

由于人是具有较大个性特征差异的生物体，因此，在定义作业要求时，要从人的生理、心理、技能素质、社会属性等各方面的特征进行数据收集和抽样调查，应有相当大的样本数据作统计，才能获得正确的设计数据和依据。

定义系统目标和作业要求的结果是得到一个或多个制造系统设计方案配置，供后续的系统定义选择与优化。

2. 系统定义

系统定义阶段是"实质性"设计工作的开始，它对应于制造系统产品开发策划。系统目标和作业要求的定义已经为系统定义提供了一个战略框架。系统定义的第一步，就是设计者与决策层人员一起做出一些重要的决策，其中最主要的决策工作是选择"目标概念方案"。目标概念方案的选择就是从市场调查和顾客需求转换中获得制造系统的总体战略方案，通过综合评价、优化决策，最终筛选出满足系统目标的最佳方案。其次是定义系统的输入、处理功能和输出。这里的"处理功能"是用文字描述的一组工作，表示系统必须完成的功能任务，只有这些任务完成才能实现制造系统的目标。

在系统定义阶段，主要是定义产品应具有的功能，而不是定义怎样实现这些功能，以免过早增加人或机器的设计约束。

3. 系统设计

进入系统设计阶段，就是从总体设计的角度，对制造系统的各部分组成（包括硬件和软件）进行总体设计，如制造系统的总体布局、各功能结构的实现原理和机构、外观造型、人机界面布置、人机功能分配、制造系统加工性能指标和技术参数的确定等，它对应于制造系统产品概念设计。在此设计过程中，应始终注意人机一体化要求与制造系统各组成部分设计的协调一致性，保证制造系统概念设计的全过程都有人机工程专业设计人员的参与，都应考虑到人的影响因素。

人机一体化制造系统的概念设计是指围绕系统定义所进行的功能分配、作业要求研究和作业分析。

（1）功能分配 功能分配是指把已定义的制造系统功能，按照一定的分配原则，"分配"给人、机器或软件。设计者根据已经掌握的资料和人机特性制定分配原则。有的系统功能分配是直接的、自然的，但也有的系统功能分配需要更详尽的研究才能制定出合理的分配方案。对于分配给机器和软件的功能，在其他各章中会有详尽介绍，此处不做赘述。而对于可能由人实现的系统功能，必须认真研究分析。第一，人是否有"能力"实现该功能。

第二，预测人是否可以长时间实现这一功能。

（2）作业要求研究　每一项分配给人的功能都对人的作业提出作业品质的要求，例如精度、速度、技能、培训时间、满意度等，设计者必须弄清与作业要求相关的人体特征，作为后续人机界面设计、作业辅助设计的依据。

（3）作业分析与设计　作业分析是按照作业对人的能力、技能、知识和态度的要求，对分配给人的功能做进一步的分解和研究。作业分析包括两个方面的内容：第一是子功能的分解与再分解，因此一项功能可能分解为若干层次的子功能群；第二是每一层次的子功能的输入和输出的确定，即引起人的功能活动的刺激输入和人的功能活动的输出的反映，是刺激—反应过程的确定。作业分析的功能分解到可以定义出"作业单元"的水平为止。能够作为特定使用者最易懂易做的那个功能分解水平，就是作业单元。因此，作业分析的概念就是指将分配给人的系统功能分解为使用者或操作者的输入和输出，它是一个有始有终的行为过程。

一组作业单元又可再组合为一个作业序列。一个作业序列是分配给一类特定使用者的一组相互关联的作业单元。通常一个给定作业序列可以由一个以上的操作者完成。

作业分析除了对系统正常条件下的功能过程进行分析和研究以外，还应特别研究非正常条件下人的功能，例如偶发事件的处理过程。美国三哩岛核电站事故中，由于缺乏对意外事故处理过程中人的因素的充分分析和考虑，从而延误了人的正确判断时间，就是一个典型的事例。

4. 人机界面设计

完成系统设计后，就确定了自动化制造系统的总体功能、人机功能分配和作业分析，从而可以转入人机界面设计，它对应于制造系统产品详细设计。人机界面设计主要是对系统设计中人机界面的详细设计，如作业空间、信息显示、控制操作、运行维护、安全防护以及它们之间的关联设计等。人机界面设计主要体现在四个方面：①系统总体布置与人的作业空间设计；②信息交互中的人机界面（硬件界面和软件界面）设计；③物料流处理中的人机界面设计；④系统运行维护中的人机界面设计。人机界面设计是人机一体化制造系统各设计阶段中较为"硬化"的设计活动，通过对系统中人机接合部硬软件的设计来保证人机界面的协调性。因此，人机界面设计是与其他专业设计相互配合完成的。

5. 作业辅助设计

为了获得高效能的作业，必须设计各种作业辅助技术和手段。作业辅助设计的内容主要包括三个方面：

1）适合制造系统特定要求的人员选择。

2）制造系统操作人员的技能培训。

3）其他辅助作业设计。

其他的辅助作业手段，如保证人的作业效能的作业指导书、操作说明书、维修手册等，都用来协助人完成相应的作业任务。

6. 系统检验和评价

自动化制造系统的人机界面设计结果，最后通过生产制造转变为一个物化实体。其中系统的每一个实体环节（硬件、软件、人）都要经过个体检验，然后再做整个系统的整体性检验。因此，设计和审核、制造和检验都是不可分割的过程。系统检验是要验证系统是否达到系统定义和设计的各种目标。人机系统的验证在制造系统设计开发的各个时期均应进行，

如人机界面设计，作业辅助设计等都可在系统的"物化"设计中得到验证和评价。

自动化制造系统的验证是以人的作业效能，以及人通过计算机实现制造系统的作业效能为主要验证和评价对象的，人机系统设计必须保证人和机器系统的作业符合整个制造系统的作业要求。

第二节　自动化制造系统的人机一体化总体设计

一、自动化制造系统中人机功能特征比较

为了更好地设计出人机一体化的自动化制造系统，有必要对人和机器系统在感知、控制和执行方面诸能力的特征进行对比分析。表2-1、表2-2、表2-3分别列出了人与机器系统在感知（信息输入）、控制（处理信息）和执行（输出结果）三个方面能力的特征比较。

表 2-1　人类感知与机器感知的比较

	人 类 感 知	机 器 感 知
优点	多样性（视、听、嗅……） 多维性（空间、多义性……） 自适应性 综合性 感知与思维的一致性 本能（或特殊）感知的能力	单一参数的灵敏性 对环境的高度承受能力 性能的一致性 分布方式的任意性 精确性 快速性
缺点	生理的局限性 环境承受能力的局限性 个体间的差异性 心理因素的影响 不精确性和模糊性	感知的单一性 多维性的局限性 综合感知实现的复杂性 自适应功能弱 特殊感知无法实现 与思维的不一致性

表 2-2　人类控制和机器控制的比较

	人 类 控 制	机 器 控 制
优点	具有创造力，有决策力 有自主力，有主动性 记忆空间中的快速检索功能 多种媒介方式获取信息 处理问题的柔性（应变能力） 抽象思维能力强 丰富的形象思维能力 有责任心、道德观、法制观 自学习能力强	存储能力的无限性 知识获取的多元性 交互的平行能力 多媒体技术所带来的能力 处理问题的严密性 记忆的永久性、不变性 决策的逻辑性 无心理、生理因素的影响 处理问题快速性 一定的自学习功能

（续）

	人类控制	机器控制
缺点	体能的局限性 信息存储的有限性 心理因素的存在 对生存环境的高要求 信息交互的单向性 拥有知识的局限性 决策的不严密性 思维存在盲点 记忆存在时效性和不可靠性 个体间的差异性	被动性 自主力的局限性 低的创造性 不能或很难具备语言能力 应变能力差 无形象思维能力 无灵感思维能力 智能实现的高代价 无责任心 无道德观、无法制观

表 2-3　人与机器执行能力的比较

	人类执行能力	机器执行能力
优点	灵巧性、协调性 自适应性 自我保护能力 执行与思维的一致性 执行与感知的一致性 本能执行能力 易实现多种执行方式的综合 执行的多维性	能力的可扩展性 环境极限的可拓展性 高精度、可靠性 执行点分布的随意性 优秀的动力学特性 优秀的运动学特性 执行的一致性 无心理局限性
缺点	能力的自然局限性 环境的生理局限性 个体间的差异性 低精度 心理因素的影响 执行的不一致性	执行的单调性 功能合成的复杂性 自我保护能力较差 与思维的不一致性 应变能力差

　　从表 2-1、表 2-2 及表 2-3 中不难看出，人与机器系统的能力在三个方面各有所长。传统机器设计的最主要目的，就是处理人类很难或不能解决的问题，以减轻工人的劳动强度。在人与机器系统的配合工作中，人与机器系统各司其职。人主要从事控制、感知、决策、创造等方面的工作，而机器系统则主要在切削加工、运动和动力等执行方面发挥作用，或从事人由于存在生理或心理因素所无法实现的工作（如快速运算、精密控制、量化感知等）。随着计算机信息处理技术、通信技术、传感器技术、人工智能技术、多媒体技术及数控加工技术等的发展，使得计算机开始涉及思维、感知、决策和创造等方面的工作，在人机一体化设计时应该充分考虑。

二、自动化制造系统中的人机功能分配

　　在了解了制造系统中人与机器各自的功能和性能特征后，就可以开始进行系统设计，第一步就是进行人机功能分配。在人机功能分配完成之前，系统中人机关系处于一种"浮动"

的状态，人和机器两大部分并没有发生直接的联系，对机器系统和人员系统的设计都不可能提出明确的要求。只有在人机功能分配完成后，系统中某项功能由人或机器或他们相互协作完成的人机功能分配才能明确下来，并由此确定了人机界面的具体位置及人与机器各自的功能职责和配合协调要求。此处所指的人机界面泛指人与机器、人与环境发生交互作用的物理或非物理接合部。

对于一个具体的自动化制造系统，其人机界面的形式主要取决于两个因素，一是系统本身的功能特征，二是系统所处的社会技术经济环境。不同功能的自动化制造系统，有不同的人机界面，即使相同功能的自动化制造系统，在不同的社会技术经济背景下也会有不同的人机界面。因此，进行人机功能分配的目的，就是根据系统的功能需求和特定的社会技术经济环境，合理分配人机功能，以保证系统具有最优的人机界面和最佳的综合效益。

人机功能分配作为人机一体化制造系统人机界面设计的第一步，其过程是先根据系统的使用对象和加工范围，定义系统的基本功能，并按主要功能和子功能两个层次进行分解，然后根据人和机器的功能特征进行分配，并使已分配给人和机器的功能关系协调。人机功能分配和设计的概念模型如图 2-3 所示。在此模型中的系统功能定义，是将系统开发预期的功能分为 n 个基本功能，如 FMS 中的切削加工子系统、工件储运子系统、刀具储运子系统、信息流控制子系统等，每个子系统就构成了一个基本功能。对基本功能进行分解，就得到如图 2-4 所示的人机功能分配的物理模型。由此模型可看出，系统的基本功能对人机功能分配的意义不大，虽然它们能体现出一种总体上的侧重与规划，但这种总体规划最终都是落实到系统主要功能和子功能层次上去考虑。对于主要功能层次来说，虽然还不能确定由人或机器来完成其中的某项功能，但人机之间已经体现出了在完成功能过程中的协调配合关系，这种关系对于人机功能分配是很重要的。在子功能层次上，某项功能由人或机器完成的人机功能分配已经明显体现出来了，因此，最终具体的人机功能分配都落实在这个层次上。

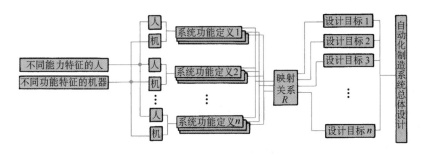

图 2-3　自动化制造系统人机功能分配概念模型

三、自动化制造系统中作业空间设计

1. 基本概念

自动化制造系统的作业空间是指制造系统中各种制造设备本身及各种操作人员所占据的空间，包括加工设备、运输设备、工件及刀具存储、工具箱等所占空间以及作业人员操作空间、行走空间、检修空间、休息空间等的总和。因此，一个良好的作业空间，应能保证制造设备和操作者的各种作业都能方便地完成。在不同的制造系统中，人们使用各种机械加工设备及用具，如工作台、机床、计算机控制柜、物料储运设备等，这些设备本身的设计特性也

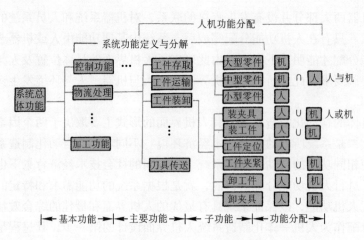

图 2-4　自动化制造系统的人机功能分配物理模型

影响着整个作业空间的作业性能。因此，作业空间的设计不仅要考虑机器设备本身的静态、动态作业范围，还必须顾及系统中操作人员的作业方便性、舒适性、安全性及劳动保护，使人在系统中的动、静态作业都能得到有效的保证。

在作业空间设计时，机械加工设备本身的作业空间在这些设备的安装使用说明中都有详细介绍，设计时只需仔细阅读，选择相应空间即可；而对人体测量尺寸、测量数据的选择原则、人的各种作业有效范围、以及人与加工设备间的作业关系等，自动化制造系统的设计者往往较为生疏，因此，这里将重点介绍人的作业空间设计及设备的总体布置原则。

2. 人体测量数据及取用原则

为了满足我国工业产品设计、建筑设计、军事工业以及工业技术改造、设备更新及劳动安全保护的需要。1989 年 7 月国家标准局颁布了 GB/T 10000—1988《中国成年人人体尺寸》，该国家标准根据人机工程学要求提供了我国成年人人体尺寸的基础数据，可供设计时参考。

在确定自动化制造系统的作业空间时，如何选用人体测量数据至关重要，这里给出设计作业空间时选择人体测量数据的原则和步骤：

1）确定对于设计至关重要的人体尺寸（如工作座椅设计中，人的坐高、大腿长等）。

2）确定设计对象的使用者群体，以决定必须考虑的尺寸范围。

3）确定数据运用准则。运用人体测量数据时，可以按照三种方式进行设计。第一种是个体设计准则，即按群体某特征的最大值或最小值进行设计。按最大值设计，例如 FMS 中人进入系统的安全防护门尺寸；按最小值设计，例如某一重要控制器与作业者之间的距离，常用控制器的操纵力。第二种是可调设计准则，对于重要的设计尺寸给出范围，使作业者群体的大多数能舒适地操作或使用，运用的数据为第 5 百分位至第 95 百分位。如高度可调的工作座椅的座位高度设计。此处的百分位是指人体尺寸的分布等级，第 5 百分位数指有 5% 的人身体尺寸小于此值，而有 95% 的人身体尺寸均大于此值；第 50 百分位数表示大于和小于此人身体尺寸的各占 50%，第 95 百分位数指有 95% 的人身体尺寸均小于此值。第三种是平均设计原则，尽管"平均人"的概念是不确切的，但某些设计要素按群体特征的平均值进行考虑是较合适的。

4）数据运用准则确定后，查找与定位群体特征相符合的人体测量数据表，选择有关的数据值。

5）人体群体的尺寸是随时间而变化的，比如中国青少年的身材普遍比以前更高大，有时数据测量与标准公布相隔好几年，差异会比较明显。因此，在精确设计作业空间时，建议尽可能使用近期测得的数据。

6）考虑人体测量数据的着装影响。一般来说，标准人体测量学数据是在裸体或着装很少的情况下测得的，设计时考虑人体测量数据的着装修正。具体设计时可参照 GB/T 12985—1991《在产品设计中应用人体尺寸百分位数的通则》给出的人体测量数据。

3. 操作空间设计

操作空间是指作业者操作时，四肢及躯体能触及范围的静态和动态尺寸。人的操作范围尺寸是作业空间设计与布置的重要依据，它主要受功能性臂长和腿长的约束，而臂长和腿长的功能尺寸又由作业方位及作业性质决定。此外，操作空间还受衣着的影响。

（1）坐姿操作空间　坐姿操作空间通常是指人在坐姿下，以人的肩关节为圆心，以臂长为半径的上肢可活动的球形区域。在坐姿操作中，人的上肢操作范围随作业面高度、手偏离身体中线的距离及手举高度的不同，其舒适的作业范围也不同。图 2-5 为第 5 百分位的人体坐姿抓握尺寸范围，以肩关节为圆心的直臂抓握空间半径：男性为65cm，女性为58cm。

对于正常作业区域，作业者应能在小臂正常放置而上臂处于自然悬垂状态下舒适地操作；对最大作业区域，应使在臂部伸展状态下能够操作，且这种作业状态不宜持续很久。如图 2-6 中细实线与细双点画线所示。作业时，由于肘部也在移动，小臂的移动与之相关联。考虑到这一点，则水平作业区域小于上述范围，如图 2-6 中粗实线所示。在此水平作业范围内，小臂前伸较小，从而能使肘关节处受力较小。因此在设计时应考虑臂部运动相关性，确定的作业范围更为合适。图 2-6 也适合站姿操作范围的确定。

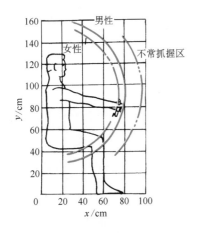

图 2-5　坐姿抓握尺寸范围

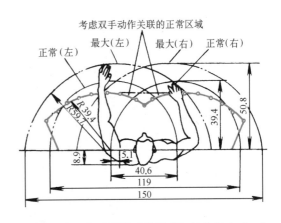

图 2-6　水平作业面的正常尺寸和最大尺寸（cm）

（2）站姿操作范围　站姿操作一般允许作业者自由地移动身体，但移动范围受作业空间的限制。一般情况下站姿单臂作业的操作范围比较大，由于身体各部位相互约束，其舒适操作空间范围有所减小。

作业性质也可影响作业面高度的设计：

1）对于精密作业（例如绘图），作业面应上升到肘高以上 5～10cm，以适应眼睛的观察距离。同时，给肘关节一定的支承，以减轻背部肌肉的静态负荷并稳定手部的精确操作。

2）对于工作台，如果台面还要放置工具、材料等，台面高度应降到肘高以下 10～15cm。

3）若作业的体力强度高，例如 FMS 中的工件装卸站和刀具预调站，作业面应降到肘高以下 15～40cm。

对于不同的作业性质，设计者必须具体分析其特点，以确定最佳作业面高度。

（3）下肢及脚的操作范围 下肢及脚的操作范围主要是指坐姿下的操作范围（站姿下脚的操作范围大于坐姿，但易疲劳），与手操作相比，脚操作力大，但精确度差，且活动范围较小，一般脚操作限于踏板类装置。正常的脚操作空间位于身体前侧，坐高以下的区域，其舒适的操作空间取决于身体尺寸与动作的性质。

4. 加工设备的布置与作业空间设计

（1）机器设备的平面排列布置 根据制造系统中机器类型和生产过程中各工序间的衔接方式不同，机器的平面排列布置也不同。以机械加工车间为例，一般有纵向、横向和斜向排列三种，具体排列布置需考虑机床之间、机床与人之间的距离。

1）纵向排列布置。机床沿作业区（车间）纵向排列（机床之间短向相对）。在这种排列方式下，机床间的物料运输和使用行车都较方便，纵向排列适用于长机床的布置。

2）横向排列布置。机床沿作业区横向排列（机床之间长向相对）。此种方式排列较紧凑，节省面积，适用于短机床及其他中型设备的布置。

3）斜向排列布置。沿工作区纵向斜放排列，一般斜角45°左右。此种排列有操作方便、切屑不易伤人、安全防护好等优点，是较常用的一种排列方式。

各种常用数控机床排列方式下彼此之间的距离见表2-4。

表 2-4　数控机床之间的距离

序　号	图　　例	说　　明
1	（横排）（斜排）1000～1200 / 1000～1200 / 800～1000（纵排）	数控车床
2	1000～1200　1000～1200	数控铣床
3	1200～1500　800	立式加工中心

（续）

序　号	图　例	说　明
4	（1000 卧式加工中心图例）	卧式加工中心
5	（装卸工作站图例：3 墙、700、1500、1、2）	装卸工作站 1—装卸平台 2—机床 3—墙

各种机床所占面积：小型机床每台占作业面积 $10 \sim 12m^2$，中型机床每台占作业面积 $18 \sim 25m^2$，大型机床每台占作业面积约 $30 \sim 45m^2$。表 2-5 为部分数控机床平均占用面积表。设计时还可参阅有关机床设备的平面布置数据。

表 2-5　常用加工中心占用面积表

序　号	机床名称	型号及规范	占地面积/mm²	生产厂家
1	卧式加工中心	W2.140 自动交换工作台	7820 × 8130	青海第一机床厂
2	卧式加工中心	XH756/1 三轴联动	5960 × 3460	青海第一机床厂
3	卧式五面加工中心	KMC-630HV	5900 × 4850	台湾高明工业股份有限公司
4	立式加工中心	MC520	4745 × 2950	常州第一机床厂
5	卧式柔性加工中心	QH1-FMC001	5730 × 4460	青海第一机床厂
6	车削加工中心	NK-4TWIN	5050 × 2760	NISSIN MACHINE CO., LTD.
7	车削加工中心	B-5V4100	2634 × 3816	日本青钢铁 2 所
8	立式加工中心	KT-1300V	2921 × 1800	北京机床研究所

当通道需要通过电动车时，通道宽度取 2m，而只通过手推车时取 1.5m（此通道宽不包括机床与通道间的距离）。表 2-6 是机床设备与通道之间的最小距离值，仅供参考。

表 2-6　机床设备与通道间的距离　　　　　　　　　　（单位：mm）

序　号	图　例	说　明
1	（机床纵向排列图例：1000、通道、1000）	机床纵向排列
2	（机床横向和斜向排列图例：500、500、通道、300、300）	机床横向和斜向排列

（续）

序　号	图　例	说　明
3	800 1000 800 800 通道 1 2	1—工作平台与通道之间的距离 2—加工中心与通道之间的距离

在具体设计自动化制造系统的作业空间时，可参考国家标准 GB/T 13547—1992《工作空间人体尺寸》给出的建议值，该标准规定了与工作空间有关的中国成人基本静态姿势人体尺寸的数值，该标准适用于各种与人体尺寸相关的操作、维修、安全防护等工作空间的设计及其工效学评价。

（2）机器设备的高度布置　在考虑机器设备的高度布置时，从设计开始就要根据人体身高尺寸进行，如显示器和操纵器等的布置，应适合人体观察操作要求，达到使用方便的目的。毫无疑问，设备布置得太高或太低都不好。布置太低，势必迫使操作者弯腰操作，这将引起操作者过度疲劳；布置太高，则迫使操作者举手或踮脚操作，同样也不好。表 2-7 给出了几种常用数控机床的竖向安装高度，供设计时参考。

表 2-7　常用数控机床的竖向安装高度

机床类别	高度范围	适宜的尺寸/mm
数控机床	从主轴中心线到操作者站立时的视水平线	400～500
立式加工中心	工作台高度到操作者站立时的视水平线、数控操作面板离地面高	750～780 1440～1500
卧式加工中心	工作台离地面高	1130
车削加工中心	主轴中心线离地面高、数控操纵面板中心离地面高	1160～1260

四、自动化制造系统作业空间设计的仿真评价

在自动化制造系统的作业空间设计中，上述介绍的方法和数据都是静态环境下考虑的设计规则，而实际上当一个制造系统投入使用后，在其正常运行时，人和系统都处于动态作业状态，而动态作业状态与静态作业状态有较大差异，如人随作业时间的延伸，会逐步产生疲劳，随着人体疲劳度的增加，人的作业空间范围和作业力度会下降，从而影响原来设计的作业动作的正常完成。因此，仅仅以静态平面或空间来设计自动化制造系统的人机作业空间是不够的，应在完成静态作业空间设计后，按制造系统将来实际运行环境和约束条件进行动态仿真，以保证制造系统的设计结果与将来系统的实际运行更为吻合。

随着计算机辅助设计技术的快速发展，当今已有许多 CAE 软件能用于自动化制造系统的运行仿真和人机工程评价。如在 Tecnomatix Technologies Ltd. 公司的 e-Manufacturing Solutions 软件系统和西门子公司的 e-Factory、Vis-Mockup 等软件系统中，都有制造系统的人机工程学仿真评价。图 2-7 是生产线上进行装配作业的人机工程仿真，在此作业过程中，当人在弯腰作业或手操作作业时，仿真软件会自动通过不同的颜色来显示背部和手臂的动作频度

图 2-7　生产线上装配作业的人机工程仿真

和疲劳状态，随着作业的延伸疲劳加重，软件系统会给出定量或定性的评价值，来说明该作业是否满足人机工程学的要求。图 2-8 是汽车发动机装配作业的人机工程仿真。

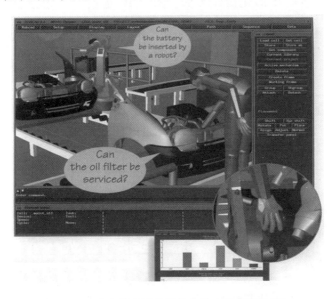

图 2-8　汽车发动机装配作业的人机工程仿真

五、自动化制造系统的人机界面设计

通过人机功能分配和作业空间设计，一个制造系统的总体功能和人的作业方式就确定下来了。从人机系统设计的流程看，接下来就开始转入人机界面设计。自动化制造系统的人机界面设计主要体现在三个方面：①信息流处理中的人机界面设计；②物料流处理中的人机界面设计；③系统运行维护中的人机界面设计。人机界面设计是人机一体化制造系统总体设计阶段中较为"硬件化"的设计活动，通过对系统中人机结合部硬件、软件的设计来保证人机界面的匹配性。

（一）信息流处理中的人机界面设计

信息流处理中的人机界面设计，主要解决视觉/听觉显示装置、软件的可视化界面及输入/输出操作控制装置的人机工程设计问题。

1. 视觉显示装置的人机工程设计

现代自动化制造系统中的视觉显示装置多为计算机屏幕、数显装置、报警信号灯和控制面板等。对于视觉显示装置，人的观察方式尤为重要。在日常生活和工作中，人们都有这样的体验，当观察一个物体时，被视物体在矢状面内与眼睛所处的角度不同时，观察效果是不同的，被视物体的表面与视线垂直时，观察效果最佳。因此，在布置视觉显示装置时，显示信息的表面应尽可能与观察者的视线垂直，以保证获得最高的观察精度。如果条件不允许，显示器表面可按与水平面成70°~80°的倾角布置，也能获得较高的观察精度。

屏幕是自动化制造系统中用得最普遍的视觉显示装置。为了使人快速而有效地从屏幕显示中获得有关系统工作状态的信息，图形显示是一个非常有用的方式，它能提供形象的立体信息，故在设计屏幕时，应考虑怎样的图形显示才能易于被人识别。一般情况下用动画来显示（模拟）加工状态，其识别特性在各种方式下都最好，它是利用了人的图形识别能力强于文字识别能力的原理，从而有效地提高制造系统的信息交互能力。图2-9是数控钻床CNC5000V200显示装置的图形化操作界面，图2-10是数控车床控制面板的图形化操作界面。

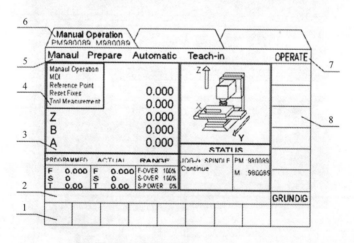

图2-9　数控钻床CNC5000V200显示装置的图形化操作界面

1—自定义功能键　2—向导栏　3—窗口　4—附目录　5—主目录
6—活动目录　7—进程　8—机床功能键

除屏幕以外的视觉显示装置还有信号灯、数显装置，它们也布置在良好视野范围内。对于控制面板上的信号灯和数显装置，重要的应设置在视野中心±3°范围内，一般的安排在离视野中心±20°范围内，只有相当次要的显示装置才允许设置在离开视野中心±（60°~80°）（水平视野）以外。但所有视觉显示装置都应设置在观察者不用转头和转动躯干的视野范围内。

视觉显示装置设计时，还应注意显示装置本身和工作环境的照明条件，应保证人的作业环境有适当照明强度，工作环境的具体照明设计要求请参考国家标准 GB/T 13379—2008《视觉工效学原则　室内工作系统照明》。

2. 语音显示装置设计

用语音作为信息载体，具有传递和显示的信息含意准确、接收迅速、信息量大等优点；缺点是易受噪声的干扰。在设计语音显示装置时应注意以下几个问题。

（1）语音的清晰度　用语音来传递信息，对它的主要要求是语音清晰。因此在工程心理学和传声技术上，用清晰度作为语音的评价指标。所谓语音的清晰度，是人耳对通过它的语

图 2-10　数控车床控制面板的图形化操作界面

音信号中正确听到和理解的百分数。在设计语音显示装置时，要求语音清晰度至少到达 75% ~ 85%。

（2）语音的强度　语音显示装置输出的语音，其强度直接影响语音清晰度。当语音强度增至刺激阈限以上时，清晰度的分数逐渐增加，直到差不多全部语音都被正确听到的水平；强度再增加，清晰度分数仍保持不变，直到强度增至痛觉阈限为止。实验表明，语音的平均感觉阈限为 25 ~ 30dB，而汉语的平均感觉阈限是 27dB；当语音强度达到 130dB 时，收听者将有不舒服的感觉；达到 135dB 时，收听者耳中即有发痒的感觉，语音强度再高便达到了痛觉阈限，将有损耳朵的听觉机能。因此，语音显示装置的语音强度最好在 60 ~ 80dB 之间。

（3）噪声环境中的语音通信　制造系统在切削加工过程中，或多或少地都会发出噪声。为保证在有噪声干扰的作业环境中进行语音通信，则需按正常语音强度和提高了的语音强度定出极限通信距离。在此距离内，在一定语音干扰声级下可期望达到充分的语音通信，具体数据可参考有关文献和国家标准 GB/T 1251.2—2006《人类工效学　险情视觉信号　一般要求、设计和检验》。

上面所说的充分的语音通信，是指通信双方的语音清晰度达到 75% 以上。距声源（听觉显示装置处）的距离每增加一倍，语音声级将下降 6dB，这相当于声音在室外或室内传至 5m 远左右。在有混响的房间内，当混响时间超过 1.5s 时，语音清晰度将会降低。

听觉显示装置中，除语音显示装置外，还有用作警报器的各种设备，这些设备输出的声音强度大，可传播很远，频率由低到高，发出的声音富有调子的上升和下降，可以抵抗其他噪声的干扰，特别能引起人的注意，并强制性地使人接受（可参考国家标准 GB/T 1251.3—2008《人类工效学　险情和非险情声光信号体系》）。

3. 操纵控制台的人机工程设计

操纵控制台是信息流处理中的典型人机界面，它集中了较多的显示装置和操纵装置，人通过此界面了解系统的运行信息，控制系统的工作。操纵控制台的设计原则是在水平面内布置信息显示装置时，不转动视线时最佳范围不超过 30° ~ 40° 的视力范围；转动视线时最佳范围在 50° ~ 60° 的视力范围内；而头部转动时最佳范围在 90° 的视力范围内。

在垂直面内布置信息显示装置和操纵装置时，最佳范围在视平线以下 0°~30°之间，最大允许范围在视平线以上 30°、视平线以下 45°之内。

4. 操纵装置的人机工程设计

在信息流处理过程中，作业人员的指令以及人对系统运行状态的控制信号，都须经过操纵装置变成一些机器能接受的指令形式，才能控制整个系统进行加工。因此，操纵装置在人和机器之间就构成了另一类"物化"的人机界面。操纵装置的种类很多，用于自动化制造系统中的操纵装置主要有：计算机键盘、多媒体触摸屏、按钮、旋钮、手柄、手轮、操纵杆、脚踏板等类型。有关这些操纵装置的最大许用力、适宜尺寸和式样等数据，可参考人机工程学方面的资料和 GB/T 14775—1993《操纵器一般人类工效学要求》。

操纵杆的适宜用力因操纵方式和性质不同而有很大差异。如采用侧向运动杆时，适宜的最大用力不超过 408N；采用前后运动杆时，适宜的最大用力不超过 295N；在瞬时的快速动作时，适宜的最大用力不超过 134N；而操纵杆的工作阻力不宜小于 18N，否则容易产生误操作。

在自动化制造系统中，已普遍使用键盘进行数据输入与指令发送。使用按键的好处是节省空间、便于操作、便于记忆，使用熟练后，不用看键盘也能迅速操作。按键的尺寸应按手指的尺寸和指端弧形设计，方能操作舒适。

（二）物料流处理中的人机界面设计

对于自动化制造系统中的物流处理，其人机界面集中在工件装卸站、小型零件的运输、刀具预调站与进出管理站等处。在工件装卸站的作业人员，将待加工的工件装上夹具并进行定位、调校和夹紧，然后随托盘进入系统自动加工；而在刀具预调站与进出管理站上的作业人员，用刀具预调仪调整好刀具，并将刀号等数据输入系统，以备中央刀库调用；对工件和刀具的运输，视其体积和重量的大小是否在人的作业能力范围内而有所不同，在作业能力范围内可由人承担。这些人机界面设计主要解决作业处的空间尺寸、操纵力大小、动作频度、人行走距离、作业时间、生理负荷分配与人机的能力平衡、协调等问题，从而保证人机界面的总体协调。

（三）系统运行维护中的人机界面设计

系统运行维护中的人机界面主要考虑：系统排屑、切削液循环维护、检修窗口、意外事故排除等装置和人机接口的设置，以及系统的安全连锁装置等。运行维护中的人机界面虽不是系统的核心部分，但这一类界面若设计不好，必然影响系统的正常运行。例如，我国某摩托车生产企业的一条加工曲轴箱的柔性自动生产线，其排屑和切削液回收被设计成地沟式，两端落差 1m，为减少占地面积，地沟布置在生产线下方。在运行中，由于切屑堵塞，切削液漫出地沟，在车间内横流，由于地沟在生产线下，设计时未考虑维护窗口，人无法下去排除故障，故这一小问题已严重影响了车间的正常生产和环保要求。

因此，为保证自动化制造系统的正常运行，系统维护人机界面设计十分重要。如手接近维修点时所需的窗口尺寸、手抓取部件时所需的最小矩形尺寸，以及维修时不需目视情况下手持不同类型的工具所需的最小空间尺寸等数据，详细内容请见专门的人机工程学资料。

六、自动化制造系统中的作业人员岗位设置与技能培训

在经过了人机功能分配、人机界面设计后，人机一体化制造系统的结构形式已基本确定

下来，对于已确定的人员作业功能，需由什么样的人、多少人来承担，操作者需要什么样的技能，如何培训等，这就是人员岗位设置与技能培训内容。例如，在一个典型的自动化制造系统 FMS 中，它一般由数台数控加工中心、物料存放和运输系统、刀具存放系统和更换装备、工业机器人和计算机控制系统等组成。与传统的制造系统相比，在 FMS 中很多操作工作都被加工中心或机械手所代替，使直接参与机床操作的人员大为减少，但系统的运行仍是在人的控制下完成的。根据自动化制造系统的构成和生产特点，自动化制造系统一般设置以下几个方面的人员岗位：

（1）系统管理人员　是整个系统的总操作者和控制者，其作用是通过计算机来执行生产计划，调整系统偏差和处理意外情况，监控系统中其他人员和加工设备的工作状况。

（2）信息系统硬件、软件技术人员　通常是厂里的信息设备和软件维修人员，负责维护、检修数控机床和物料运输系统中的电子设备、通信网络及软件系统。

（3）机械和液压技术人员　在厂里属于固定维修部门，负责维护和检修自动化制造系统中的机械和液压设备。

（4）刀具调整人员　职责是用刀具预调仪调整好新刀具或磨损后修复的刀具，并将刀具送入系统备用。

（5）夹具装调工　负责为系统装调夹具、托盘和工具。

（6）工件装卸工　负责把待加工的工件装上工件托盘，并取下已加工好的工件以待运走，按计算机给出的时间表和指令进行操作。

（7）巡视人员　职责是巡视按指令正常或非正常停机的机床，发现破损的刀具和需立即更换的刀具，以及实时调整刀具等，也负责一些一般的手动操作任务和检修工作。

（8）其他人员　如质量检验人员、工具保管人员、环境保洁人员、普通机床操作人员等。

在这些人员中，有些工作人员并不在生产现场，如信息系统硬件、软件技术人员和机械、液压技术人员是间接为自动化制造系统服务的，当系统出现故障时，他们就赶来检修。因此，在自动化程度较高的自动化制造系统中，人员岗位就只有系统管理，刀具调整，夹具装调，工件装卸和巡视，而后三个功能可由一人承担。这样一个自动化制造系统中的工作人员一般为二至三人。当然实际操作自动化制造系统的人员数量取决于系统的大小、加工中心的台数以及自动化程度。

第三节　自动化制造系统的人机一体化运行与维护

一、自动化制造系统的人机一体化运行机制

在人机一体化制造系统中，特别强调人在系统中的主导作用，以及人与机器系统的有机配合，协调一致地工作。因此，自动化制造系统的运行机制是人机一体化的集成模式。以 FMS 为例，其运行机制特点体现在：切削加工、生产调度、工件及刀具储运、换刀、托盘交换、排屑等工作都由加工中心、机械手、托盘储运装置、计算机控制系统等完成，人负责对系统进行监控管理、意外事故处理、维修、工件及刀具进出站装卸、预调及安全巡视等工

作。整个 FMS 的运行处在人的监控状态下。因此，在自动化制造系统的运行过程中，人的监控能力是设计自动化制造系统时必须考虑的重要因素。所谓人的监控能力，是指一个人通过计算机能监控多少台加工中心和物流设备。实验结果表明，只要人与计算机的功能分配恰当，一个人可以监控 4～20 台加工中心而无不利影响，但要采用更有效的辅助决策或专家系统来减轻人的负担。一个典型的人机一体化 FMS 运行模式如图 2-11 所示。

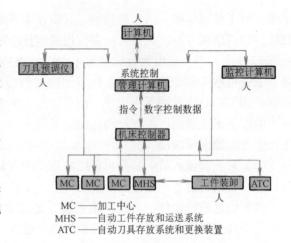

图 2-11　人机一体化 FMS 运行模式

如何在监控活动中避免人的操作错误，是人机一体化制造系统设计的另一个重要问题。例如 FMS 是一种复杂性和自动化程度均较高的机械加工系统，它尽管采用了计算机来控制和管理整个系统的生产，但系统运行最终的决策者仍然是人。人在操作这种十分复杂的大系统时，难免会出现这样或那样的操作错误，但只要找出了出错原因，并采取相应的技术措施，操作错误是能够避免或大大减少的。例如在 WERNER-KOLB 的 FMS 换刀系统中由于采用了新型的刀具快换系统（Quick Tool Changer，QTC），使由于刀具替换而产生的闲置与非生产时间减少 95%，并借助于便携式输入和储存终端，直接从刀具预调仪和备用刀库把数据传到机床的控制系统，使得时间的消耗以及刀具数据采集中产生的输入错误大大降低。因此，在适度自动化的人机一体化制造系统中，既要用自动化的设备来替代人做易犯错误的工作，又要使系统设计不过于复杂和昂贵，这是一对矛盾，如何优化解决这个矛盾，就是合理划分人机功能的关键，也是系统设计是否良好的评价要素。

二、自动化制造系统中的作业安全要求

在自动化制造系统中，由于采用了许多加工中心、工业机器人、物料自动储运小车等自动化设备，把人从繁重的体力劳动和危险作业条件下解放出来，同时还改善了人的工作条件。但必须承认，工业机器人等自动化设备的引入，对系统中的工作人员和其他设备都带来了安全作业方面的潜在威胁。例如，当工作人员在 FMS 内巡视或检修时，就有被工件或刀具运送机器人碰伤的危险，若机器人的控制程序出现差错，则它可能不按预定的轨迹运动，或将夹持的工件、刀具释放而碰伤操作人员和损坏其他机器设备。因此，在 FMS 中建立一个完整的安全系统是非常必要的。

自动化制造系统的安全性可采用以下措施来保障：①系统管理软件中应有安全防护的控制部分；②采用电子、电气和机械装置连锁防护，例如在机器人的手臂上安装安全防护用传感器，只要人或其他物体意外进入危险区，该传感器就发出信号使机器人紧急停机，即使在机器人的控制软件出错时，该防护措施也能起作用（这种传感器还可装在机器人作业范围的边缘，只要人一进入该区域，机器人就会马上停机）；③在机器人、自动装夹设备、自动更换工件和刀具设备的工作区外，设置安全防护围栏，钢丝网罩等；④机器人和其他自动运输设备的控制系统中，应设计有安全互锁装置，防止停机检修时的意外起动和运转；⑤在有

危险的设备和运动部件上设置安全标志，以提醒操作人员注意；⑥对作业人员进行安全作业的技术教育和防护措施培训，使他们严格按照安全规程作业。

三、自动化制造系统监控作业中的疲劳预防

任何一个制造系统都是在一定的作业条件和环境下运行的。在自动化制造系统中，各种加工中心、工业机器人、物料运输小车等自动化设备，已基本上取代了人的体力作业，而将系统监控、安全维护等更复杂的脑力劳动工作留给了人去完成。人在制造系统的监控过程中，脑力疲劳、低负荷（或超负荷）都是影响脑力劳动的因素。必须创造良好的工作条件和环境，以减少疲劳带来的人为事故。疲劳是一种疲倦乏力、不愿继续工作的生理现象，是人类的一种自我保护性功能，其作用是防止人活动过度，强迫人获得休息。在自动化制造系统中，随着自动化程度的不断提高，人的作业变得单调、乏味、监控任务减少。单调作业和低负荷，使人的监控警觉性降低，产生信号脱漏，并导致脑力疲劳产生。由于疲劳产生时，人的注意力、判断力、反应力及体力均明显下降，处于这种状态的人，极易出现操作错误或失误，甚至引起严重事故。对于脑力疲劳，可采取如下措施来避免。

1. 使操作内容适当复杂化

经常适当改变任务的操作比单一的重复操作有更高的效率和可靠性。一方面，它改善了单调的操作，提高工作者的兴趣，使之不易产生脑力疲倦；另一方面，由于作业内容的增加，使作业者必须采取多种姿势完成操作，作业姿势的变换有助于保持人的警觉性；另外，作业内容扩充后，更有利于作业者发挥其能力。

2. 定期变换工作内容或作业岗位

在设置自动化制造系统的工作岗位时，应考虑采用一专多岗、工作互换的方式，因为定期变换工作内容或作业岗位，有助于消除单调作业导致的脑力疲劳与肌肉疲劳。经常变换工作内容，对作业人员来说有新鲜感，作业时能保持较旺盛的精力和注意力；另外，在变换工作岗位时，最好使新作业与原作业在操作上差异大一些。研究表明，在作业者熟练程度相似的前提下，变换内容基本相近的作业仅能提高1%的产量，而内容变化较大的作业可使产量提高14%以上。

3. 良好的作业环境

自动化制造系统的运行环境应按人机工程学原理设计。照明环境、噪声环境、振动、热辐射、有害物质及粉尘、气味等环境因素，均应按人机工程要求控制在标准范围内，保证人的健康和精神饱满。

四、自动化制造系统中的事故预防

为了保证自动化制造系统的正常运行，应最大可能地避免出现人为或机器事故，在系统设计时应追求"零故障"。从总体上看，事故发生的原因是人的因素和设备环境因素之一或两者的综合。许多专家认为，约90%的事故与人为因素有关，只有10%左右是由于物理条件因素引起的。以下是事故原因分析。

（一）事故的物理条件因素

1. 作业者与机器功能分配不当

机器设备作业时，没有充分考虑人与机器各自能完成的工作。人在感觉、学习、处理紧

急事件的应变与反应能力方面优于机器，而机器在动作的速度、精度、操作的力度等方面优于人。当作业分配错误时，人与机器都不能很好地完成指定的作业，从而易于导致事故。

2. 工具、作业场所等设计失误

如设计时未考虑人机工程学原理，致使作业场所诸要素与人配合不当，从而导致事故的发生。如显示器与控制器的布局不合理，没有考虑显示与操作的相合性，警示装置处在难以视听的位置等。

3. 缺少必要的安全装置与防护装置

在易发生事故的作业场所，机器设备设计时应充分考虑安全装置的重要性，以避免可能的伤害，从个人防护方面看，必要的设施有助于应付紧急情况，避免恶劣的作业环境影响。

4. 物理环境对人造成的生理和心理压力

作业场所不适当的物理环境，如温度太高、湿度太大、光照不够、噪声过大、振动过大等，都可能成为事故的诱发因素。

（二）事故的人为因素

从人的原因考虑，管理人员或作业人员本身的失误都可能导致事故。比如管理者态度不认真、能力不够，对作业安全不予以重视；作业人员误读作业显示与仪表显示，不遵守安全操作规程、工具使用错误、工作态度不端正、缺少足够的培训、操作不熟练、紧急情况下没有及时采取必要措施、精力不集中等。这些都是引起事故的直接原因。

分析引起事故的人为因素，可以把导致事故的人为因素分为两个方面：一方面是人的行为因素，另一方面是人的生理与心理因素。

1. 导致事故的人的行为因素

（1）训练与技能　作业者已经形成习惯的动作或行为中，有些是安全的，有些则不安全。习惯是长时间训练过程导致的结果。训练某种技能是通过作业实践中不断地反复来实现的。如果长时间按安全操作方式进行作业，则不易发生作业事故，因为训练增加了自信心，作业更加准确有效，而且训练的结果使行为的技巧大大提高。但训练方面不当往往会导致事故频发。所谓训练方面不当是指：

1）训练依赖的标准是不安全的，训练结果可靠性不高，不能应付紧急情况。

2）不安全的行为常比安全的行为更方便、节省时间，乐于为人接受，因而受过训练的人中，还是有人不愿意按安全的方式操作，这样的训练实际上是无效的。

（2）记忆疏漏　许多作业中要求有很好的记忆，才能准确无误地按步骤完成各种操作。作业者须记住作业的次序、位置，各种信息的意义及应作出的反应等。但人们存储有效信息的能力往往是有限的，较为复杂的或不经常的操作常不易记住。记忆的疏漏往往是错误的先导，它有两种类型：一种是全部忘却，另一种是记忆错误。如果忘记控制系统中某一不太重要的环节，还不一定造成事故，因为操作还没有执行，但若记忆错误，比如操作顺序错误，则更容易造成事故。

有时记忆疏漏不是由于记忆能力不够造成的，而是由于心不在焉或走神。往往熟练的作业者比新手更容易出现这种疏漏，因为对熟练者来说，作业顺序已是一种程式化的东西，单调作业已不能使其集中注意力了。

2. 导致事故的人的生理与心理因素

（1）性格　就作业的安全性考虑，如系统设计得当，就能使大多数人减少失误。但对某些特定的人，在相同的客观条件下，出事故的概率比一般人都要多。有些学者研究认为，这是一类"易出事故的人"，其性格特征决定了其失误率高。这个问题很复杂，并没有什么好的解决办法。如果确能区别，那么易于出事故的人应被安排在相对比较安全的工序上。在作业设计时，应根据个人适应性检查的结果，按作业者不同的性格特点安排作业类型，以提高系统的安全性，即所谓劳动个性化原则。按此原则组织作业活动的实践表明，作业者自我感觉和作业态度等都较好。

（2）生理节律和生物节奏　人在一天 24 小时中，作业效率是变化的。实验结果表明，上午 8 点到 10 点半之间，各种工作效率都在提高，至下午 2 点开始下降，经过几小时的低潮之后，晚间作业效率又开始回升，直到深夜产生困倦感。人的这种生理节律对作业的可靠性有一定的影响。连续作业的人，在午饭后不久，注意力开始明显下降，精力不集中。在这种低潮期，事故发生率也呈升高的趋势。另一种是生物节奏。研究表明，人的体力、情绪和智力分别呈 23 天、28 天、33 天为周期的正弦变化。正半周期内人的情绪舒畅，精力较旺盛，反应敏捷，而在负半周期内心绪不佳，易于疲劳，在正负转折的临界点行为表现最差，也最易出事故。考虑人的生理节律、生物节奏，对于科学地安排劳动和休息的节奏是有益的。

（3）作业疲劳　关于作业疲劳对作业的可靠性和对事故发生率的影响，前面已有讨论，此处不再赘述。

因此，在适度自动化的人机一体化制造系统中，应该充分考虑上述因人而产生的事故因素，尽可能安排好人机界面，创造最适宜人的工作条件和环境，避免事故的发生。

第四节　自动化制造系统设计的人机工程评价

一、自动化制造系统设计的人机工程评价内容

在自动化制造系统的结构设计中，要实现"人机工程学"的全部要求，是一项非常复杂的工作，它往往是一个多目标优化问题。尽管如此，现在的自动化制造系统在整个设计过程中，总是要全面地进行人机工程学分析与评价。

关于自动化制造系统设计的人机工程学评价方法有多种，如总体模糊综合评价法、人体模型评价法、图表法等。为便于操作，这里介绍一种在制造系统设计中用得较多的检核表式人机工程评价法，通过它可系统地分析评价在系统设计和运行中影响作业效率、安全性和可靠性的各种因素。利用这些资料，可以进行系统设备的最佳设计。当然，也可以给每个问题设计一得分率，通过多个方案的综合得分值比较得到符合要求的方案。

对于一个特定的自动化制造系统，检核表式评价法主要体现以下几个方面：

1. 对自动化制造系统设计目标定义的评价

1）对自动化制造系统未来使用者群体特征的要求是什么？

2）使用者对自动化制造系统的要求是什么？

3）人机一体化制造系统自动化程度定位是否合适？

4）自动化制造系统设计的期望目标与人机一体化原则的相符程度如何？

2. 人机功能分配的评价

1）在进行人机功能分配前，是否充分比较和分析了人机各自的功能特征？

2）自动化制造系统的系统功能分解是否充分考虑了人的能力特征？

3）人机功能分配是否合理？

4）自动化制造系统运行中的人机功能能否实现最佳的协调配合？

3. 自动化制造系统中人的作业要求评价

1）自动化制造系统对人的作业要求是否与人的作业能力相匹配？

2）作业内容是否超过人的生理、心理负荷极限？

3）长时间静态或动态作业对人的生理、心理影响程度有多大？

4）作业顺序安排是否与人的生理习惯相匹配？

5）小组化团队工作方式中，作业分配与动态调节是否在团队内能够达到平衡？团队成员的主观能动性和创造性能否得到充分发挥？

4. 人机界面设计评价

1）作业空间布置是否与人体测量数据相匹配？

2）作业姿势设计是否合理？工作中是否可改变作业姿势？是否有工间休息场地和足够的过道空间？

3）座椅及工具等辅助装置的设计是否充分考虑了人的生理和心理特点？

4）显示装置的设计是否与人的感官能力特征相匹配？

5）操作装置的结构、布置、操纵力大小、操纵方式等是否与人的生物力学特征相匹配？

6）自动化制造系统运行的安全防护措施是否充分？安全防护装置是否设计合理？可靠性如何？

5. 自动化制造系统运行与维护评价

1）自动化制造系统运行中人的工作方便性和工效是否达到人机一体化设计的要求？

2）自动化制造系统运行状态下人的疲劳是否得到有效控制？作业与休息交替时间安排是否合理？

3）系统检查与维修是否方便？

4）紧急与意外事故处理的手段和措施是否易于人觉察和掌握？

5）自动化制造系统的运行控制能否与人形成良好的人机一体化效果？

二、自动化制造系统设计的人机工程评价方法

在自动化制造系统设计的人机工程评价中，上面介绍了评价的内容，但还不能从这些评价内容中得到对一个具体的人机一体化制造系统的评价结果。为了得到对人机一体化制造系统的评价结果，原则上有两方面的来源，一方面是根据国家和行业人机工程学标准，对制造系统设计的人机界面、运行环境参数、安全防护措施等具体"物化"的硬软件进行量化评价，看这些设计技术指标是否达到了国家和行业标准所规定的要求。另一方面，对难以量化的、涉及人的生理、心理感受的主观评价，就不能简单对照国家或行业标准，须采用模糊综合评价方法和工具。

为了将自动化制造系统设计的人机工程学的主、客观评价进行统一，需建立一个综合评价模型，如表2-8所示。在表2-8中，对每一个评价内容的打分，可根据主、客观两个方面

的情况来决定。例如，对制造系统设计的客观评价标准，参照国家和行业标准值，将制造系统设计所得出的实际值与标准比较，可定义出与标准值的差距，把这种差距分成 5 个等级：很好、较好、一般、较差、很差，相对所得分值就是 5 分、4 分、3 分、2 分和 1 分。同理，我们把人机工程的主观评价结果也分为很好、较好、一般、较差、很差 5 个等级，分别对应 5 分、4 分、3 分、2 分、1 分的得分，这样就把人机工程的主客观评价进行了统一。再根据各因素对制造系统人机一体化设计的影响程度，决定对人影响因素的权重，就可计算出人机工程评价的综合量化结果。

表 2-8 自动化制造系统设计的人机工程综合量化评价

评价主项内容	评价子项内容分解	得分	权重	主项得分	综合得分
制造系统设计目标定义评价	系统对未来使用者群体特征的要求		0.05	（各子项得分乘权重之和）	（总分为各主项评价得分之总和）
	使用者对未来制造系统操作的要求		0.05		
	人机一体化制造系统自动化程度定位		0.05		
	系统设计目标与人机一体化的吻合度		0.05		
人机功能分配评价	设计前详细分析人机各自的功能特征		0.07	（各子项得分乘权重之和）	
	系统功能分解是否充分考虑人的能力		0.07		
	人机功能分配的合理性		0.08		
	人机功能协调配合的合理性		0.08		
	对人的作业要求和人的能力匹配程度		0.025		
	作业负荷是否超过人的生理、心理极限		0.025		
	长期静/动态作业对人的生理/心理影响		0.025		
制造系统中人的作业要求评价	作业顺序与人生理习惯的匹配程度		0.025	（各子项得分乘权重之和）	
	作业分配在团队内动态调节的平衡性		0.025		
	复杂作业技能培训与人的适应平衡性		0.025		
人机界面设计评价	作业空间布置与人体测量数据的匹配		0.03	（各子项得分乘权重之和）	
	作业姿势的舒适性与作业空间的匹配		0.03		
	座椅和辅助装置设计与人体特征匹配		0.03		
	显示装置与人感知能力特征的匹配		0.04		
	操作装置与人生物力学特征的匹配		0.04		
	安全防护装置设计的可靠性、合理性		0.03		
制造系统的运行与维护评价	人作业工效与人机工程标准的一致性		0.03	（各子项得分乘权重之和）	
	人的作业疲劳控制和作息安排合理性		0.03		
	制造系统检查、维修的方便性/安全性		0.03		
	紧急与意外事故处理的宜人性考虑		0.03		
	制造系统运行控制与人机一体化效果		0.03		

注：在第三栏的得分中，按 5 级记分的方式分别给出每个分解子项内容的评价得分，得分可保留至小数点后面两位。

 复习思考题

2-1 什么叫人机一体化制造系统？适度自动化系统的实质是什么？

2-2 自动化制造系统在哪三个层面上实现人机一体化？各层面的特征是什么？

2-3 自动化制造系统人机一体化设计的主要步骤、内容和流程是什么？

2-4 自动化制造系统的人机界面设计主要涉及哪些内容？

2-5 请归纳总结人与机器各自的功能特征，怎样进行人机功能分配？

2-6 怎样利用人体测量数据进行作业空间设计？

2-7 自动化制造系统中显示装置的人机工程学设计原则是什么？

2-8 操纵装置设计的人机工程学原则是什么？

2-9 怎样预防自动化制造系统作业中人的生理和心理疲劳？

2-10 自动化制造系统运行维护中的人机工程学要求是什么？

2-11 怎样进行自动化制造系统的人机工程学评价？有哪些仿真评价方法和软件系统？

2-12 在自动化制造系统的设计方面，你所知道的有关人机工程学国家标准有哪些？

第三章

自动化制造系统的组成

自动化制造系统是在较少的人工干预下，将原材料加工成零件并组装成产品，在加工过程和装配过程中实现工艺过程自动化的制造系统。工艺过程涉及的范围很广，它包括工件的装卸、存储和输送；刀具的装配、调整、输送和更换；工件的切削加工、排屑、清洗、测量和热处理；切屑的输送、切屑的净化处理和回收；将零件装配成产品等。

本章介绍常见的自动化制造系统的类型及布局、各种自动化加工设备、工件的储运系统、刀具准备及储运系统、运行监控系统、各种辅助设备以及自动化制造系统的控制系统等。

第一节　自动化制造系统的常见类型

一、刚性自动线

刚性自动线一般由刚性自动化加工设备、工件输送装置、切屑输送装置和控制系统以及刀具等组成。

（1）自动化加工设备　组成刚性自动线的加工设备有组合机床和专用机床，它们是针对某一种或某一组零件的加工工艺而设计和制造的。刚性自动化设备一般采用多面、多轴和多刀同时加工，因此自动化程度和生产率均很高。在生产线的布置上，加工设备按工件的加工工艺顺序依次排列。

（2）工件输送装置　刚性自动线中的工件输送装置以一定的生产节拍将工件从一个工位输送到下一个工位。工件输送装置包括工件装卸工位、自动上下料装置、中间储料装置、输送装置、随行卡具返回装置、升降装置和转位装置等。输送装置采用各种传送带，如步伐式、链条式或辊道式传送带等。

（3）切屑输送装置　刚性自动线中常采用集中排屑方式，切屑输送装置有刮板式、螺旋式等。

（4）控制系统　刚性自动线的控制系统对全线机床、工件输送装置、切屑输送装置进行集中控制，控制系统一般采用传统的电气控制方式（继电器—接触器），目前倾向于采用可编程序逻辑控制器（PLC）。

（5）刀具　加工机床上的切削刀具由人工安装、调整，实行定时强制换刀。如果出现刀具破损、折断，则进行应急换刀。

图3-1所示为加工曲拐零件的刚性自动线总体布局图。该自动线年生产曲拐零件1700件，毛坯是球墨铸铁件。由于工件形状不规则，没有合适的输送基面，因而采用了随行卡具安装定位，便于工件在各工位之间的输送。

该曲拐加工自动线由7台组合机床和1个装卸工位组成。全自动线定位夹紧机构由1个泵站集中供油。工件的输送采用步伐式输送带，输送带用钢丝绳牵引式传动装置驱动。毛坯在随行夹具上定位需要人工找正，没有采用自动上下料装置。在机床加工工位上采用压缩空气喷吹方式排除切屑，全线集中供给压缩空气。切屑运送采用链板式排屑装置，从机床中间底座下方运送切屑。

自动线布局采用直线式，工件输送带贯穿各工位，工件装卸台4设在自动线末端。随行

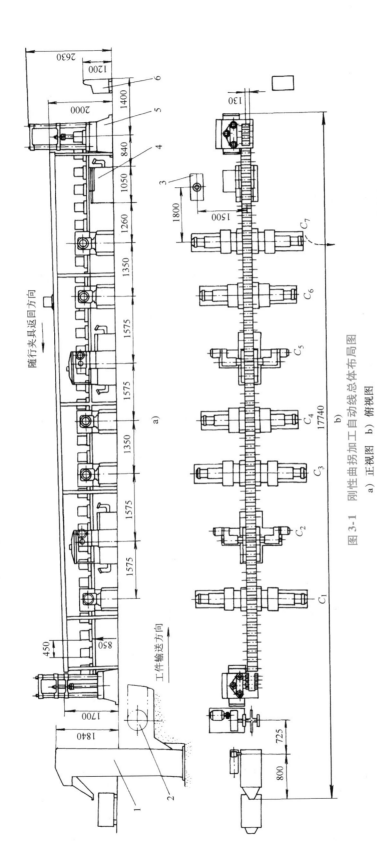

图 3-1 刚性曲拐加工自动线总体布局图

a）正视图 b）俯视图

1—斗式切屑提升机 2—链板式排屑装置 3—全线泵站 4—工件新装卸台 5—工件升降机 6—中央控制台

夹具连同工件毛坯经工件升降机5提升，从机床上方送到自动线的始端，输送过程中没有切屑撒落到机床、输送带和地面上。切屑通过链板式排屑装置2的运送方向与工件输送方向相反，斗式切屑提升机1设在自动线始端，中央控制台6设在自动线末端。

刚性自动线生产率高，但柔性较差，当被加工对象发生变化时，需要停机、停线并对机床、卡具、刀具等工装设备进行调整或更换，如更换主轴箱，通常调整工作量大，停产时间长。如果被加工件的形状、尺寸或精度变化很大，则需要对生产线进行重新设计和制造。

二、分布式数字控制 DNC

DNC 有两种英文表达，即 Direct Numerical Control 和 Distributed Numerical Control，前者译为直接数字控制，后者译为分布式数字控制。两种表达反映了 DNC 的不同发展阶段。DNC 始于 20 世纪 70 年代初期，DNC 的出现标志着数控加工由单机控制发展到集中控制。最早的 DNC 是用一台中央计算机集中控制多台（3～5 台）数控机床，机床的部分数控功能（例如粗插补运算）由中央计算机完成，组成 DNC 的数控机床只配置简单的机床控制器 MCU（Machine Control Unit），用于数据传送、驱动和手工操作，如图 3-2a 所示（图中每种方案连接只画出一台机床），在这种控制模式下，机床不能独立工作，虽然能节省部分硬件，但现在的硬件价格很低，因此该方案已失去实用意义。

第二代 DNC 系统称为 DNC-BTR 系统，其组成方案如图 3-2b 所示，各机床的数控功能不变，DNC 的功能起着数控机床的纸带阅读机的功能，故称之为读带机旁路控制（Behind Tape Reader，BTR）。若 DNC 通信受到干扰，数控机床仍可用原读带机独立工作。

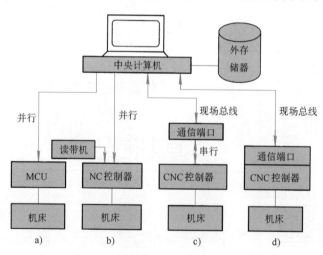

图 3-2 DNC 系统的组成方案

现代 DNC 系统称为 DNC-CNC 系统，它由中央计算机、CNC 控制器、通信端口和连接线路组成，如图 3-2c 所示。现代 CNC 都具有双向串行接口和较大容量的存储器。通信端口在 CNC 一侧，通常是一台工控微机，也称 DNC 接口机。每台 CNC 都与一台 DNC 接口机相连（点对点式），通过串行口（如 RS232c、20MA 电流环、RS422 和 RS449 等）进行通信，DNC 中央机与 DNC 接口机通过现场总线（Fieldbus）如 Profibus、CANbus、Bitbus 等进行通信，实现对 CNC（包括多制式 CNC）机床的分布式控制和管理。数控程序以程序块方式传送，与机床加工非同步进行。先进的 CNC 具有网络接口，DNC 中央计算机与 CNC 通过现场总线直接通信，如图 3-2d 所示。DNC 中央计算机与上层计算机通过局域网 LAN（Local Area Network）进行通信，如 MAP（Manufacturing Automation Protocol）网、Ethernet 网等。

DNC – CNC 系统的主要功能和任务见表 3-1。

表 3-1 DNC – CNC 系统的主要功能和任务

功　能	任　务
系统控制	作业调度、数控程序分配、数控数据传送
	机床负荷均衡、系统启动、系统停止
数据管理	作业计划数据管理、数控程序管理、程序参数管理
	刀具数据管理、托盘零点偏移数据管理
	生产统计数据管理、设备运行统计数据管理
系统监视	刀具磨损、破损检测和系统运行状态检测及故障报警

（1）系统控制　DNC 系统控制功能的主要任务是根据作业计划进行作业调度，将加工任务分配给各机床，要求在正确的时间，将正确的程序传送到正确的加工机床，即 3R（Right time、Right programme、Right position）。数控数据包括数控程序、数控程序参数、刀具数据、托盘零点偏移数据等。

（2）数据管理　DNC 系统管理的数据包括作业计划数据、数控数据、生产统计数据和设备运行统计数据等。数据管理包括数据的存储、修改、清除和打印。数控程序往往在机床上要通过仿真进行修改和完善，经过加工验证过的数控程序要存储，并回传到 DNC 系统中央计算机。生产统计数据和设备运行数据需要在系统运行过程中生成。

（3）系统监视　DNC 系统监视功能的主要任务是对刀具磨损、破损的检测和系统运行状态的检测及故障报警。

三、柔性制造单元 FMC

柔性制造单元由 1 ~ 3 台数控机床和/或加工中心，工件自动输送及更换系统，刀具存储、输送及更换系统，设备控制器和单元控制器等组成。单元内的机床在工艺能力上通常是相互补充的，可混流加工不同的零件，具有单元层和设备层两级计算机控制，对外具有接口，可组成柔性制造系统。

图 3-3 所示为一加工回转体零件为主的柔性制造单元。它包括 1 台数控车床，1 台加工中心，2 台用于在工件装卸工位 3、数控车床 1 和加工中心 2 之间输送物料的运输小车，用来为数控车床装卸工件和更换刀具的龙门式机械手 4，进行加工中心刀具库和机外刀库 6 之间刀具交换的机器人 5。控制系统由车床数控装置 7，龙门式机械手控制器 8，小车控制器 9，加工中心控制器 10，机器人控制器 11 和单元控制器 12 等组成。单元控制器负责单元组成设备的控制、调度、信息交换和监视。

图 3-4 所示为一箱体零件加工柔性制造单元。单元主机是一台卧式加工中心，刀库容量

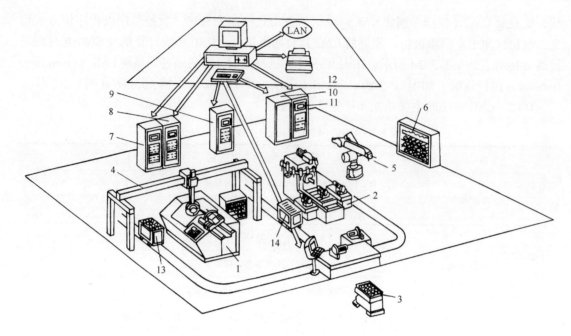

图 3-3　柔性制造单元

1—数控车床　2—加工中心　3—装卸工位　4—龙门式机械手　5—机器人　6—机外刀库

7—车床数控装置　8—龙门式机械手控制器　9—小车控制器　10—加工中心控制器

11—机器人控制器　12—单元控制器　13、14—运输小车

为 70 把，采用双机械手换刀，配有 8 工位自动交换托盘库。托盘库为环形转盘，托盘库台面支承在圆柱环形导轨上，由内侧的环链拖动回转，链轮由电动机驱动。托盘的选择和定位由可编程序控制器控制，托盘库具有正反向回转、随机选择及跳跃分度等功能。托盘的交换由设在环形台面中央的液压推拉机构实现。托盘库旁设有工件装卸工位，机床两侧设有自动排屑装置。

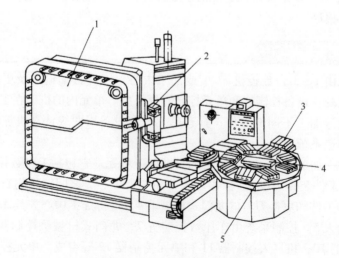

图 3-4　带托盘的柔性制造单元

1—刀具库　2—换刀机械手　3—装卸工位　4—托盘交换机构　5—托盘库

四、柔性制造系统 FMS

"柔性"是指生产组织形式和自动化制造设备对加工任务（工件）的适应性。FMS 是在加工自动化的基础上实现物料流和信息流的自动化，其基本组成部分有：自动化加工设备、工件储运系统、刀具储运系统、多层计算机控制系统等。其原理框图如图 3-5 所示。

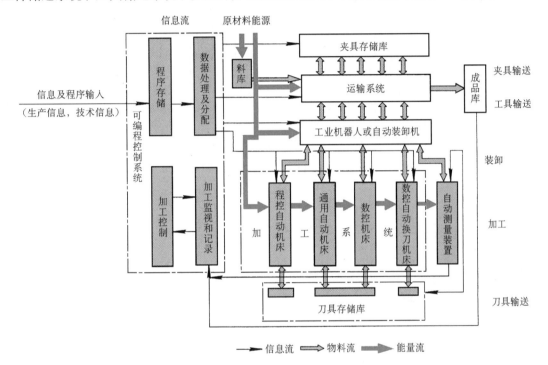

图 3-5 柔性制造系统基本结构

（1）自动化加工设备 组成 FMS 的自动化加工设备有数控机床、加工中心、车削中心等，也可以是柔性制造单元。这些加工设备都是计算机控制的，改变加工零件一般只需要改变数控程序，因而具有很高的柔性。自动化加工设备是自动化制造系统最基本，也是最重要的设备。

（2）工件储运系统 FMS 工件储运系统由工件库、工件运输设备和工件更换装置等组成。工件库包括自动化立体仓库和托盘（工件）缓冲站。工件运输设备包括各种传送带、运输小车、机器人或机械手等。工件更换装置包括各种机器人或机械手、托盘交换装置等。

（3）刀具储运系统 FMS 的刀具储运系统由刀具库、刀具输送装置和刀具交换装置等组成。刀具库有中央刀库和机床刀库。刀具输送装置有不同形式的运输小车、机器人或机械手。刀具交换装置通常是指机床上的换刀机构，如换刀机械手。

（4）多层计算机控制系统 FMS 的控制系统采用计算机多层控制，通常是三层控制，即单元层、工作站层和设备层。

除了上述 4 个基本组成部分以外，FMS 还可以加以扩展，扩展部分有：①自动清洗工作站；②自动去毛刺设备；③自动测量设备；④集中切屑运输系统；⑤集中冷却润滑系统等。

图 3-6 是一种较典型的 FMS，4 台加工中心直线布置，工件储运系统由托盘站 8、托盘

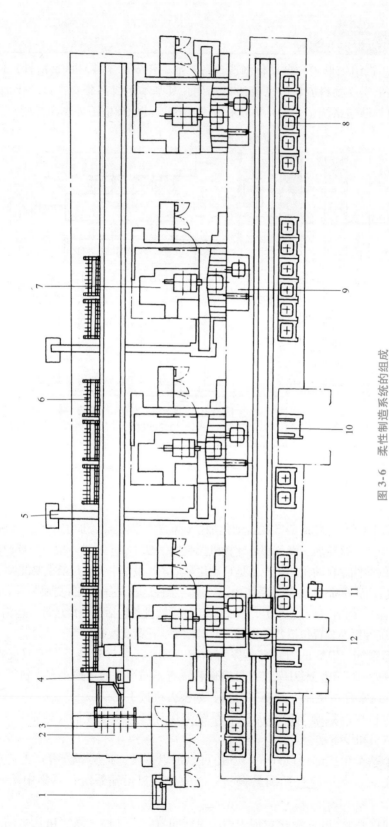

图 3-6　柔性制造系统的组成

1—刀具预调仪　2—刀具进出站　3—单元控制器　4—机器人移动车　5—切屑控制装置　6—中央刀库　7—加工中心
8—托盘站　9—托盘交换装置　10—工件装卸工位　11—控制终端　12—托盘运输无轨小车

运输无轨小车 12、工件装卸工位 10 和布置在加工中心前面的托盘交换装置 9 等组成。刀具储运系统由中央刀库 6、刀具进出站 2、刀具输送机器人移动车 4 和刀具预调仪 1 等组成。单元控制器 3、工作站控制器（图中未标出）和设备控制装置组成三级计算机控制。切屑运输系统没有采用集中运输方式，每台加工中心均配有切屑运输装置。

图 3-7 所示是一个具有柔性装配功能的柔性制造系统。图的右部是加工系统，有一台镗铣加工中心 10，一台车削加工中心 8，多坐标测量仪 9，立体仓库 7 及装夹站 14。图的左部是一个柔性装配系统，其中有一个装卸机器人 12，三个装夹具机器人 3、4、13，一个双臂机器人 5、一个手工工位 2 和传送带。柔性加工和柔性装配两个系统由一个自动导向小车 15 作为运输系统连接。测量设备也集成在控制区 16 范围内。

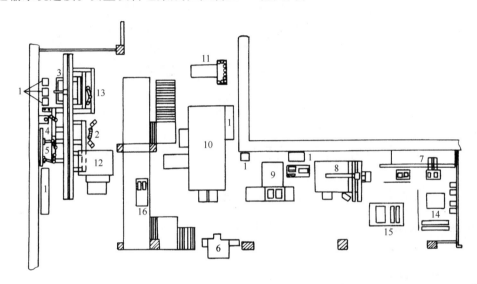

图 3-7　具有柔性装配功能的柔性制造系统

1—控制柜　2—手工工位　3—紧固机器人　4—装配机器人　5—双臂机器人　6—清洗站　7—立体仓库
8—车削加工中心　9—多坐标测量仪　10—镗铣加工中心　11—刀具预调站　12—装卸机器人
13—小件装配机器人　14—装夹站　15—自动导向小车（AGV）　16—控制区

柔性制造系统的主要特点有：①柔性高，适应多品种中小批量生产；②系统内的机床在工艺能力上是相互补充和/或相互替代的；③可混流加工不同的零件；④系统局部调整或维修不中断整个系统的运作；⑤多层计算机控制可以和上层计算机联网；⑥可进行三班无人干预生产。

五、柔性制造线 FML

制造柔性线由自动化加工设备、工件输送系统和控制系统等组成。

（1）自动化加工设备　组成 FML 的自动化加工设备有数控机床、可换主轴箱机床。可换主轴箱机床是介于加工中心和组合机床之间的一种中间机型。可换主轴箱机床周围有主轴箱库，根据加工工件的需要更换主轴箱。主轴箱通常是多轴的，可换主轴箱机床可对工件进行多面、多轴、多刀同时加工，是一种高效机床。

（2）工件输送系统 FML 的工件输送系统和刚性自动线类似，采用各种传送带输送工件，工件的流向与加工顺序一致，依次通过各加工站。

（3）刀具 可换主轴箱上装有多把刀具，主轴箱本身起着刀具库的作用，刀具的安装、调整一般由人工进行，采用定时强制换刀。

图 3-8 为一加工箱体零件的柔性自动线示意图，它由 2 台对面布置的数控铣床，4 台两两对面布置的转塔式换箱机床和 1 台循环式换箱机床组成。采用辊道传送带输送工件。这条自动线看起来和刚性自动线没有什么区别，但它具有一定的柔性。

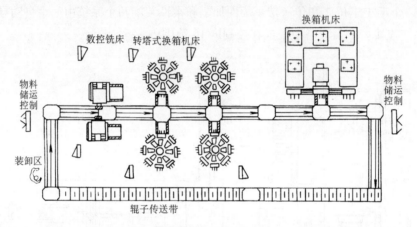

图 3-8 柔性制造线示意图

FML 同时具有刚性自动线和 FMS 的某些特征。在柔性上接近 FMS，在生产率上接近刚性自动线。

六、柔性装配线 FAL

柔性装配线 FAL（Flexible Assembly Line）通常由装配站、物料输送装置和控制系统等组成。

（1）装配站 FAL 中的装配站可以是可编程序的装配机器人，不可编程序的自动装配装置和人工装配工位。

（2）物料输送装置 FAL 输入的是组成产品或部件的各种零件，输出的是产品或部件。根据装配工艺流程，物料输送装置将不同的零件和已装配成的半成品送到相应的装配站。输送装置由传送带和换向机构等组成。

（3）控制系统 FAL 的控制系统对全装配线进行调度和监控，主要是控制物料的流向、自动装配站和装配机器人。

图 3-9 是柔性装配线示意图，线中有无人驾驶输送装置 1，传送带 2，双臂机器人 3，装配机器人 4，上螺栓机器人 5，自动装配站 6，人工装配工位 7 和投料工作站 8 等组成。投料工作站中有料库和取料机器人。料库有多层重叠放置的盒子，这些盒子可以抽出，也称之为抽屉，待装配的零件存放在这些盒子中。取料机器人有各种不同的夹爪，它可以自动地将零件从盒子中取出，并摆放在一个托盘中。盛有零件的托盘由传送带自动地送往装配机器人或装配站。

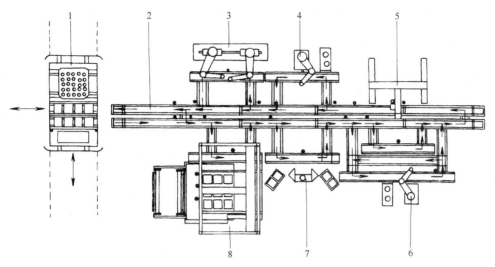

图 3-9　柔性装配线示意图

1—无人驾驶输送装置　2—传送带　3—双臂机器人　4—装配机器人
5—上螺栓机器人　6—自动装配站　7—人工装配工位　8—投料工作站

第二节　自动化加工设备

一、组合机床

组合机床一般是针对某一种零件或某一组零件设计、制造的，常用于箱体、壳体和杂件类零件的平面、各种孔和孔系的加工，往往能在一台机床上对工件进行多刀、多轴、多面和多工位加工。

组合机床是一种以通用部件为基础的专用机床，组成组合机床的通用部件有：床身、底座、立柱、动力箱、主轴箱、动力滑台等。绝大多数通用部件是按标准设计、制造的，主轴箱虽然不能做成完全通用的，但其组成零件（如主轴、中间轴和齿轮等）很多是通用的。

组合机床的下述特点对其组成自动化制造系统是非常重要的：①工序集中，多刀同时切削加工，生产效率高；②采用专用夹具和刀具（如复合刀具、导向套），加工质量稳定；③常用液压、气动装置对工件定位、夹紧和松开，实现工件装夹自动化；④常用随行夹具，方便工件装卸和输送；⑤更换主轴箱可适应同组零件的加工，有一定的柔性；⑥采用可编程序逻辑控制器（Programmable Logic Controller，PLC）控制，可与上层控制计算机通信；⑦机床主要由通用部件组成，设计、制造周期短，系统的建造速度快。

二、一般数控机床

数控机床是一种由数字信号控制其动作的自动化机床，现代数控机床常采用计算机进行控制，即 CNC。数控机床是组成自动化制造系统的重要设备。

一般数控机床通常是指数控车床、数控铣床、数控镗铣床等，它们的下述特点对其组成自动化制造系统是非常重要的。

（1）柔性高 数控机床按照数控程序加工零件，当加工零件改变时，一般只需要更换数控程序和配备所需的刀具，不需要改换靠模、样板、钻镗模等专用工艺装备。数控机床可以很快地从加工一种零件转变为加工另一种零件，生产准备周期短，适合于多品种、小批量生产。

（2）自动化程度高 数控程序是数控机床加工零件所需的几何信息和工艺信息的集合。几何信息有走刀路径、插补参数、刀具长度半径补偿值；工艺信息有刀具、主轴转速，进给速度、切削液开/关等。在切削加工过程中，自动实现刀具和工件的相对运动，自动变换切削速度和进给速度，自动开/关切削液，数控车床自动转位换刀。操作者的任务是装卸工件、换刀、操作按键、监视加工过程等。

（3）加工精度高、质量稳定 现代数控机床装备有 CNC 数控装置和伺服系统，具有很高的控制精度，普遍达到 $1\mu m$，高精度数控机床可达到 $0.2\mu m$。数控机床的进给伺服系统采用闭环或半闭环控制，对反向间隙和丝杠螺距误差以及刀具磨损进行补偿，因而数控机床能达到较高的加工精度。对中小型数控机床，定位精度普遍可达到 $0.03mm$，重复定位精度可达到 $0.01mm$。数控机床的传动系统和机床结构都具有很高的刚度和稳定性，制造精度也比普通机床高。当数控机床有 $3\sim5$ 轴联动功能时，可加工各种复杂曲面，并能获得较高精度。由于按照数控程序自动加工，避免了人为的操作误差，因而同一批加工零件的尺寸一致性好，加工质量稳定。

（4）生产效率较高 零件加工时间由机动时间和辅助时间组成，数控机床加工的机动时间和辅助时间比普通机床明显减少。数控机床主轴转速范围和进给速度范围比普通机床大，主轴转速范围通常在 $10\sim6000r/min$，高速切削加工时可达 $15000r/min$，进给速度范围上限可达到 $10\sim12m/min$，高速切削加工进给速度甚至超过 $30m/min$，快速移动速度超过 $30\sim60m/min$。主运动和进给运动一般为无级变速，每道工序都能选用最有利的切削用量，空行程时间明显减少。数控机床的主轴电动机和进给驱动电动机的驱动能力比同规格的普通机床大，机床的结构刚度高，有的数控机床能进行强力切削，可有效地减少机动时间。

（5）具有刀具寿命管理功能 构成 FMC 和 FMS 的数控机床具有刀具寿命管理功能，可对每把刀的切削时间进行统计，当达到给定的刀具寿命时，自动换下磨损刀具，并换上备用刀具。

（6）具有通信功能 现代 CNC 数控机床一般都具有通信接口，可以实现上层计算机与 CNC 之间的通信，也可以实现几台 CNC 之间的数据通信，同时还可以直接对几台 CNC 进行控制。通信功能是实现 DNC、FMC、FMS 的必备条件。

三、车削中心

车削中心比数控车床工艺范围宽，工件一次安装，几乎能完成所有表面的加工，如内外圆表面、端面、沟槽、内外圆及端面上的螺旋槽、非回转轴心线上的轴向孔、径向孔等。

车削中心回转刀架上可安装如钻头、铣刀、铰刀、丝锥等回转刀具，它们由单独电动机驱动，也称自驱动刀具。在车削中心上用自驱动刀具对工件进行加工分为两种情况，一种是主轴分度定位后固定，对工件进行钻、铣、攻螺纹等加工；另一种是主轴运动，作为一个控制轴（C 轴），C 轴运动和 X、Z 轴运动合成为进给运动，即三坐标联动，铣刀在工件表面上铣削各种形状的沟槽、凸台、平面等。在很多情况下，工件无须专门安排一道工序，单独进行钻、铣加工，消除了二次安装引起的同轴度误差，缩短了加工周期。

车削中心回转刀架通常可装 12～16 把刀具，对无人看管的柔性加工来说，刀架上的刀具数是不够的。因此，有的车削中心装备有刀具库，刀具库有筒形或链形，刀具更换和存储系统位于机床一侧，刀具库和刀架间的刀具交换由机械手或专门机构进行。

车削中心采用可快速更换的卡盘和卡爪，普通卡爪更换时间需要 20～30min，而快速更换卡盘、卡爪的时间可控制在 2min 以内。卡盘有 3～5 套快速更换卡爪，以适应不同直径的工件需求。如果工件直径变化很大，则需要更换卡盘。有时也采用人工在机床外部用卡盘夹持好工件，用夹持有新工件的卡盘更换已加工的工件卡盘，工件—卡盘系统更换常采用自动更换装置。由于工件装卸在机床外部，实现了辅助时间与机动时间的重合，因而几乎没有停机时间。

现代车削中心工艺范围宽，加工柔性高，人工介入少，加工精度、生产效率和机床利用率都很高。

四、加工中心 MC

加工中心通常是指镗铣加工中心，主要用于加工箱体及壳体类零件，工艺范围广。加工中心具有刀具库及自动换刀机构、回转工作台、交换工作台等，有的加工中心还具有可交换式主轴头或卧—立式主轴。加工中心目前已成为一类广泛应用的自动化加工设备，它们可作为单机使用也可作为 FMC、FMS 中的单元加工设备。加工中心有立式和卧式两种基本形式，前者适合于平面形零件的单面加工，后者特别适合于大型箱体零件的多面加工。

加工中心除了具有一般数控机床的特点外，它还具有其自身的特点。加工中心必须具有刀具库及刀具自动交换机构，其结构形式和布局是多种多样的。刀具库通常位于机床的侧面或顶部。刀具库远离工作主轴的优点是少受切屑液的污染，使操作者在调换库中刀具时免受伤害。FMC 和 FMS 中的加工中心通常需要大量刀具，除了满足不同零件的加工外，还需要后备刀具，以实现在加工过程中实时更换破损刀具和磨损刀具，因而要求刀具库的容量较大。换刀机械手有单臂机械手和双臂机械手，180°布置的双臂机械手应用最普遍。

加工中心刀具的存取方式有顺序方式和随机方式，刀具随机存取是最主要的方式。随机存取就是在任何时候可以取用刀具库中任意一把刀，选刀次序是任意的，可以多次选取同一把刀，从主轴卸下的刀允许放在不同于先前所在的刀座上，CNC 可以记忆刀具所在的位置。采用顺序存取方式时，刀具严格按数控程序调用刀具的次序排列。程序开始时，刀具按照排列次序一个接着一个取用，用过的刀具仍放回原刀座上，以保持确定的顺序不变。正确地安放刀具是成功地执行数控程序的基本条件。

回转工作台是卧式加工中心实现 B 轴运动的部件，B 轴的运动可作为分度运动或进给运动。回转工作台有两种结构形式，仅用于分度的回转工作台用鼠齿盘定位，分度前工作台抬起，使上下鼠齿盘分离，分度后落下定位，上下鼠齿盘啮合，实现机械刚性连接。用于进给运动的回转工作台用伺服电动机驱动，用回转式感应同步器检测及定位，并控制回转速度，它也被称为数控转台。数控转台和 X、Y、Z 轴及其他附加运动构成 4～5 轴轮廓控制，可加工复杂轮廓表面。

卧式加工中心可对工件进行 4 面加工，带有卧—立式主轴的加工中心可对工件进行 5 面加工。卧—立式主轴是采用正交的主轴头附件，可以改变主轴角度方位 90°，因而它得到用户的普遍认可和欢迎。另外，由于它减少了机床的非加工时间和单件工时，可以提高机床的利用率。

加工中心的交换工作台和托盘交换装置配合使用，实现了工件的自动更换，从而缩短了消耗在更换工件上的辅助时间。

第三节　工件储运系统

一、工件储运系统的组成

在自动化制造系统中，伴随制造过程进行着各种物料的流动，如工件或工件托盘、刀具、夹具、切屑、切削液等的流动。工件储运系统是自动化制造系统的重要组成部分，它将工件毛坯或半成品及时准确地送到指定加工位置，并将加工好的成品送进仓库或装卸站。工件储运系统为自动化加工设备服务，使自动化制造系统得以正常运行，以发挥出系统的整体效益。

工件储运系统由存储设备、运输设备和辅助设备等组成。存储是指将工件毛坯、制品或成品在仓库中暂时保存起来，以便根据需要取出，投入制造过程，立体仓库是典型的自动化仓储设备。运输是指工件在制造过程中的流动，例如工件在仓库或托盘站与工作站之间的输送，以及在各工作站之间的输送等。广泛应用的自动输送设备有传送带、运输小车、机器人及机械手等。辅助设备是指立体仓库与运输小车、小车与机床工作站之间的连接或工件托盘交换装置。图 3-10 是工件储运系统的组成设备。

二、工件输送设备

（一）传送带

传送带广泛用于自动化制造系统中工件或工件托盘的输送。传送带的形式有多种，如步伐式传送带、链式传送带、辊道式传送带、履带式传送带等。

1. 步伐式传送带

步伐式传送带常用在刚性自动线中，输送箱体类工件或工件托盘。步伐式传送带有棘爪式、摆杆式等多种形式。图 3-11 是棘爪步伐式传送带，它能完成向前输送和向后退回的往复动作，实现工件单向输送。

传送带由首端棘爪 1、中间棘爪 2、末端棘爪 3 和上、下侧板 4、5 等组成。当传送带向前推进工件时，中间棘爪 2 被销 7 挡住，传送带带动工件向前移动一个步距；输送带后退时，中间棘爪 2 被后一个工件压下，在工件下方滑过；中间棘爪 2 脱离工件时，在弹簧的作用下又恢复原位。这种传送带的缺点是缺少对工件的定位机构，在传送带速度较高时容易导致工件的惯性位移。为保持工件终止位置的准确，运行速度不能太高。要防止切屑和杂物掉在弹簧上，否则弹簧卡死，造成输送工件不顺利。因此，棘爪要保持灵活。

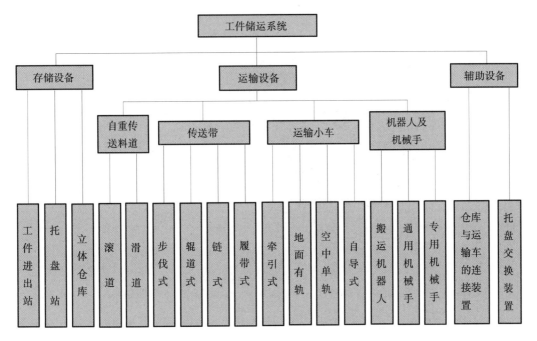

图 3-10　工件储运系统的组成设备

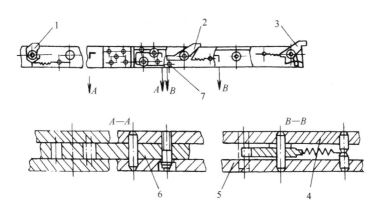

图 3-11　棘爪步伐式传送带

1—首端棘爪　2—中间棘爪　3—末端棘爪　4—上侧板　5—下侧板　6—连板　7—销

2. 摆杆步伐式传送带

摆杆步伐式传送带避免了棘爪步伐式传送带的缺点。摆杆步伐式传送带具有刚性棘爪和限位挡块。输送摆杆除前进、后退的往复运动外，还需作回转摆动，以便使棘爪和挡块回转到脱开工件的位置，等返回后再转至原来位置，为下一个步伐做好准备。这种传送带可以保证终止位置准确，输送速度较高，常用的输送速度为 20m/min。图 3-12 为一摆杆式输送带，它由一根圆管形摆杆 1 和若干刚性挡块（每个工件位有两个挡块）组成。在驱动液压缸 5 的推动下，摆杆向前移动，杆上挡块卡着工件输送到下一个工位。摆杆返回前，在回转机构 2 的作用下，旋转一定角度。使挡块让开工件，然后摆杆返回原位并转至原来位置。摆杆的位置可设在工件的侧面或下方。

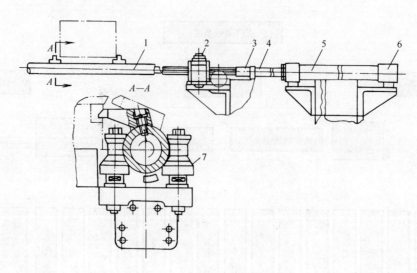

图 3-12　摆杆步伐式传动带

1—输送摆杆　2—回转机构　3—回转接头　4—活塞杆　5—驱动液压缸　6—液压缓冲装置　7—支撑辊

传送带的传动装置带动工件运动，在将要到达要求位置时，减速慢行，使工件准确定位。工件定位夹紧后，传动装置使传送带快速退回。传动装置有机械的、液压的或气动的。图 3-13 是步伐式传送带的机械传动装置。它由机械滑台传动件 1、输送滑台 3、慢速电动机 5、快速电动机 6 组成。传动工件时，快速电动机 6 起动，通过丝杠、螺母驱动滑台 3 带动传送带前进，接近终点位置时，快速电动机 6 停止，起动慢速电动机 5，使传送带上的工件低速运行而到达准确的终点位置，工件定位夹紧后快速电动机 6 反转，使输送滑台 3 带动传送带快速退回原位。

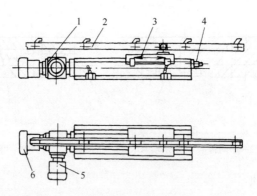

图 3-13　步伐式传送带的机械传动装置

1—机械滑台传动件　2—传送带　3—输送滑台　4—调节螺钉　5—慢速电动机　6—快速电动机

3. 链板履带式传送带

链板履带式传送带是用一节节带齿的链板连接而成，它靠摩擦力传送工件。链板下的齿与传动链轮啮合，作单向循环运动。为防止链带下垂，用两条光滑的托板支承。多条链带并列或形成多通道，在其上设置分路挡板及拨料装置，可实现分料、合料、拨料、限位及返回等运动。这种传送带结构简单，工作可靠，储料多，易于实现多通道组合和自动化，且通用性好。

4. 托盘及托盘交换装置

（1）托盘　在 FMS 中广泛采用托盘及托盘交换装置，实现工件自动更换，缩短消耗在更换工件上的辅助时间。托盘是工件和夹具与输送设备和加工设备之间的接口。托盘有箱式、板式等多种结构。箱式托盘不进入机床的工作空间，主要用于小型工件及回转体工件的储存和运输。板式托盘主要用于较大型非回转体工件，工件在托盘上通常是单件安装，大型托盘上可安装多个相同或不相同的工件。板式托盘不仅是工件输送和储存的载体，而且还随工件进入机床的工作空间，在加工过程中定位夹持工件，承受切削力。托盘的形式是多种多样的，有正方形、长方形、圆形、多角形等。托盘的上表面有便于安装的 T 形槽、矩阵螺孔（或配合孔）。托盘的下表面有供在机床工作台上定位的基面和输送基面，托盘在机床工作台上定位通常采用锥形定位器，用气动或液动钩形压板夹紧。输送基面在结构上与系统的输送方式、操作方式相适应。对托盘有定位精度、刚性、抗振性、防护切屑和切削液侵蚀等要求。

（2）托盘交换装置　托盘交换装置是加工中心与工件输送设备之间的连接装置，起着桥梁和接口的作用。托盘交换装置的常用形式是回转式和往复式。回转式托盘交换装置有两位和多位等形式。多位托盘交换装置可以存储多个相同或不同的工件，所以也称托盘库。图 3-14是两位回转式托盘交换装置，其上有两条平行的导轨供托盘移动时导向用，托盘的移动和回转式工作台的回转通常由液压驱动。机床加工好一个工件后，交换装置将工件托盘从机床工

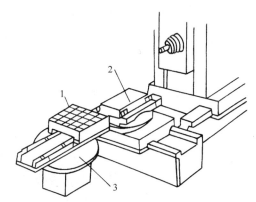

图 3-14　回转式托盘交换装置
1—托盘　2—托盘固紧装置
3—用于托盘装卸的回转工作台

作台移至托盘回转工作台，然后回转工作台转 180°，将装有坯料的托盘再送至机床工作台上。

往复式托盘交换装置的基本形式是两位式，其布局有多种。图 3-15 所示为六位往复式托盘交换装置。机床加工好一个工件后，机床工作台移至卸工件位置，将工件托盘移至托盘工作台空位上，机床工作台再移至装工件位置，将待加工的工作托盘送至机床工作台上。多位托盘库起到小型中间储料库的作用，当工件输送设备出现短时故障时，不会造成机床停

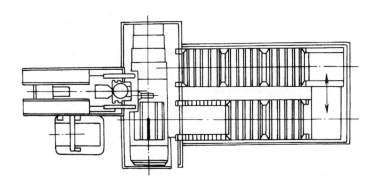

图 3-15　往复式托盘交换装置

机，也适用于无人看管生产。

（二）运输小车

1. 有轨小车（Rail Guide Vehicle，RGV）

有轨小车是一种沿着铁轨移动的运输工具，有自驱和它驱两种驱动方式。自驱式有轨小车有电动机，通过车上小齿轮和安装在铁轨一侧的齿条啮合，利用交、直流伺服电动机驱动。它驱式有轨小车由外部链索牵引，如图3-16所示。

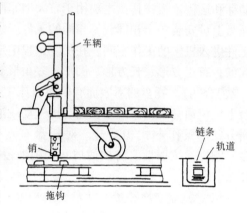

图3-16 它驱式有轨小车

在小车底盘的前后各装一导向销，地面上修有一组固定路线的沟槽，导向销嵌入沟槽内，保证小车行进时沿着沟槽移动。前面的销杆除作定向用外，还作为链索牵动小车的推杆。推杆是活动的，可在套筒中上下滑动。链索每隔一定距离有一个推头，小车前面的推杆可灵活地插入或脱开链索的推头，由设置在沟槽内适当地点的接近开关和限位开关控制。推杆脱开链索的推头，小车就停止。采用空架导轨和悬挂式机械手或机器人作为运输工具也是一种发展趋势。其主要优点是充分利用空间，适合于运送中重型工件，如汽车车架、车身等。

有轨小车的特点是：①加速和移动速度都比较快，适合运送重型工件；②因导轨固定，行走平稳，停车位置比较准确；③控制系统简单、可靠性好、制造成本低、便于推广应用；④行走路线不易改变，转弯角度不能太小；⑤噪声较大，影响操作工监听加工状况及保护自身安全。

2. 自动导向小车（Automatic Guide Vehicle，AGV）

自动导向小车是一种无人驾驶的，以蓄电池供电的物料搬运设备，其行驶路线和停靠位置是可编程序的。20世纪70年代以来，电子技术和计算机技术推动了AGV技术的发展，如磁感应、红外线传感、激光定位、图形化编程、语音控制等。AGV技术仍在发展中，目前有些语音控制的AGV能识别4000个词汇。

（1）AGV的结构　在自动化制造系统中用的AGV大多数是磁感应式AGV，图3-17是一种能同时运送两个工件的AGV，它由运输小车、地下电缆和控制器三部分组成。小车由蓄电池提供动力，沿着埋设在地板槽内的用交变电流激磁的电缆行走，地板槽埋设在地下4cm左右深处，地沟用环氧树脂灌封，形成光滑的地表，以便清扫和维护。导向电缆铺设的路线和车间工件的流动路线及仓库的布局相适应。AGV行走的路线一般可分为直线、分支、环路或网状。

AGV驱动电动机由安装在车上的工业级铝酸蓄电池供电，通常供电周期为20h左右，因此必

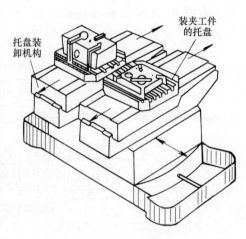

图3-17 AGV外形图

须定期到维护区充电或更换。蓄电池的更换是手工进行的，充电可以是手工的或者自动的，有些小车能按照程序自动接上电插头进行充电。

为了实现工件的自动交接，小车装有托盘交换装置，以便与机床或装卸站之间进行自动连接。交换装置可以是辊轮式，利用辊轮与托盘间的摩擦力将托盘移进移出，这种装置一般与辊道式传送带配套。交换装置也可以是滑动叉式，它利用往复运动的滑动叉将托盘推出或拉入，两边的支承滚子是为了减少移动时的摩擦力。升降台式交换装置是利用升降台将托盘升高，物料托架上的托物叉伸入托盘底部，升降台下降，托物叉回缩，将托盘移出。托盘移入的工作过程相反。小车还装有升降对齐装置，以便消除工件交接时的高度差。

AGV 小车上设有安全防护装置，小车前后有黄色警示信号灯。当小车连续行走或准备行走时，黄色信号灯闪烁。每个驱动轮带有安全制动器，断电时，制动器自动接上。小车每一面都有急停按钮和安全保险杠，其上有传感器，当小车轻微接触障碍物时，保险杠受压，小车停止。

（2）AGV 的自动导向 图 3-18 是磁感应 AGV 自动导向原理图，小车底部装有弓形天线 3，跨设于以感应导线 4 为中心且与感应导线垂直的平面内。感应导线通以交变电流，产生交变磁场。当天线 3 偏离感应导线任何一侧时，天线的两对称线图中感应电压有差值，误差信号经过放大，控制左、右驱动电动机 2 产生转速差，经驱动轮 1 使小车转向，使感应导线重新位于天线中心，直至误差信号为零。

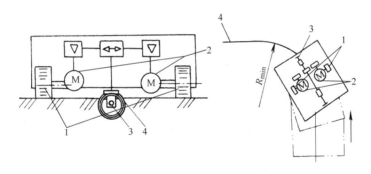

图 3-18　磁感应 AGV 自动导向原理图
1—驱动轮　2—驱动电动机　3—天线　4—感应导线

（3）路径寻找 路径寻找就是自动选取岔道。AGV 在车间行走路线比较复杂，有很多分岔点和交汇点。地面上有中央控制计算机负责车辆调度控制，AGV 小车上带有微处理器控制板，AGV 的行走路线以图表的格式存储在计算机中。当给定起点和目标点位置后，控制程序自动选择出 AGV 行走的最佳路线。小车在岔道处方向的选择多采用频率选择法。在决策点处，地板槽中同时有多种不同频率信号。当 AGV 接近决策点（岔道口）时，通过编码装置确定小车目前所在位置。AGV 在接近决策点前作出决策，确定应跟踪的频率信号，从而实现自动路径寻找。

自动导向小车的行走路线是可编程序的，FMS 控制系统可根据需要改变作业计划，重新安排小车的路线，具有柔性特征。AGV 小车工作安全可靠，停靠定位精度可以达到 ±3mm，能与机床、传送带等相关设备交接传递货物，在运输过程中对工件无损伤，噪声低。

三、工件存储系统——自动化立体仓库

1. 概述

自动化立体仓库是一种先进的仓储设备，其目的是将物料存放在正确的位置，以便于随时向制造系统供应物料。自动化立体仓库在自动化制造系统中起着十分重要的作用。自动化立体仓库的主要特点有：①利用计算机管理，物资库存账目清楚，物料存放位置准确，对自动化制造系统物料需求响应速度快；②与搬运设备（如自动导向小车、有轨小车、传送带）衔接，供给物料可靠及时；③减少库存量，加速资金周转；④充分利用空间，减少厂房面积；⑤减少工件损伤和物料丢失；⑥可存放的物料范围宽；⑦减少管理人员，降低管理费用；⑧耗资较大，适用于一定规模的生产。

2. 自动化立体仓库的组成

自动化立体仓库主要由库房、货架、堆垛起重机、外围输送设备、自动控制装置等组成。图3-19所示为自动化立体仓库，高层货架成对布置，货架之间有巷道，随仓库规模大小可以有一到若干条巷道。入库和出库一般都布置在巷道的某一端，有时也可以设计成由巷道的两端入库和出库。每条巷道都有巷道堆垛起重机。巷道的长度一般有几十米，货架的高度视厂房高度而定，一般有十几米。货架通常由一些尺寸一致的货格组成。货架的材料一般采用金属型材，货架上的托板用金属板或木板（轻型零件），多数采用金属板。进入高仓位的零件通常先装入标准的货箱内，然后再将货箱装入高仓位的货格中。每个货格存放的零件或货箱的重量一般不超过1t，其体积不超过1m³，大型和重型零件因提升困难，一般不存入立体仓库中。

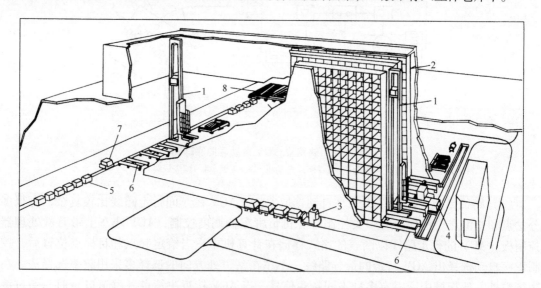

图3-19 自动化立体仓库

1—堆垛起重机 2—高层货架 3—场内AGV 4—场内有轨小车 5—中转货位
6—出入库传送滚道 7—场外AGV 8—中转货场

3. 堆垛起重机

堆垛起重机是立体仓库内部的搬运设备。堆垛起重机可采用有轨或无轨方式，其控制原理与运输小车相似。仓库高度很高的立体仓库常采用有轨堆垛起重机。为增加稳定性，采用

两条平行导轨，即天轨和地轨（图 3-20）。堆垛起重机的运动有沿巷道的水平移动、升降台的垂直上下升降和货叉的伸缩。堆垛机上有检测水平移动和升降高度的传感器，辨认货物的位置，一旦找到需要的货位，在水平和垂直方向上制动，货叉将货物自动推入货格，或将货物从货格中取出。

堆垛起重机上有货格状态检测器。它采用光电检测方法，利用零件表面对光的反射作用，探测货格内有无货箱，防止取空或存货干涉。

4. 自动化立体仓库的管理与控制

自动化立体仓库实现仓库管理自动化和出入库作业自动化。仓库管理自动化包括对账目、货箱、货位及其他信息的计算机管理。出入库作业自动化包括货箱零件的自动识别、自动认址、货格状态的自动检测以及堆垛起重机各种动作的自动控制等。

（1）货物的自动识别与存取 货物的自动识别是自动化仓库运行的关键。货物的自动识别通常采用编码技术，对货格进行编码，或对货箱（托盘）进行编码，或同时对货格和货箱进行编码，并通过扫描器阅读条码及译码。信息的存储方式常采用光信号或磁信号。条形码是由一组宽度不同，平行相邻的黑色"条"（Bar）和"空"（Space）组成，并按照预先规定的编码规则组合，表示一组数据的符号。这组数据可以是数字、字母或某种其他符号。条形码阅读装置由扫描器及译码器组成，当扫描器扫描条形码时，从"条"和"空"得到不同的光强反射信号，经光敏元件转换成电模拟量，经整形放大输出 TTL 电平，译码器将 TTL 电平转换成计算机可以识别的信号。条形码具有很高的信息容量，抗干扰能力强，工作可靠，保密性好，成本低。

条形码贴在货箱或托盘的适当部位，当货箱通过入库传送滚道时，用条形码扫描器自动扫描条形码，将货箱零件的有关信息自动录入计算机。

（2）计算机管理 自动化仓库的计算机管理包括物资管理、账目管理、货位管理及信息管理。入库时将货箱合理分配到各个巷道作业区，出库时遵循"先进先出"原则，或其他排队原则。系统可定期或不定期地打印报表，并可随时查询某一零件存放在何处。当系统出现故障时，通过总控台修正运行中的动态账目及信息，并判断出发生故障的巷道，及时封锁发生机电故障的巷道，暂停该巷道的出入库作业。

（3）计算机控制 自动化仓库的控制主要是对堆垛起重机的控制。堆垛起重机的主要工作是入库、搬库和出库。从控制计算机得到作业命令后，屏幕上显示作业的目的地址、运行地址、移动方向和速度等，并显示伸叉方向及堆垛起重机的运行状态。控制堆垛起重机的移动位置和速度，以合理的速度快速接近目的地，然后慢速到位，以保证定位精度在 ±10mm 范围内。控制系统具有货叉占位报警、取箱无货报警、存货占位报警等功能。如发生存货占位报警，则控制堆垛起重机将货叉上的货箱改存到另外指定的货格中。系统还有暂停功能，以备堆垛起重机或其他机电设备发生短时故障暂时停止工作，故障排除后，系统继续运行。

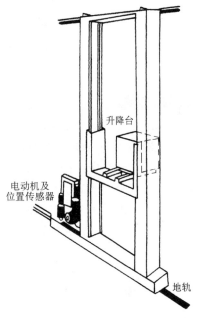

图 3-20 堆垛起重机

升降台

电动机及位置传感器

地轨

第四节　刀具准备及储运系统

一、概述

刀具准备与储运系统为各加工设备及时提供所需要的刀具，从而实现刀具供给自动化，使自动化制造系统的自动化程度进一步提高。

在刚性自动线中，被加工零件品种比较单一，生产批量比较大，属于少品种大批量生产。为了提高自动线的生产效率和简化制造工艺，多采用多刀、复合刀具、仿形刀具和专用刀具加工，一般是多轴、多面同时加工。刀具的更换是定时强制换刀，由调整工人进行。刀具供给部门准备刀具，并进行预调。调整工人逐台机床更换全部刀具，直至全线所有刀具都已更换，并进行必要的调整和试加工。换刀、调试结束后，交生产工人使用。特殊情况和中途停机换刀作为紧急事件处理。

在 FMS 中，被加工零件品种较多。当零件加工工艺比较复杂且工序高度集中时，需要的刀具种类、规格、数量是很多的。随着被加工零件的变化和刀具磨损、破损，需要进行定时强制性换刀和随机换刀。由于在系统运行过程中，刀具频繁地在各机床之间、机床和刀库之间进行交换，因此，刀具流的运输、管理和监控是很复杂的。

二、刀具准备与储运系统的组成

1. 系统组成

刀具准备与储运系统由刀具组装台、刀具预调仪、刀具进出站、中央刀库、机床刀库、刀具输送装置和刀具交换机构、刀具计算机管理系统等组成。图 3-21 是刀具储运系统示意图。

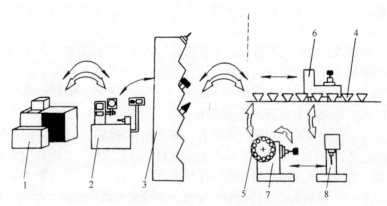

图 3-21　刀具储运系统示意图

1—刀具组装台　2—刀具预调仪　3—刀具进出站　4—中央刀库
5—机床刀库　6—刀具输送装置　7—加工中心　8—数控机床

注：⟷刀具输送　⌒刀具交换

现代数控机床和加工中心上广泛使用模块化结构的组合刀具。刀具组件有刀柄、刀夹、刀杆、刀片、紧固件等，这些组件都是标准件。例如刀片有各种形式的不重磨刀片。组合刀具可以提高刀具的柔性，减少刀具组件的数量，充分发挥刀柄、刀夹、刀杆等标准件的作用，降低刀具费用。在一批新的工件加工之前，按照刀具清单组装出一批刀具，刀具组装工作通常由人工进行。有时也会使用整体刀具，一般使用特殊刀具。整体刀具磨损后需要重磨。

2. 刀具预调

组装好一把完整的刀具后，利用刀具预调仪按刀具清单进行调整，使其几何参数与名义值一致，并测量刀具补偿值，如刀具长度、刀具直径、刀尖半径等，测量结果记录在刀具调整卡上，随刀具送到机床操作者手中，以便将刀具补偿值送入数控装置。在 FMS 中，如果对刀具实行计算机集中管理和调度，要对刀具进行编码，测量结果可以自动录入刀具管理计算机，刀具和刀具数据按调度指令同时输送到指定机床。

3. 刀具进出站

刀具经预调、编码后，其准备工作宣告结束。将刀具送入刀具进出站，以便进入中央刀库。磨损、破损的刀具或在一定生产周期内不使用的刀具，从中央刀库中取出，送回刀具进出站。

刀具进出站是刀具流系统中外部与内部连接的界面。刀具进出站多为框架式结构，设有多个刀座位。刀具在进出站上的装卸可以是人工操作，也可以是机器人操作。

4. 中央刀库

中央刀库用于存储 FMS 加工工件所需的各种刀具及备用刀具。中央刀库通过刀具自动输送装置与机床刀库连接起来，构成自动刀具供给系统。中央刀库容量对 FMS 的柔性有很大影响，尤其是混流加工（同时加工多种工件）和有相互替代的机床的 FMS。中央刀库不但为各机床提供后续零件加工刀具，而且周转和协调各机床刀库的刀具，提高刀具的利用率。当从一个加工任务转换到另一个加工任务时，刀具管理和调度系统可以直接在中央刀库中组织新加工任务所需要的刀具组，并通过输送装置送到各机床刀库中去，数控程序中所需要的刀具数据也及时送到机床数控装置中。

中央刀库的结构形式有多种，有的安装在地面上，有的架设在空中（节省厂房面积）；刀具在存储架上的安放有水平、直立和倾斜等方式。图 3-22 所示为一中央刀库，标准化的刀具存储架在地面上一字排开，供机器人移动的导轨与存储架平行，每个刀具存储架可容纳36 把刀具，分为 5 排，其中最上面一排可放置 4 把大尺寸刀具。刀具在存储架上水平放置，如图 3-23 所示。由刀托的中间槽进行轴向和径向定位，周向定位靠一个定位销。

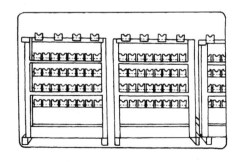

图 3-22　中央刀库结构

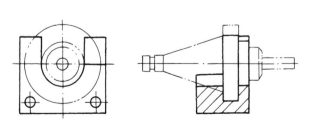

图 3-23　刀具在储存架上放置形式

5. 机床刀库及换刀机械手

机床刀库有固定式和可换式两种。固定式刀库不能从机床上移开，其刀具容量较大（40 把以上）。可换式刀库可以从机床上移开，并用另一个装有刀具的刀库替换，刀库容量一般比固定式刀库要小。一般情况下，机床刀库用来装载当前工件加工所需要的刀具，刀具来源可以是刀具室、中央刀库或其他机床刀库。采用机械手进行机床上的刀具自动交换方式应用最广。机械手按具有一个或两个刀具夹持器分为单臂式和双臂式两种。双臂机械手又分为钩手、抱手、伸缩手和叉手。这几种机械手能完成抓刀、拔刀、回转、插刀、放刀及返回等全部动作。换刀机械手详细介绍请参阅相关书籍，这里不再赘述。

6. 刀具输送装置和交换机构

刀具输送装置和交换机构的任务是为各种机床刀库及时提供所需要的刀具，将磨损、破损的刀具送出系统。机床刀库与中央刀库，机床刀库与其他机床刀库，中央刀库与刀具进出站之间要进行刀具交换，需要相应的刀具输送装置和刀具交换机构。刀具的自动输送装置主要有：①带有刀具托架的有轨小车或无轨小车；②高架有轨小车；③刀具搬运机器人等类型。

刀具运输小车可装载一组刀具，小车上刀具和机床刀具的交换可由专门交换装置进行，也可由手工进行。机器人每次只运载一把刀具，取刀、运刀、放刀等动作均由机器人完成。

三、刀具预调仪

刀具预调仪（又称对刀仪）是刀具系统的重要设备之一，其基本组成如图 3-24 所示。

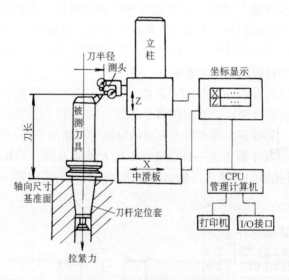

图 3-24　刀具预测仪示意图

1. 刀柄定位机构

定位机构是一个回转精度很高的、与刀柄锥面接触很好的、带拉紧刀柄机构的主轴。该主轴的轴向尺寸基准面与机床主轴相同。刀柄定位基准是测量基准，具有很高的精度，一般与机床主轴定位基准的精度相接近。测量时慢速转动主轴，便于找出刀具刀齿的最高点。刀

具预调仪主轴中心线对测量轴 Z、X 有很高的平行度和垂直度。

2. 测量头

测量分为接触式测量和非接触式测量。接触式测量用百分表（或扭簧仪）直接测出刀齿的最高点和最外点，测量精度可达 0.002~0.01mm。测量比较直观，但容易损伤表头和切削刃。

非接触式测量用得较多的是投影光屏，投影物镜放大倍数有 8、10、15 和 30 等。测量精度受光屏的质量、测量技巧、视觉误差等因素的影响，其测量精度在 0.005mm 左右。这种测量不太直观，但可以同时检查切削刃质量。

3. Z、X 轴测量机构

通过 Z、X 两个坐标轴的移动，带动测量头测得 Z 和 X 轴尺寸，即刀具的轴向尺寸和径向尺寸。两轴使用的实测元件有多种，机械式的有游标刻线尺，精密丝杠和刻线尺读数头；电测式有光栅数显、感应同步器数显和磁尺数显等。

4. 测量数据处理

在有些 FMS 中对刀具进行计算机管理和调度时，刀具预调数据随刀具一起自动送到指定机床。要做到这一点，需要对刀具进行编码，以便自动识别刀具。刀具的编码方法有很多种，如机械编码、磁性编码、条形码和磁性芯片。刀具编码在刀具准备阶段完成。此外，在刀具预调仪上配置计算机及附属装置，它可存储、输出和打印刀具预调数据，并与上一级计算机（刀具管理工作站、单元控制器）联网，形成 FMS 中刀具计算机管理系统。

第五节 工业机器人

一、概述

工业机器人是一种可编程序的多功能操作器，用于搬运物料、工件和工具，也可以夹持检测头对工件进行测量，或者通过不同的编程以完成各种任务。机器人和机械手的主要区别是：机械手没有自主能力，不可重复编程，只能完成定位点不变的简单的重复动作；机器人由计算机控制，可重复编程，能完成任意定位的复杂动作。

工业机器人有焊接机器人、喷漆机器人、搬运机器人、装配机器人等。自动化制造系统常用机器人搬运物料、工件和工具，由于受抓举载荷能力限制，通常搬运与装卸中、小型工件或工具。

二、工业机器人的结构

工业机器人一般由主构架（手臂）、手腕、驱动系统、测量系统、控制器及传感器等组成。图 3-25 是工业机器人的典型结构。机器人手臂具有 3 个自由度（运动坐标轴），机器人作业空间由手臂运动范围决定。手腕是机器人工具（如焊枪、喷嘴、机加工刀具、夹爪）与主构架的连接机构，它具有 3 个自由度。驱动系统为机器人各运动部件提供力、力矩、速度、加速度。测量系统用于机器人运动部件的位移、速度和加速度的测量。控制器用于控制机器人各运动部件的位置、速度和加速度，使机器人手爪或机器人工具的中心点以给定的速度沿着给定轨迹到达目标点。通过传感器获得搬运对象和机器人本身的状态信息，如工件及其位置的识别，障碍物的识别，抓举工件的重量是否过载等。

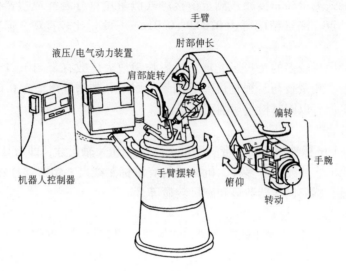

图 3-25 工业机器人的典型结构

工业机器人运动由主构架和手腕完成。主构架具有 3 个自由度，其运动由两种基本运动组成，即沿着坐标轴的直线移动和绕坐标轴的回转运动。不同运动的组合，形成四种类型的机器人：①直角坐标型（三个直线坐标轴）；②圆柱坐标型（两个直线坐标轴和一个回转轴）；③球坐标型（一个直线坐标轴和两个回转轴）；④关节型（三个回转轴）。

三、工业机器人的应用

图 3-26 所示是两台机器人用于自动装配的情况，主机器人是一台具有 3 个自由度，且带有触觉传感器的直角坐标机器人，它抓取 1 号零件，并完成装配动作。辅助机器人仅有一个回转自由度，它抓取 2 号零件。1 号和 2 号零件装配完成后，再由主机械手完成与 3 号零件的装配工作。

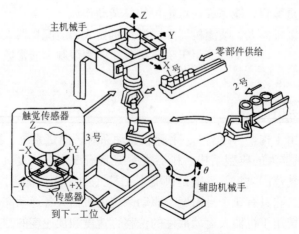

图 3-26 机器人用于零件装配

图 3-27 所示是一教学型 FMS，由一台 CNC 车床，一台 CNC 铣床，工件传送带，料仓，两台关节型机器人和控制计算机组成。两台机器人在 FMS 中服务，一台机器人服务于加工设备和传送带之间，为车床和铣床装卸工件；另一台位于传送带和料仓之间，负责上下料。

图 3-28 所示是为数控车床装备的行走式（移动式）机器人，服务于传送带和数控车床之间，为数控机床装卸工件。机器人沿着空架导轨行走，活动范围大。

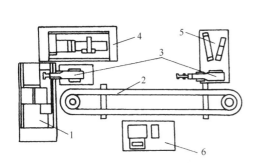

图 3-27 机器人上下料

1—CNC 铣床 2—传送带 3—关节型机器人
4—CNC 车床 5—料仓 6—控制计算机

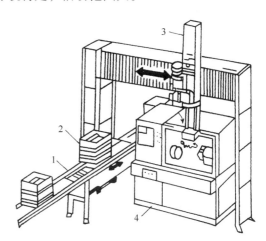

图 3-28 行走机器人

1—传送机 2—机器 3—行走机器人 4—NC 车床

第六节 质量控制和运行监控系统

一、概述

自动化制造系统的加工质量与工艺过程中的工艺路线、技术条件和约束控制参数有关。零件的加工质量是自动化制造系统各道工序质量的综合反映，不过有些工序是关键工序，有些因素是主导因素。质量问题主要来源于机床、刀具、夹具和托盘等，如刀具磨损及破损、刀具受力变形、刀具补偿值、机床间隙、刚性、热变形、托盘零点偏移等。国外统计资料表明，由于刀具原因引起加工误差的概率最高。为了保证自动化制造系统的加工质量，需要对加工设备和加工工艺过程进行监控，包括工艺过程的自适应控制和加工误差的自动补偿，目的是主动控制质量，防止产生废品。

为了保证自动化制造系统的正常可靠运行，提高加工生产率和加工过程安全性，合理利用自动化制造系统中的制造资源，需要对自动化制造系统的运行状态和加工过程进行检测与控制。检测与监控的对象包括加工设备、工件储运系统、刀具及其储运系统、工件质量、环境及安全参数等。检测与监控的对象如图 3-29 所示。

检测信号有几何的、力学的、电学的、光学的、声学的、温度的和状态的（空/忙，进/出，占位/非占位，运行/停止）等。检测与监控的方法有直接的与间接的，接触式的与

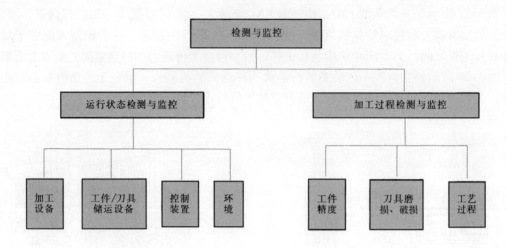

图 3-29　检测与监控的对象

非接触式的，在线的（On-Line）与离线的（Off-Line），总体的与抽样的等。

二、工件尺寸精度检测与监控

工件尺寸精度检测分为在线检测和离线检测两种。在加工过程中或在加工系统运行过程中对被测对象进行的检测称为在线检测。它在对测得的数据进行分析处理后，通过反馈控制调整加工过程以保证加工精度。例如有些数控机床上安装有激光在线测量装置，在加工的同时测量工件尺寸，根据测量结果调整数控程序参数或刀具磨损补偿值，保证工件尺寸在允许范围内，这就是主动测量控制。在线测量又分为工序间（循环内）检测和最终工序检测两种。循环内检测可实现加工精度的在线检测及实时补偿，而最终工序检测实现对工件精度的最终测量与误差统计分析，找出产生加工误差的原因，并调整加工过程。

在加工中或加工后脱离加工设备对被测对象进行的检测称为离线检测。离线检测的结果是合格、报废或可返修。经过误差统计分析可得到尺寸变化趋势，然后通过人工干预调整加工过程。离线检测设备在自动化制造系统中得到广泛应用，主要有三坐标测量机、测量机器人和专用检测装置等。

（一）三坐标测量机（Coordinate Measuring Machine，CMM）

三坐标测量机是一种检测工件尺寸误差、几何误差以及复杂轮廓形状的自动检测装置。它可以单独使用或集成到 FMS 中，与 FMS 的加工过程紧密耦联。三坐标测量机在尺寸精度检测方面具有卓越的性能，测量数据非常精确、可靠；在无人干预的情况下，CMM 可以自动将测量结果与给定的公差带进行比较，根据比较结果修正刀具补偿值，补偿刀具磨损，防止出现废品；使用 CMM 的测量时间可以显著缩短，用传统方法检测一个工件需要几小时，用 CMM 检测则只需要几分钟。

1. 三坐标测量机的结构特点

CMM 和数控机床一样，其结构布局有立式和卧式两类。立式 CMM 有时是龙门式结构，卧式 CMM 有时是悬臂结构。两种结构形式的 CMM 都有不同的尺寸规格，从小型台式到大型落地式。图 3-30 是一悬臂式 CMM，由安装工件的工作台、立柱、三维测量头、位置伺服驱动系统、计算机控制装置等组成。为了长期保持精度，CMM 的工作台、导轨、横梁多用高质量的花岗岩组成。花岗岩具有热稳定性和尺寸稳定性好，强度、刚度和表面性能高，结构完整性好，校准周期长（两次校准的日期间隔）等优点。CMM 的安装地基采用实心钢筋混凝土，要求抗振性能好。许多 CMM 能自动保持水平，采用抗振气垫系统，可以有效地减少机械振动和冲击，但有些情况下不需要专门的地基。因此在一般情况下，CMM 要求必须控制周围环境，它的测量精度及可靠性与周围环境的稳定性有关。CMM 必须安装在恒温环境中，防止敞露的表面和关键部件受到污染。随着温度和湿度变化自动补偿以及防止污染等技术的广泛应用，CMM 的性能已能适应车间工作环境。

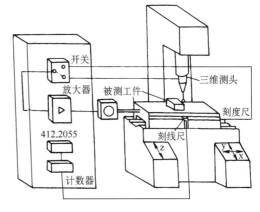

图 3-30　悬臂式三坐标测量机

CMM 测量头的精度非常高，其形式也有很多种，以适应测量工作的需要。有些测量头是接触式的，测量头触针连接在开关上，当触针偏转时，开关闭合，有电流通过。CMM 控制系统中有软件连续扫描测量头的输入，当检测出开关闭合时，系统采集 CMM 各坐标轴位置寄存器的当前值。测量精度与开关的可重复性、位置寄存器中的数值精确度和采集位置寄存器数值的速度有关。有些测量头能自动重新校准，有一种电动测量头可以连续测量复杂的形状，如工件内部型腔表面。

2. 三坐标测量机的工作原理

CMM 和数控机床一样，其工作过程由事先编好的程序控制，各坐标轴的运动也和数控机床一样，由数控装置发出移动脉冲，经位置伺服进给系统驱动移动部件运动，位置检测装置（旋转变压器、感应同步器、角度编码器、光栅尺、磁栅尺等）检测移动部件实际位置。当测量头接触工件测量表面时产生信号，读取各坐标轴位置寄存值，经数据处理后得出测量结果。CMM 将测量结果与事先输入的制造公差进行比较，并把信号回送到 FMS 单元计算机或 CMM 计算机。CMM 计算机通常与 FMS 单元计算机联网，上传和下载测量数据和 CMM 零件测量程序。零件测量程序一般存储在单元计算机中，测量时将程序下载给 CMM 计算机。CMM 计算机在测量过程中起重要控制作用，其主要功能有：①控制图形显示和测量数据的硬拷贝输出；②储存和查询测量数据；③确定尺寸偏差；④向单元计算机传送数据文件；⑤储存机床校正数据；⑥比较测量结果；⑦通过程序控制测量过程。

（二）有自动测量功能的数控机床

现代数控机床，特别是加工中心类机床，常具有自动测量功能。具有自动测量功能的数控机床和 CMM 在工作原理上没有本质区别，将测量头安装在机床主轴或刀架上，如图 3-31 所示，就能像 CMM

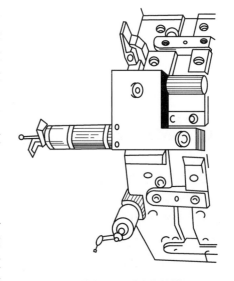

图 3-31　装有三维测头的转搭刀架

一样工作。测量头可以安装在机床刀库中，需要检测工件时，由换刀机械手取出，并装入机床主轴孔中。工件在数控机床上加工结束后，经高压切削液冲洗，并用压缩空气吹干后进行检测，测量原理和 CMM 相同。在这种情况下，需要为数控机床配置专门的外围设备，如各种测量头和统计分析处理软件等。测量程序可以从 FMS 单元计算机下载到机床控制计算机，对测量结果进行归档，需要时可打印输出。

在数控机床上进行测量有如下特点：不需要昂贵的 CMM，但会损失机床的切削加工时间；可以针对尺寸偏差自动进行机床及刀具补偿，加工精度高；不需要工件来回运输和等待。

（三）测量机器人

测量机器人在 FMS 中已得到广泛应用。机器人测量具有在线、灵活、高效等特点，特别适合于 FMS 中工序间和过程测量。直接测量时要求机器人具有高的运动精度和定位精度，因而造价也较高。间接测量又称辅助测量，在测量过程中机器人坐标运动是辅助运动，其任务是模拟人的动作，将测量工具或传感器送至测量位置，如图 3-32 所示。这种测量方法有如下特点：①机器人可以是通用工业机器人，如车削中心上，机器人可以在完成上下料工作后进行测量，而不必为测量专门设置一台机器人，使机器人同时具有多种用途；②对传感器和测量装置要求较高。由于允许机器人在测量过程中存在运动和定位误差，因而传感器和测量装置有一定的智能和柔性，能进行姿态和位置调整，并独立完成测量工作。

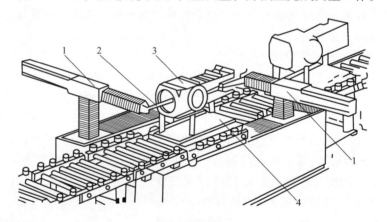

图 3-32　测量机器人
1—机器人手臂　2—测量工具　3—工件　4—托盘

三、刀具磨损和破损的检测与监控

在金属切削加工过程中，由于刀具的磨损和破损未能及时发现，将导致切削过程的中断，引起工件报废或机床损坏，甚至使整个 AMS 停止运行，造成很大的经济损失。因此，应在 AMS 中设置刀具磨损和破损的检测与监控装置。刀具磨损最简单的检测方法是记录每把刀具的实际切削时间，并与刀具寿命的极限值进行比较，达到极限值就发出换刀信号。刀具破损的一般检测方法是将每把刀具在切削加工开始前或切削加工结束后移近固定的检测装置，以检测是否破损。上述两种方法实现方式简单，在 AMS 中得到广泛应用。在切削加工过程中对刀具的磨损和破损的检测与监控需要附加检测装置，技术上比较复杂，费用较高。

常用的检测与监控方式有如下几种：

（1）功率检测　切削时，磨损刀具消耗的功率比锋利的刀具大，用测量主轴电动机负载的方法检测刀具磨损。如果功率超过预定的极限值，警示刀具过度磨损，发出换刀信号。

（2）声发射检测　在切削过程中发射出超声波，当刀具差不多破损时，声发射强度增加到正常值的 3～7 倍。如果超声传感器检测出超声强度迅速增加，则中断进给，触发换刀信号。

（3）学习模式　这是一种进给力检测系统，它记录下锋利刀具切削时传感器的信号值，如果进给力超过预先确定的百分比，在本工步结束后更换刀具。在刀具发生破损时，监视器检测到进给力突然增加，向控制系统发出信号，停止进给并更换刀具。

（4）力检测　通常采用检测作用在主轴或滚珠丝杠上力的方式。将传感器安放在滚珠丝杠驱动机构上，检测进给力的变化，如果进给力变大到预定级别，则触发换刀信号。

1. 切削力检测

切削力的变化能直接反映刀具的磨损情况。图 3-33 中 Ⅰ 和 Ⅱ 所示的是切削力的变化过程，曲线 Ⅰ 表示的是锋利的刀具，曲线 Ⅱ 表示的是磨钝了的刀具。切削力的差异 ΔF 是反映刀具实际磨损的标志。如果切削力突然上升或突然下降，可能预示刀具的破损。

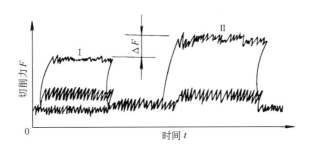

图 3-33　切削力图

图 3-34 所示为根据切削力的变化判别刀具磨损和破损的系统原理图。当刀具在切削过程中磨损时，切削力会随着增大，如果刀具崩刃或断裂，切削力会剧增。在系统中，由于工件加工余量的不均匀等因素也会引起切削力的变化。为了避免误判，取切削分力的比值和比值的变化率作为判别的特征量，即在线测量三个切削分力 F_z、F_y 和 F_x 的相应电信号，经放大后输入除法器，得到分力比 F_x/F_z 和 F_y/F_z，再输入微分器得到 $\mathrm{d}(F_x/F_z)/\mathrm{d}t$ 和 $\mathrm{d}(F_y/F_z)/\mathrm{d}t$。将这些数据再输入相应的比较器中，与设定值进行比较。这个设定值是经过一系列实验后得出的，说明刀具尚能正常工作或已磨损和破损的阈值。

当各参数超过设定值时，比较器输出高电平信号，这些信号输入由逻辑电路构成的判别器中，判别器根据输入电平值的高低可得出是否磨损或破损的结

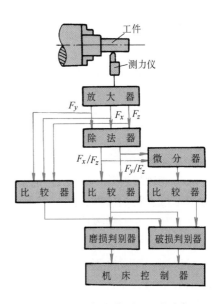

图 3-34　用切削力检测刀具状态框图

论。测力传感器（例如应变片）安放在刀杆上测量效果最好，但由于刀具经常需要更换，结构上难以实现。因此，将测力传感器安放在机床主轴前端轴承外圈上（图 3-39），一方面不受换刀的影响；另一方面此处离刀具切削工件处较近，对直接检测切削力的变化比较敏感，测量过程是连续的。这种检测方法实用性较好，且具有一定的抗干扰能力，但需要通过实验确定刀具磨损及破损的阈值。

2. 声发射检测

固体在产生变形或断裂时，以弹性波形式释放出变形能的现象称为声发射。在金属切削过程中产生声发射信号的来源有：工件的断裂、工件与刀具的摩擦、刀具的破损及工件的塑性变形等。因此，在切削过程中产生频率范围很宽的声发射信号，从几十千赫至几兆赫不等。声发射信号可分为突发型和连续型两种。突发型声信号在表面开裂时产生，其信号幅度较大，各声发射事件之间间隔时间较长；连续型声发射信号幅度较低，信号的频率较高。

正常切削时，声发射信号是小幅度的连续信号。刀具破损时，声发射信号幅值远大于正常切削时的幅值，它与刀具的破损面积有关，增长幅度为 3～7 倍。因此声发射信号产生阶跃突变是刀具破损的重要特征。图 3-35 所示为声发射钻头破损检测装置系统图。当切削加工中发生钻头破损时，安装在工作台上的声发射传感器检测到钻头破损所发出的信号，并由钻头破损检测器处理这个信号，当确认钻头已破损时，检测器发出信号，通知机床控制器发出换刀信号。

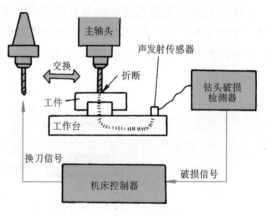

图 3-35　声发射钻头破损检测装置系统图

钻头破损检测器由脉冲发生器和刀具破损检测电路组成。脉冲发生器具有和钻头破损时所发出的声发射波相同的声波，具有声发射波模拟功能。检测电路检测声发射的信号电平，并进行比较，具有发出钻头破损信号的功能。

声发射信号受切削条件的变化影响较小，抗环境噪声和振动等随机干扰的能力较强。因此，声发射法识别刀具破损的精确度和可靠性较高，能识别出直径 1mm 的钻头或丝锥的破损，是一种很有前途的刀具破损检测方法。

四、视觉检测

在检测领域近几年发展最快的是视觉检测。视觉检测的原理是利用高分辨率摄像头拍摄工件的图像，将拍摄得到的图像送入计算机，计算机对图像进行处理和识别，得到零件的形状、尺寸和表面形貌等信息。视觉检测属于非接触式检测范畴，目前的检测精度可以达到微米级，检测速度在 1s 以内。视觉检测常用于对零件进行分类，对零件的表面质量和几何精度进行检测。视觉检测的缺点是对图像进行处理慢，开发出速度更快、检测精度更高的算法是目前的研究重点。

五、自适应控制 AC(Adaptive Control)

自适应控制与一般反馈控制的区别在于它能随着环境条件和过程参数的变化自行调整或修改控制参数，使被控对象或过程达到预期的目标。例如在数控机床上进行切削加工时，刀具运动轨迹、切削条件（切削速度、进给速度、背吃刀量等）、加工顺序等都由数控程序给定，这些指令在加工过程中不能自行变化。如果刀具磨损、材质变化、余量不均匀，会引起切削力变化、振动，使工件表面质量恶化。因此，机床操作人员必须密切监视加工过程，及时手动调整控制旋钮，使加工过程顺利进行，这是人工参与的适应控制。切削加工过程中的自适应控制能自动地调节和修正切削加工过程中的控制参数，以适应实际加工状况的变化，获得最佳的加工效果，例如加工质量、生产效率、生产成本等。切削加工自适应控制原理如图 3-36 所示。

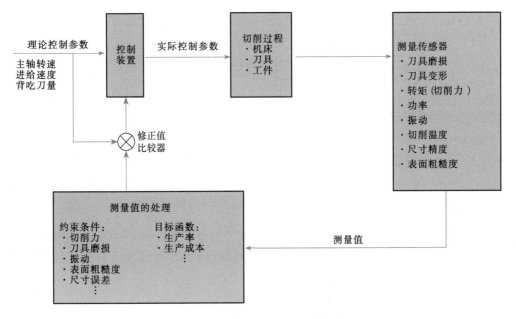

图 3-36　切削加工自适应控制原理图

影响切削过程的因素多而且是变化的，它们主要来自于机床、刀具和工件，例如机床运动部件间的间隙、机床变形、刀具磨损和变形、工件材质和余量不均匀等。切削过程对外界呈现的特征有：切削力、切削功率、刀具磨损和变形、振动、切削温度、尺寸误差、表面粗糙度等。为了消除上述因素对切削过程的负面影响，需要对上述特征量进行测量，根据约束条件或目标函数对所测得的数据进行处理，实时在线修正控制参数，使切削过程达到预期的效果。

自适应控制又分为约束型自适应控制 ACC（Adaptive Control Constraints）和优化型自适应控制 ACO（Adaptive Control Optimization）。前者的控制参数受到限制，目标控制量预先给定，并可直接测量，如切削力、切削功率。后者是给定目标函数，如最低生产成本和最少工时，根据优化目标函数和影响过程的参数（如刀具磨损速度）来确定控制参数（进给量和切削速度）。

切削过程控制是非线性的,它受背吃刀量、进给量和单位切削力等特征量的乘积效应的影响。图 3-37 是恒转速车削自适应控制结构图,控制参数是进给速度,目标控制量是其切削力。粗加工时,背吃刀量和单位切削力的可能变化范围是 $1:10$,切削力的变化范围可能是 $1:100$,与转速有关的延迟时间 T 的变化范围一般也是 $1:100$。尤其是作为干扰量的工件圆度对控制性能的影响很大。

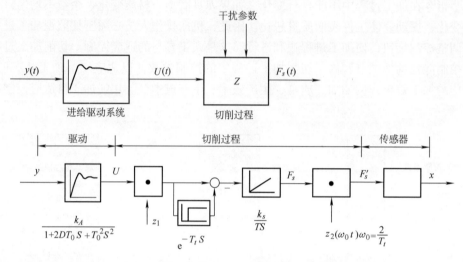

图 3-37   恒转速车削自适应控制结构图

$F_S(t)$ —— 切削力 $U(t)$ —— 进给速度

$y(t)$ —— 控制参数 y —— 控制进给速度的电压

x —— 切削力信号 z_1 —— 干扰参数(来自背吃刀量和单位切削力)

ACC 系统自适应控制器通过对每转最大切削力的控制来应对工件圆度,存储每转的峰值,超过给定值时,控制器实时做出反应。这种控制器的典型特征如图 3-38 所示。

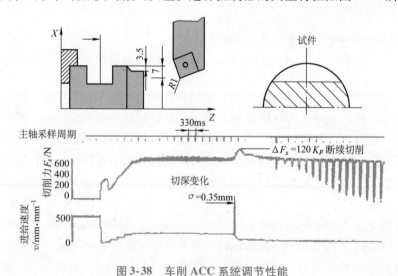

图 3-38   车削 ACC 系统调节性能

用于采集切削过程数据的传感器很多,按用途分类有:测力传感器、扭矩传感器和功率传感器，表 3-2 列出了常用的传感器。得到广泛应用的传感器有电阻式、压电式和电磁感应式，也可通过测电动机电流来测得扭矩和功率。

表 3-2 切削过程数据采集传感器

传感器名称	简 图	工 作 原 理
电阻应变片		圆环的变形与载荷有关，粘贴在圆环上的电阻应变片电阻值改变
压电式测力仪		压电晶体变形引起电荷释放，经电荷放大器放大，转变成线性电压
电磁式测力仪		圆环在载荷作用下，材料的磁特性改变，并改变线圈电感
电磁式测力仪		载荷改变原级和次级线圈间的电耦合（变压器）
电磁式扭矩仪		四个电磁式测力仪均布在转塔刀架的基座上，发出与力 F 相应的信号
电阻应变片式扭矩仪		轴上贴有专用电阻应变片，扭转变形改变应变片的电阻
电磁式测力仪		轴扭转变形改变轴材料的磁特性，因而改变线圈 I 和 II 的电耦合
电流式测力仪		测量主传动电动机的电枢电流，磁场磁通不变时，电动机输出转矩与电枢电流成正比

图 3-39 和图 3-40 是测力传感器的实际应用。图 3-39 是在机床主轴前轴承外圈上贴有电阻应变片，测轴承外圈的切向变形。当轴承外圈受力变形时，受滚动体挤压处被拉伸，两个滚动体之间受压缩，使得轴承外圈产生切向变形。图 3-40 是在车床刀架底座与上滑板连接处布置四个应变片，经求和电路测得与刀具悬伸长度无关的切削力。

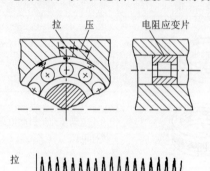

图 3-39　电阻应变片贴在轴承外圈上

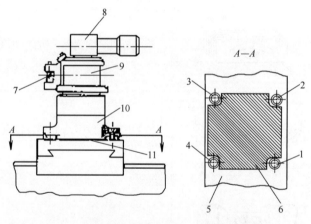

图 3-40　电阻应变片布置在车床刀架底座上
1、2、3、4—测力线圈　5—上滑板　6—圆柱销　7—刀具
8—刀架回转驱动装置　9—四方转塔
10—刀架底座　11—阻尼

六、环境及安全检测

为了保证自动化制造系统正常可靠运行，需要对自动化制造系统的生产环境和安全特性进行监测，主要监测内容有：①电网的电压及电流值；②空气的温度及湿度；③供水、供气压力和流量；④火灾；⑤人员安全等。

（1）电网监测　电网的监测装置主要是电网监测传感器。通过改变传感器输入信号的数值，进行电网的过电压与欠电压监测。缺相、反相及电网断电则是通过电动机保护器实现保护的。

（2）火灾监测　火灾的监测主要是为了及时发现火情，以便监控系统快速准确地采取措施，使损失减到最小。此外，在可能的情况下，尽早发现火灾发生的前兆，防患于未然。

火灾的监测装置主要有：空气离化装置、热（温度）监测装置、火焰（光）监测装置和可燃气体监测装置等。火灾探测器有感温式、感烟式、感光式、可燃气体探测式、复合式等类型。其中紫外线和红外线探测器反应速度最快（一秒至数秒），带感光的复合式火灾探测器也较快（数秒以内），感烟式探测器也能在几十秒内做出反应，其他感温型、感光型探测器则反应较慢（1min）。

火灾探测器一般可设在天花板上或悬吊在空中。此外，为了防止来自控制系统的火灾，应在所有的电器控制板和机械热源部位设置感温式火灾探测器。当火灾探测器检测到火灾信号时，自动切断系统全部电源并发出警报。

（3）人员安全监测　人员安全监测是为了保护人身安全，以防止触电、机械伤害和其他意外事故的发生。自动化制造系统一般都设有安全防护网和安全门，系统运行时，人员不得进入防护网内，如有人在防护网内，监视系统会发出信号，甚至中断系统工作。当系统不工作时，人员可以进入防护网内检修，这时安全门会自动打开。人员进出防护网的监视一般在出入口处安装一个能监测一定距离范围内有无人员的检测装置。检测人员接近的装置一般有三种：图像检测装置、超声波检测装置、红外线检测装置。也可以根据人的相貌特征和物体特征来判断人或物体是否进入监测区。超声波和红外线的检测都是利用人或物体的反射波来进行的，红外线检测最为经济，应用较普遍。

第七节　辅助设备

零件的清洗、去毛刺、切屑和切削液的处理是制造过程中不可缺少的工序。零件在检验、存储和装配前必须要清洗及去毛刺；切屑必须随时被排除、运走并回收利用；切削液的回收、净化和再利用，可以减少污染，保护工作环境。有些 AMS 集成有清洗站和去毛刺设备，实现清洗及去毛刺自动化。

一、清洗站

从零件表面去除污染物可以利用机械、物理或化学的方式来进行。机械清洗是通过刷洗、搅拌、压力喷淋、振动、超声波等外力作用对零件进行清洗。物理与化学方式则是利用润湿、乳化、皂化、溶解等方式进行清洗。

清洗机有许多种类、规格和结构，但是一般按其工作是否连续分为间歇式（批处理式）和连续通过式（流水线式）。批处理式清洗站用于清洗质量和体积较大的零件，属中、小批量清洗，流水线式清洗机用于零件通过量大的场合。

批处理式清洗机有倾斜封闭式清洗机、工件摇摆式清洗机和机器人式清洗机。机器人式清洗机是用机器人操作喷头，工件固定不动。有些大型批处理式清洗站内部有悬挂式环形有轨车，工件托盘安放在环形有轨车上，绕环形轨道作闭环运行。流水线式清洗站用辊子传送带运送工件。零件从清洗站的一端送入，在通过清洗站的过程中被清洗，在清洗站的另一端送出。再通过传送带与托盘交接机构相连接，进入零件装卸区。

清洗机有高压喷嘴，喷嘴的大小、安装位置和方向要考虑零件的清洗部位，保证零件的内部和难清洗的部位均能清洗干净。为了彻底冲洗夹具和托盘上的切屑，清洗液应有足够大的流量和压力。高压清洗液能粉碎结团的杂渣和油脂，能很好地清洗工件、夹具和托盘。对清洗过的工件进行检查时，要特别注意不通孔和凹处是否清洗干净。确定工件的安装位置和方向时，应考虑到最有效清洗和清洗液的排出问题。

吹风是清洗站重要的工序之一，它缩短了干燥时间，防止清洗液外流到其他机械设备或AMS的其他区域，以保持工作区的洁净。有些清洗站采用循环对流的热空气吹干，空气用煤气、蒸汽或电加热方式产生，以便快速吹干工件，防止生锈。

批处理式清洗站的切屑和切削液往往直接排入AMS的集中切削液与切屑处理系统，切削液最后回到中央切削液存储箱中。流水线式清洗站一般有自备的切削液（或清洗液）存储箱，用于回收切屑，循环利用切削液（或清洗液）。

清洗机可以说是污物、杂渣收集器。筛网和折流板用于过滤金属粉末、杂渣、油泥和其他杂质，必须定期对其进行清洗。油泥输送装置通过一个斜坡将废物送入油泥沉淀箱，沉淀后清除废物，液体流回中央存储箱。存储箱的定时清理非常重要，购买清洗设备时，必须考虑中央存储箱检修和清洗方便的问题。

在AMS中，清洗站接受主计算机或单元控制器下达的指令，由可编程序控制器执行这些指令。批处理式清洗站的操作过程如下：

1）将工件托盘送到清洗站前。

2）打开进入清洗站的大门，将托盘送入清洗工作区，并将其固定在有轨吊车上，关闭大门。

3）托盘随吊车绕轨道运行时，高压、大流量切削液从喷嘴喷向工件托盘，使切屑、污物、油脂等落入排污系统。

4）冲洗一定时间后，切削液关闭，开始吹热空气进行干燥。

5）吹风干燥一段时间后，有轨吊车返回其初始位置。

6）打开清洗站大门，从有轨吊车上取下工件托盘，运走工件托盘。

有些AMS不使用专门的清洗设备，切削加工结束后，在机床加工区用高压切削液冲洗工件和夹具，用压缩空气通过主轴孔吹去残留的切削液。这种方法节省清洗站的投资、零件搬运和等待时间，但零件清洗占用机床切削加工时间。

二、去毛刺设备

以前去毛刺一直是由手工进行的，是重复的、繁重的体力劳动。最近几年出现了多种去毛刺的新方法，可以减轻人的体力劳动，实现去毛刺自动化。最常用的方法有：机械的、振动的、热能的、电化学的等。

1. 机械去毛刺

机械去毛刺包括在AMS中使用工业机器人，机器人手持钢丝刷、砂轮或油石打磨毛刺。打磨工具安放在工具存储架上，根据不同零件和去毛刺的需要，机器人可自动更换打磨工具。

在很多情况下，通用机器人不是理想的去毛刺设备，因为机器人关节臂的刚度和精度不够，而且许多零件要求对其不同的部位采用不同的去毛刺方法。

机械去毛刺常用的工具有砂带、金属丝刷、塑料刷、尼龙纤维刷、砂轮、油石等。

2. 振动去毛刺

振动去毛刺机适用于清除小型回转体或棱体零件的毛刺。零件分批装入一个筒状的大容器罐内，用陶瓷卵石作为介质，卵石大小因零件类型、尺寸和材料而异。盛有零件的容器罐快速往复振动，在陶瓷介质中搅拌零件，去毛刺和氧化皮。振动强烈程度可以改变，猛烈地搅拌用于恶劣型毛刺，柔缓地搅拌用于精密零件的打磨和研磨。

振动去毛刺包括：回转滚筒法、振动滚筒法、离心滚筒法、涡流滚筒法、旋磨滚筒法、往复槽式法、磨料流动槽式法、摇动滚筒法、液压振动滚筒法、磨料流去毛刺法、电流变液去毛刺法、磁流变液去毛刺法、磁力去毛刺法等，这些方法原理上也属于机械去毛刺的范畴。

3. 喷射去毛刺

喷射去毛刺是利用一定的压力和速度将去毛刺介质喷向零件，以达到去毛刺的效果。喷射去毛刺法包括：水平喷射去毛刺、喷丸去毛刺、气动磨料流去毛刺、液体珩磨去毛刺、浆液喷射去毛刺、低温喷射去毛刺等。严格讲，喷射去毛刺也属于机械去毛刺的范畴。

4. 热能去毛刺

热能去毛刺用高温去毛刺和飞边。将待处理的零件装入一个小密闭室里，充满压缩易燃气体和氧气的混合物，将零件及其周边的毛刺、毛边完全包围，无论是外部、内部或不通孔都浸入混合气体中。用火花将易燃气体和氧气混合物点燃，产生猛烈的热爆炸，毛刺或飞边燃烧成火焰，立刻被氧化并转化为粉末，前后经历时间大约 $25 \sim 30s$，然后用溶剂清洗零件。

热能去毛刺的优点是能极好地除去零件所有表面上的多余材料，即使是不易触及的内部凹入部位和孔交接部位也不例外。热能去毛刺适用零件范围宽，包括各种黑色金属和有色金属。

5. 电化学去毛刺

电化学去毛刺通过电化学反应将工件上的材料溶解到电解液中，对工件去毛刺或成形。与工件型腔形状相同的电极工具作为负极，工件作为正极，直流电流通过电解液。电极工具进入工件时，工件毛刺及多余材料被溶解。通过调节电流来控制去毛刺和倒棱，材料去除率与电流大小有关。

电化学法去毛刺的过程慢，优点是电极工具不接触工件，无磨损，去毛刺过程中不产生热量，因此不引起工件热变形和机械变形。因而，高硬度材料非常适合用电化学法。

三、切屑和切削液处理

在自动化制造系统中，对切屑的排除、运输和切削液的净化、循环利用非常重要，这对环境保护、节省费用、增加废物利用价值有重要意义，许多 AMS 装备有切屑排除、集中输送和切削液集中供给及处理系统。

切屑的处理包括三个方面的内容：①把切屑从加工区域清除出去；②把切屑输送到系统以外；③把切屑从切削液中分离出去。

1. 切屑排除

从加工区域清除切屑有下列几种方法：

1）靠重力或刀具回转离心力将切屑甩出，靠切屑的自重落到机床下面的切屑输送带上。床身结构应易于排屑，例如倾斜床身或将机床安置在倾斜的基座上，并利用切屑挡板或保护板使加工空间完全密闭，防止切屑飞散，使之容易聚集。这种方法便于清除切屑，同时也使环境安全、整洁。

2）用大流量切削液冲洗加工部位，将切屑冲走，然后用过滤器把切屑从切削液中分离出来。

3）采用压缩空气吹屑。

4）采用真空吸屑，此方法最适合于干式磨削工序和铸铁等脆性材料在加工时形成的粉末状切屑，在每一加工工位附近，安装与主吸管相通的真空吸管。

2. 切屑输送

切屑集中输送机一般设置在机床底座下的地沟中。从加工区域排出来的切屑和切削液直接落入地沟，由切屑输送机运出系统。切屑输送机有机械式、流体式和空压式，机械式应用范围广，适合于各种类型的切屑。机械式切屑输送机有多种类型，其中以平板链式、刮板式和螺旋式切屑输送机较为常见。

（1）平板链式切屑输送机 图3-41 所示为平板链式切屑输送机，以链轮牵引的钢质平板链带在封密箱中运转，加工中的切屑落到链带上被带出机床，由 AGV 将切屑仓斗运送到切屑收集区，将切屑压制成块，以便运

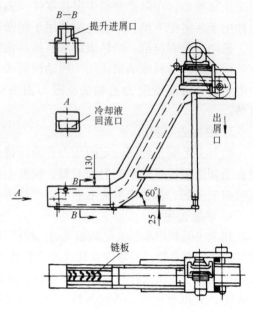

图3-41 平板链式切屑输送机

走。这种切屑输送机一般为每台机床配置一台，在车削类机床上使用时，多与机床切削液箱合为一体，以简化机床结构。

（2）刮板式切屑输送机 图3-42 所示为铺设在地沟内的刮板式切屑输送机，封闭式链条3 装在链轮5 和6 上。焊在链条两侧的刮板2 将地沟中的切屑和切削液刮到地下储液池7 中，提升机将切屑提起倒入运输车中运走。下面的链条用纵贯全线的支承托着，使刮板不与槽底接触。为了不使上边的链条下垂，用上支承4 托住。主动轮要根据刮屑方向确定，保证链条下边是紧边。

双输送沟槽用于黑色和有色切屑的分类输送，沟槽中的切屑分路挡板控制黑色或有色切屑分别进入其收集仓斗，避免了不同切屑混在一起，从而增加了废料的再利用方便性。

（3）螺旋式切屑输送机 图3-43 所示为螺旋式切屑输送机，电动机经减速装置驱动安装在排屑槽中的螺旋杆。螺旋杆转动时，槽中的切屑由螺旋杆推动连续向前运动，最终排入切屑收集箱内。螺旋杆有两种形式，一种是用扁型钢条卷成螺旋弹簧状；另一种是在轴上焊接螺旋形钢板。螺旋杆3 和减速器1 用万向联轴器2 连接，这样螺旋杆可随着磨损而下降，保证螺旋杆和排屑槽紧密贴合。螺旋式切屑输送长度可调节，螺杆可一节一节地连接起来，常在一台机床上设置一台，或几台机床设置一台，也可贯穿全线。螺旋式切屑输送机结构简单，占据空间小，排屑性能良好，但只适合于水平或小角度倾斜直线方向排屑，不能大角度倾斜、提升或转向排屑。

3. 切屑分离

1）将切屑连同切削液一起排送到切削处理站。通过孔板或漏网时，切削液漏入沉淀池中，通过迷宫式隔板及过滤器进一步清除悬浮杂物后被泵重新送入压力主管路。留在孔板上的切屑可用刮板式切屑输送机将其排出和集中起来。

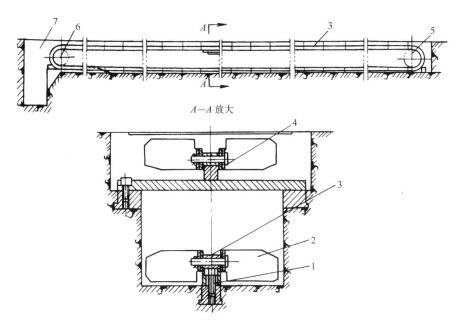

图 3-42 刮板式切屑输送机
1—支承 2—刮板 3—链条 4—上支承 5、6—链轮 7—储液池

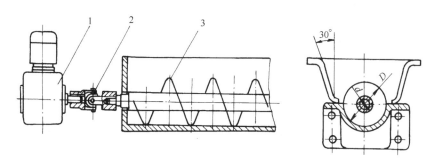

图 3-43 螺旋式切屑输送机
1—减速器 2—万向联轴器 3—螺旋杆

2）切屑和切削液一起直接送入沉淀池，然后用排屑装置将切屑运到池外，这种方法适用于切削液冲洗切屑而在自动线上使用任何排屑装置的场合。

图 3-44 所示为带刮板式切屑输送装置的单独冷却站。切屑和切削液一起沿着斜槽 2 进入沉淀池的接受室。在沉淀池内，大部分切屑向下沉淀，顺着挡板 6 落到刮板式切屑输送装置 1 上，随即将切屑排到池外。切削液流入液室 7，再通过两层网状隔板 5 进入液室 8。已经净化的切削液可由泵 3 通过吸管 4 送入压力管路，以供再次使用。

对于极细碎的切屑或磨屑的处理，一般在切削站内采用电磁带式切屑输送装置，将碎屑或粉屑吸在皮带上排到池外。从浮化池中分离出细的铝屑是很困难的，因为它们不容易沉淀，可使用专门的纸质或布质的过滤器，纸带或布带不断地从一个滚筒缠到另一个滚筒上，从而将沉淀在带表面上的铝屑不断地清除掉。

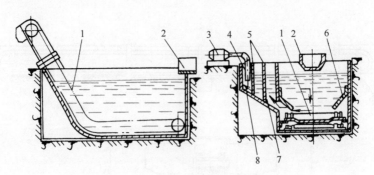

图 3-44　带刮板式切屑输送装置的单独冷却站

1—刮板式切屑输送装置　2—斜槽　3—泵　4—吸管　5—网状隔板　6—挡板　7、8—液室

第八节　控制与通信系统

　　自动化制造系统的组成十分复杂，作为组成自动化制造系统的子系统——控制与通信系统，是整个系统的指挥中心和神经中枢。组成控制与通信系统的控制装置（包括硬件和软件）的控制任务各不相同，有的侧重于管理和计划调度，有的侧重于通信，有的侧重于现场实时过程控制。控制装置的多制式，即产于不同国家、不同厂家的产品，其硬、软件标准的不统一，给组成控制系统增加了难度，提高了投资费用。根据自动化制造系统的控制与通信系统的特点，采用多层计算机控制是一种行之有效的方法。

一、多层计算机控制

　　多层计算机控制的基本思想是将一个复杂的系统划分成若干层次，各层次分别独立完成各自的控制任务，层与层之间进行信息交换，上层向下层发送命令，下层为上层服务并回送执行结果，通过计算机网络将各层控制的计算机、CNC、PLC 等设备控制器互联起来，构成完整的控制与通信系统。图 3-45 为一多层计算机控制与通信网络系统结构，整个控制与通信系统分为 4 层，自上至下分别为工厂层、车间层、单元层和设备层（图 3-45）。各层的控制任务分别是：

　　（1）工厂层　订单和原始数据管理，制定中长期（月）生产计划、物料需求计划、刀具需求计划，绘制厂内生产计划图表。

　　（2）车间层　制定短期（周和日）生产作业计划，上层物料流控制，生产数据采集、存储和评定，上层质量控制，原始数据管理，根据日计划进行任务分配与平衡，确定全部加工批次，绘制加工系统运行状态图等。

　　（3）单元层　全面管理、协调和控制 FMS/FMC 的制造活动，规划时间范围从几小时到几个工作日。主要任务有：

　　1）排序和调度。根据批次作业计划和系统设备状态（如机床是否有故障，刀具、夹具、托盘是否准备就绪）决定进入系统的工作流。

　　2）工件和刀具的储运系统调度与控制。

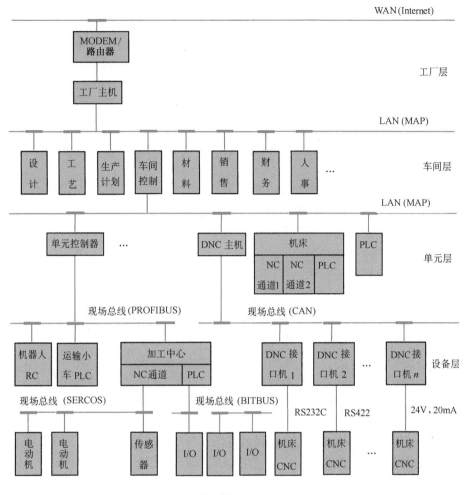

图 3-45 多层计算机控制网络结构

3）刀具管理。对系统内部的全部刀具（中央刀库和机床刀库）的状态数据进行管理。

4）控制数据分配。包括数控程序、测量程序、机器人控制程序等控制数据的分配，DNC 功能。

5）系统监控。实时采集现场运行数据，并进行分析评价。

6）故障诊断。包括对系统故障的预警和出现局部故障时迅速响应。

7）绘制加工过程运行图。

（4）设备层 机床、上下料装置、运输设备、测量设备、机器人等设备的控制，控制时间从几毫秒到几秒钟，包括控制器的故障诊断、现场运行数据采集、现场质量控制、加工系统内的物料流控制等。

二、可编程序逻辑控制器 PLC

PLC 是一种以微处理器为核心的设备控制器，主要用于自动化制造系统底层设备的控制，如加工中心换刀机构、工件运输设备、托盘交换装置等的控制，属设备控制层。PLC 的主要特点是：

1. 控制程序可变，具有很好的柔性

在控制任务发生变化和控制功能扩展的情况下，不必改变 PLC 的硬件，只需根据需要重新编写程序就可适应。PLC 的应用范围不断扩大，除了代替硬接线的继电器–接触器控制外，还进入了工业过程控制计算机的应用领域，从自动化单机到自动化制造系统都得到应用，如数控机床、工业机器人、柔性制造单元、柔性制造系统、柔性制造线等。

2. 工作可靠性高，适用于工业环境

PLC 产品平均无故障时间一般可达 30000h 以上，它经得起振动、噪声、高温、潮湿、粉尘、磁场等的干扰，是一种高度可靠的工业产品，可直接应用于工业现场。

3. 功能完善

早期的 PLC 仅具有逻辑控制功能，现代 PLC 具有数字和模拟量输入/输出、逻辑和算术运算、定时、计数、顺序控制、PID 调节、各种智能模块、远程 I/O 模块、通信、人机对话、自诊断、记录和图形显示等功能。

4. 易于掌握、便于修改

PLC 使用编程器进行编程和监控，使用人员只需要掌握工程上通用的梯形图语言（或语词表、流程图）就可进行用户程序的编制和调试。即使不太懂计算机的操作人员也能掌握和使用。PLC 有完善的自诊断功能、输入/输出均有明显的指示，在线监控的软件功能很强，能很快查出故障的原因，并能迅速排除故障。

5. 体积小、省电

与传统的控制系统相比，PLC 的体积很小，一台收录机大小的 PLC 相当于 1.8m 高的继电器控制柜的功能，PLC 消耗的功率只是传统控制系统的 $1/3 \sim 1/2$。

6. 价格低廉

随着集成电路芯片功能的提高和价格的降低，PLC 的硬件价格也在不断下降，PLC 的软件价格所占的比重在不断提高。但由于使用 PLC，减少了设计、编程和调试费用，总的费用还是低廉的，而且还呈不断下降的趋势。

图 3-46 是托盘交换工作台示意图，用 PLC 控制托盘交换工作台的动作。闭合开关 S1 起动输送带 M1，托盘从倾斜的轨道进入输送带。若行程开关 S2 动作，输送带 M1 停止，并且使气动升降台向上移动；如果开关 S4 动作，向上移动停止，输送带 M1 和 M2 都起动；如果

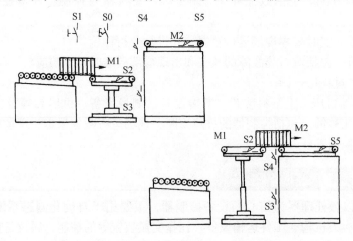

图 3-46　托盘交换工作台示意图

S5 动作，两条输送带都停止，升降台向下移动，直至行程开关 S3 动作。S0 用于整个设备的接通和断开。

三、计算机数控 CNC

CNC 是机床控制器，属设备控制层。

CNC 是在硬件数控 NC 的基础上发展起来的，它在计算机硬件的支持下，由软件实现数控的部分或全部功能。为了满足不同控制要求，只需改变相应软件，无需改变硬件电路。微型计算机是 CNC 的核心，外围设备接口电路通过总线（BUS）和 CPU 连接。现代 CNC 对外都具有通信接口，如 RS232C，先进的 CNC 对外还具有网络接口。CNC 拥有较大容量的存储器，可存储一个或多个零件数控程序。CNC 相对 NC 具有较高的通用性和柔性，易于实现多功能和复杂程序的控制，具有工作可靠，维修方便，具有通信接口，便于集成等特点。

数控加工设备的功能不断扩展和增强，如数控机床的功能由基本的数控数据输入/输出，直线和圆弧插补运算，刀具补偿，间隙补偿，螺距误差补偿，固定循环和子程序，位置伺服控制等组成。甚至扩展到一些更高级或带有某些智能的功能，如螺旋线、抛物线插补、样条插补、宏程序、刀具监控、在线测量、自适应控制、故障诊断、软键（Soft Key）菜单、会话型编程、图形仿真等。数控加工设备的大部分功能对实时性要求很强，尽管微处理器处理速度比以前提高了好多倍，单微处理器仍无法实现上述任务的并行处理，因此出现了多微处理器数控系统。

多微处理器数控系统通过总线将多个并行工作的微处理器互联起来，把控制任务分解到各独立功能单元，实现控制任务的并行处理。各微处理器及其相应的软件完成各自确定的功能。多微处理器数控系统是一种模块化结构的系统，硬件和软件按功能划分模块，各模块间的通信按照事先的约定和程序进行。

四、自动化制造系统的通信网络

图 3-45 所示的多层计算机控制网络系统结构包含有不同层次的网络，如局域网（Local Area Networks）、现场总线（Fieldbus）和串行通信接口，根据不同的通信协议，各种网络又有多种产品，如局域网有 MAP（Manufacturing Automation Protocol）、Ethernet 等，现场总线有 PROFIBUS、CANBUS、SERCOC、BITBUS 等，串行通行接口有 RS232C、20mA 电流环、RS422 和 RS499 等。

（一）计算机网络协议

计算机网络利用通信线路将计算机控制装置连接在一起，计算机之间通过网络互相交换信息。如同人与人之间相互交流一样，计算机之间相互通信也需要共同遵守一定的规则，这些规则称之为计算机网络协议。简要地说，计算机网络协议就是针对计算机之间相互交换信息所作的规定。一台计算机只有在遵守某个协议的前提下，才能在计算机网络上与其他计算机进行正常的通信。

国际标准化组织 ISO 颁布的开放系统互联参考模型 OSI（Open System Interconnection Basic Reference）是一个通用标准，适用于所有数字通信。OSI 分为 7 层，自下至上分别为物理层（Physical）、数据链路层（Data Link）、网络层（Network）、传输层（Transport）、会话层（Session）、表示层（Presentation）和应用层（Application）（图 3-47）。除物理层外，

其他对等层间的数据交换是逻辑形式的虚通信，真正的信号传输是在物理层上进行的，称为实通信。下一层（n）为上一层（$n+1$）提供服务。

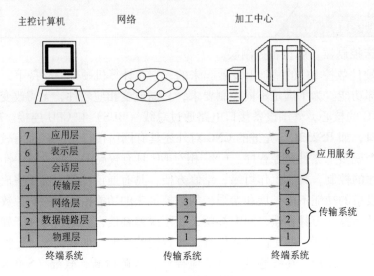

图 3-47　OSI 参考模型

（1）物理层　按照数据链路层给出的顺序，通过传输介质传输比特（bit）数据流，确定机械和电气特性以及传输速率。机械特性包括插头结构、针脚的个数、排列及定义、通信线的根数。电气特性包括通信线的类型（同轴电缆，双绞线，光纤）、信号形式、编码、拓扑结构。传输速率分为单工/双工、同步/异步。根据数据链路层的要求，建立和撤销物理连接，并报告发现的错误。

（2）数据链路层　通过校验识别和排除信息传输差错，保证比特流可靠传输；对发、收双方的缓冲器容量进行监控，实施流量控制。比特流以帧（Frame）为单位传输，其中包含有差错识别信息（数据校验和数），通过校验和数来发现差错，有差错的数据区再次传输。

（3）网络层　将消息发送和接收双方视为端系统，在不同情况下，通过中继系统为端系统间的数据连接选择路径。前两层只规定了通过物理介质直接连接的两个系统间的数据交换协议。如果要启用连接在不同的物理介质上的成员，数据必须通过其他系统传送到接收方，因此需要选择路径。

（4）传输层　为用户提供可靠的数据传输服务，传输层上的数据传输与网络无关，用户不必知道传输技术细节。传输层进行端对端的虚通信，实际上是参考模型 OSI 中处理侧与传输侧之间的分界线。基本服务功能包括传输连接的建立、数据传输和撤销连接。

（5）会话层　主要任务是使用辅助工具协调同步数据交换，传输中途发生差错后，从同步点开始重新传输。

（6）表示层　数据的编码会各不相同，为了在不同系统中能交换数据，有必要将数据转换为一种统一的格式。由于存在多种码值（例如浮点数），有必要在真正通信以前制定出一种双方都能理解的编码。表示层的任务是将计算机系统内部的数据格式转换为网络通信中采用的统一格式，包括制订码制、编码和译码。

（7）应用层　应用层是 OSI 参考模型中的最高层，它为用户提供应用的专门服务。由

于应用的多样性，很难形成统一的标准。目前标准化工作分为办公室通信和工厂通信两个领域，针对不同领域的不同应用，服务被具体化。两个最重要的服务是 MMS（Manufacturing Message Specification，ISO 9506）和 FTAM（File Tranfer Access and Management，ISO 8571）。

（二）应用标准

OSI 开放系统互联参考模型是指导网络设计的理论模型，给出了一个网络层次结构的总体概念，但它不是应用标准。在具体实际应用中，所应用的标准并不完全遵循 OSI 参考模型，其原因是多方面的，如有些标准早于 OSI，OSI 参考模型层次划分过细等。

1. 现场总线（Fieldbus）

现场总线是用于现场过程领域的比特流总线系统，它与高层网络的区别是简化了通信协议结构和编码，因而实时性好。为了降低连接费用，使用价廉质好的传输介质（双绞线，光缆）。根据应用领域的要求，已研制出具有不同性能的多种现场总线系统。

现场总线既可用于自动化设备（CNC、PLC、RC 单元控制计算机）的低成本分支网络，也可应用于智能传感器、执行器和分布式输入、输出组件与自动化设备的连接（见图 3-45）。其实时性要求在不同的应用场合有数量级的差别，在过程控制的设备中（如压力，温度）是几百毫秒，在机床和机器人的位置控制中小于 1ms。表 3-3 给出了在过程技术和加工技术中对现场总线的要求。

表 3-3　对现场总线的要求

应用领域 / 要求	加工技术		过程技术
	驱动	传感器，I/O	传感器，I/O
循环周期/ms	1	50	50
连接设备数	<10	<100	<100
距离	<100m		<1000m
安全性	高的传输安全性 抗 EMI 干扰，抗串音和外壳短路		
连接	与 MAP 网连接简单		
成本	低成本		
其他			可用于有爆炸危险区，高温和环境不清洁区

（1）位总线（BITBUS）　位总线是 Intel 公司的产品，属于串行总线，采用主从式信道访问集中控制，特别适合于层次结构系统。主站（如 PLC）周期性地查询从站是否要发送信息或者向从站传送信息。从站与从站间的信息交换必须经过主站，一个主站可以连接 250 个从站。

传输介质用双绞线，按照 RS485 技术规范进行。位总线能以自同步模式和外同步模式运行，自同步模式传输速率可达 375kBaud，外同步模式可达 2.4MBaud。最大传输距离在没有信号重复器时与传输速率有关，375kBaud 时为 300m，2.4MBaud 时为 30m。

传输协议是同步数据链路控制 SDLC（Synchronous Data Link Control）协议的子集。数据的安全性由 CRC（Cyclic-Redundancey check）校验字段（2 Byte）实现。数据包最大长度理论上有 255Byte，由于位总线通常使用 Intel 8044 微处理器以及相配套的协议软件，最大数据长度小于 50Byte。位总线为用户提供数据的读、写等命令集。位总线的典型应用是分布式外围设备与 PLC 的连接。

（2）PROFIBUS（Process Field Bus） PROFIBUS 是由德国 14 家公司联合开发的现场总线，1990 年底作为德国国家标准 DIN 19245。PROFIBUS 定义了 OSI 参考模型的 1 层、2 层和 7 层的协议和服务，3~6 层无定义。

PROFIBUS 是一种混合式的串行总线，根据令牌传送原理，采用信道访问分布式控制，底层采用主从式控制。令牌在主站之间传递，持有令牌的主站可以查询其下属的多个从站。总线连接设备数在时间性强的任务中限制在 32 个，时间性不强的任务中可增至 122 个。

PROFIBUS 的传输介质用双绞线，按照 RS485 运行，信号传输遵守 NRZ 格式。与位总线不同，它实行字符异步传送（8 个数据位，1 个起始位，1 个停止位，1 个校验位）。传输距离 200m 时的传输速率达到 500kBaud。数据安全由校验位以及数据块校验和实现，数据的最大长度为 246Byte。

PROFIBUS 在第 7 层定义了现场总线信息技术规范 FMS（Fieldbus Message Spesification）。该规范是一个类似于 MMS（Manufacturing Message Specification）的协议，但是做了很多简化，以适应现场总线的要求。PROFIBUS 的典型应用是分布式外围设备与 PLC 的连接和自动化设备的联网，如 PLC、CNC、RC 和单元控制计算机。

（3）SERCOS（Serial Communication System） SERCOS 是用于分布式调节系统中的一种数据交换接口，首先是为了取代数控装置与伺服驱动之间的模拟接口而开发的数字接口，也可用于其他分布式控制领域。

SERCOS 采用主从式信道访问集中控制，为从站（例如驱动）开放固定时间片，因而为实测数值传送保证了时间等距性。传输介质采用光纤，传输速率（1~8MB/s）和传输距离（40~1000m）与光纤材料（人造纤维，玻璃纤维）和所用微处理器有关。环形网络可连接 254 个从站，数据同步传送，采用 CRC 校验。

从主站到从站（指令值）和从从站到主站（实际值）以及其他控制数据可以定时双向传送，可实现的时间周期与环形网络上连接的成员数和传输速率有关，时间周期在 $62\mu s$ ~ 65ms 之间可调。

2. 局域网 LAN

局域网位于制造企业多层计算机网络的上层，如图 3-45 所示。LAN 通常区分为办公室通信网络和工厂通信网络。其区别有两点，一是网络物理结构不同；二是提供的用户服务不同。但也有共同点，例如文件传输。以前，办公室通信要求主要采用由美国波音（Boeing）公司发起制定的 TOP（Technical Office Protocal）协议；工厂通信则是由美国通用汽车（GM）公司创立的制造自动化协议 MAP 起决定性作用。由 LAN 连接的分支网络在计算机集成制造 CIM 中处于重要地位。

LAN 覆盖的地域范围由十余米到几十公里，可以使用多种通信介质，自己铺设专线，使用相对便宜的信道驱动设备，数据传输速率达到 20MB/s。局域网的网络拓扑结构主要有星形、环形、树形和总线型（见图 3-48）。网络拓扑结构是网络中设备和通信线路的物理布局。拓扑结构对运行安全性、工作能力，尤其是自动化加工设备的经济性有重要影响。

（1）星形 星形结构是常规的以主站为中心的通信结构，是最老的也是最简单的网络结构形式（例如电话网中的分机）。其特点是由主站集中控制进行信息交换，多个接收者与一个发送者连接，并同时与发送者通信。星形网络的可扩展性受主站计算机能力限制，缺点

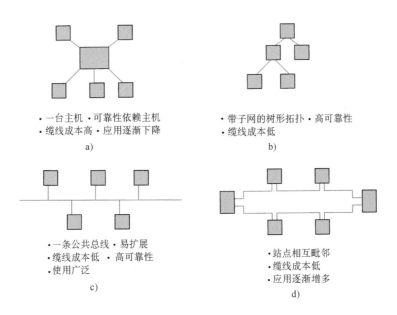

图 3-48　网络拓扑结构图
a）星形　b）树形　c）总线型　d）环形

是连接费用高，可靠性总体上依赖于主站计算机。

（2）环形　环形结构在办公室通信中有重要意义。每个站点在环形回路中总是有 2 个相邻站点，因而连接线路费用和协议费用比星形结构低。缺点是抗干扰能力不仅与网络设备有关，而且与线路区段有关。使用一定冗余的连接线路可使整体故障率降低到最低限度。

（3）总线型　网络中的所有站点都挂接在主干线上，不能有分支线路。连接线路同环形网络一样短，但可靠性比环形网络好，单个设备的故障对整个网络的影响小。总线型网络易扩展，现已得到广泛应用。

常用的局域网络标准有 MAP/TOP 网和以太网。

（1）MAP/TOP　MAP/TOP 协议最初是分别为工厂通信和办公室通信而创建的，后来各自在版本更新的过程中紧密合作，制定出的 MAP3.0 和 TOP3.0 除在物理层和应用层外，中间各层几乎完全相同，如图 3-49 所示。

MAP3.0 是在 OSI 7 层互联参考模型的基础上经选取、裁剪而获得的三类 MAP，分别称为全集型 MAP，最小集型 MAP（Mini MAP）和增强型 MAP/EPA（Enhanced Performance Architecture）。低层次应用可选用最小集型 MAP，它只能配置物理层、链路层和应用层；高层次应用可选用配置完整的带 7 层协议的全集型 MAP；增强型 MAP 除了配置有全部 6 层功能外，还附加了最小集型的功能，可作为 MAP 主干网和 Mini MAP 子网之间的网桥。

在应用层，MAP 和 TOP 包含的应用服务单元不同，但 FTMA、DS 和 ACSE 是共有的。链路层分为 LLC 和 MAC 两个子层，由于 MAP 和 TOP 对数据传输的实时性和可靠性要求不同，MAP 采用令牌总线或 CSMA/CD 信道控制方式，TOP 采用 CSMA/CD 或令牌环网或公用网络。在物理层，MAP 通信介质采用同轴电缆，传输速率 5～10MB/s，TOP 通信介质采用同轴电缆或双绞线，采用双绞线时，传输速率为 4MB/s。

MAP3.0 各层协议都有相应的应用标准规范，其技术内容如表 3-4 所示。

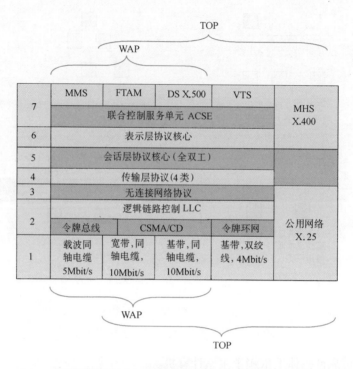

图 3-49 MAP3.0/TOP3.0 协议层结构

注：ACSE——Association Control Service Element

　　CSMA/CD——Carrier Sense Multiple Access With Collision Detection

　　DS——Directory Service

　　FTAM——File Transfer Access and Management

　　LLC——Logical Link Control

　　MHS——Message Handling System

　　MMS——Manufacturing Message Specification

　　X. 500，X. 400，X. 25——CCIT 标准号

表 3-4　MAP3.0 各层协议与应用标准

OSI 层	协　议	应 用 标 准
7	MHS	ISO 9506
	FTAM	ISO 8571
	ACSE	ISO 8649，ISO 8650
6	表示层协议核心	ISO 8822，ISO 8823
5	会话层协议核心	ISO 8326，ISO 88327
4	传输层协议（4 类）	ISO 8072，ISO 8073
3	无连接网络协议	ISO 8348，ISO 8473
2	LLC	ISO 8802/2（IEEE802. 2）
	令牌总线 MAC	ISO 8802/4
1	带宽 10MB/s	ISO　8802/4（IEEE802. 4）
	载波频带 5MB/s	

（2）以太网　以太网是目前应用较广的局域网，TCP/IP（Transmission Control Protocol/Internet Prtocol）是以太网的中层协议。TCP/IP 在 OSI 7 层参考模型之前制定，它的层协议与 7 层参考模型不完全一致，图 3-50 描述了 TCP/IP 的层次结构与 OSI 7 层结构的大致对应关系。

7			NFS	
6	TELNET	FTP	XDR	
5			RPC	
4	TCP		UDP	
3	IP			
2	专用网络如	公用网络	以太网	令牌环网
1	ARPANET	X.25		

图 3-50　TCP/IP 协议层结构

注：FTP——File Transfer Protocol　　NFS——Network File System

XDR——External Data Representation

RPC——Remote Procedure Call　　UDP——User Datagram Protocol

以太网传输介质采用同轴电缆，数据传输速率 10～100MB/s，高速以太网可达 1000MB/s，信道控制采用 CSMA/CD 方式。

复习思考题

3-1　试对柔性制造系统 FMS 与刚性自动线的组成、加工柔性和生产效率进行比较。

3-2　对 FMS 系统中的数控机床、加工中心和车削中心有哪些要求？

3-3　试说明自动导向小车 AGV 的工作原理、调度与控制方法。

3-4　机器人在 FMS 系统中适合于做哪些工作？

3-5　托盘交换装置起什么作用？

3-6　自动化立体仓库有哪些优点？堆垛起重机是如何识别工件的？

3-7　FMS 系统中刀具流由哪些部分组成？如何自动识别刀具？

3-8　坐标测量机有哪些结构特点？

3-9　常用的刀具磨损、破损检测方法有哪些？如何自动识别刀具？

3-10　AMS 生产环境及安全监测内容有哪些？是如何实现的？

3-11　为了保证清洗站将工件清洗干净，应该注意哪些问题？

3-12　自动去毛刺有哪些方法？并说明其工作原理。

3-13　常用的机械式切屑输送机有哪几种？各有什么特点？

3-14　如何将切屑从切削液中分离出去？

3-15　可编程序控制器 PLC 有哪些特点？并举例说明 PLC 在 AMS 中的应用。

3-16　AMS 中的 CNC 应具有哪些特殊功能？

3-17　试说明 DNC 与 AMS 的区别。

3-18　试说明 AMS 多层计算机控制系统的结构。

3-19　自动化制造系统检测与监控系统的作用是什么？

3-20　各种工件尺寸精度检测技术及装置的检测原理各有什么特点？

第四章

自动化制造系统的总体设计

第三章针对自动化制造系统的组成及其典型设备作了比较详细的介绍。本章讨论自动化制造系统的总体设计问题。总体设计的目的是在所确定的自动化制造系统的总目标下，从全局出发，对各组成部分之间的联系及其规律加以分析，进行零件族的选择与工艺分析、设备选型与总体布局设计、明确各子系统的性能及技术指标、各机械接口和软件接口的设计等，以保证各部分之间的有机协调，使所建成的系统具有最大的设备利用率、尽可能高的生产率、良好的系统柔性及经济性，能较好地满足用户对系统的要求。

第一节　系统的可行性论证

一、可行性论证的意义

可行性论证是用户建造自动化制造系统前所进行的技术性和经济性分析，是企业决策层审定和批准立项的基本依据。因此，系统可行性论证是否合理和科学，对自动化制造系统工程项目是否立项具有决定性作用，同时也对自动化制造系统项目的成败具有关键性的影响。可行性论证要客观、真实地反映企业对实施自动化制造系统的需求，论证的结论必须是可行的。

在进行自动化制造系统的可行性论证时，要对企业的现状和未来的发展进行全面、详细的调查研究，对各种不同解决方案进行对比分析，最终形成可行性论证报告供企业领导作为决策时的重要依据。现阶段，由于企业的状况及其内、外部环境十分复杂且不断变化，所以国内外对投资风险大的工程项目，可行性论证工作周期都较长，费用也较高，可达总投资的1%左右。

二、必要性分析

可行性论证要解决两个方面的问题，一是项目实施的必要性，它说明项目对企业的发展是必要的；另一方面是项目的可行性，它说明在现有的条件下或经过一定的努力，项目是可能实现的。本小节主要介绍项目实施的必要性，项目的可行性将在后面详细介绍。

因为自动化制造系统的建设需要较大的投资和较长的周期，系统的投资回收期也较长，因此，要确定项目的投资必须有充分的理由，而不是单纯追求形象工程或所谓的高技术应用。一般来说，建立自动化制造系统项目的必要性大致有以下两种情况：

（1）现实的必要性　即企业当前状况的需要。比如当前的生产能力不能满足市场对产品的需求，必须建立新的制造系统以适应市场需求；现有生产系统不能保证产品质量或质量不稳定；现有生产条件对工人劳动技能要求过高或工人劳动条件极差甚至可能对人体造成伤害等。这些情况的必要性比较容易分析，结论也容易得到。

（2）预见的必要性　即对将来企业发展预期的一种需要。企业的发展及技术的进步，使企业预见到生产手段必须更新，以提高企业的生产能力、产品质量和制造系统的柔性，以满足未来的市场需求，否则将不利于企业发展。这种必要性应当说也是合理的，但有两点必须注意，一是企业领导是否确有此预见性及决心，二是这种预见性是否正确。必须认真进行研究。

三、建立自动化制造系统的目标

建立自动化制造系统应考虑的因素有：

1）自动化制造系统所加工的产品及零件的品种覆盖率。

2）自动化制造系统的规模和年生产能力。

3）自动化程度及水平。

总目标可行性论证应有如下4方面的要求：

（1）有明确的定量目标　指应对待加工零件种类、批量、年生产纲领和零件工艺特点等进行详细的分析，能据此对所要求的自动化制造系统进行规划和设计。

（2）要明确责任和活动范围　不仅要明确自动化制造系统建立在哪个部门、由谁负责使用，而且还要确保从规划、设计、论证、审批采购、安装调试直到验收使用，以及技术维修保障等方面都有明确的职责范围，还应明确各项活动及有关部门间的界面。

（3）能提出约束条件　例如投资条件，一要明确是一次性投资，还是分期付款；二要明确资金回收周期；三要明确自动化制造系统的建造是分阶段实施，还是一次性实施。要分析工厂技术和资金的可承受性，还有软、硬件设备的供应情况与厂内需求情况能否协调，明确自动化制造系统可行的建造周期。

（4）是客观的需要　虽然在需求论证中已明确提出了自动化制造系统技术的定性要求，但从可行性论证来看，它要考虑到企业产品市场需求的迫切性，加上投资的约束条件，很可能应首先购买技术水平和使用均简单的加工中心或加工单元，以满足市场和效益的需求，最后再建成更高级别的自动化制造系统。

此外，在分析采用自动化制造系统的必要性及建立自动化制造系统的目标时，还必须全面正确地理解自动化制造系统的含义，自动化制造系统不是单纯地以机械动作代替人力（体力与脑力）操作，自动地完成特定作业的系统，而是市场竞争中赢得胜利的重要保障。当今的市场竞争，综合表现为TQCSE五个方面。其中：T（Time）表示交货期；Q（Quality）表示质量（包括生产线本身的质量和加工产品的质量）；C（Cost）表示成本；S（Service）表示服务；E（Environment）表示广义环境性。也就是说，谁的产品制造周期短、质量好、成本低、市场服务好、可持续发展特性好，谁就能取得竞争的主动权，赢得胜利。

由于TQCSE是相互关联的，它们构成了一个自动化制造系统的功能目标体系，因此，在制定自动化制造系统的目标时应全面加以考虑，既不要脱离实际提出过高的要求，也不能过分降低自动化制造系统的功能。

四、制定自动化制造系统的技术方案

1）根据加工对象的工艺分析，确定加工工艺方案。

2）根据年生产纲领，核算生产能力，确定加工设备品种、规格及数量配置。

3）按工艺要求、加工设备及控制系统性能特点，对国内外市场可供选择的工件输送装置的市场情况和性能价格状况进行分析，最后确定出工件输送及管理系统方案。

4）按工艺要求、加工设备及刀具更换的要求，对国内外市场可供选择的刀具更换装置的类型作综合分析，最后确定出刀具输送更换及管理系统方案。

5）按自动化制造系统目标和工艺方案的要求，确定必要的清洗、测量、切削液的回收、切屑清除及其他特殊处理设备的配置。

6）根据自动化制造系统目标和系统功能需求，结合计算机市场可供选择的机型及其性能、价格状况，以及本企业已有资源及基础条件等因素，综合分析确定系统控制结构及配置方案。

7）根据自动化制造系统的规模和企业生产管理基础水平及发展目标，综合分析确定出数据管理系统方案。

8）根据控制系统结构型式和自动化制造系统的规模及企业技术发展目标，综合分析确定通信网络方案。

在确定自动化制造系统的技术方案时，需要注意以下几个问题：

1. 必须坚持走适合我国国情的自动化制造系统发展道路

在规划和实施自动化制造系统过程中，必须针对我国的实际情况，绝不能生搬硬套国外的模式。

就我国制造业的整体水平来看，与工业发达国家尚有较大差距，主要表现在：

（1）自动化程度低　工业发达国家已普及制造自动化技术，并朝着以计算机控制的柔性化、集成化、智能化为特征的更高层次自动化阶段发展，而我国制造企业的自动化水平相对较低。

（2）企业管理方式落后　一些工业发达国家已十分普遍地应用了企业资源计划（Enterprise Resources Planning，ERP）、准时生产（Just-In-Time，JIT）等现代管理技术和系统，进入了广泛应用计算机辅助生产管理的阶段。同时，各种新的生产模式，组织与管理方式不断涌现，出现了诸如并行工程、精益生产、敏捷制造等新模式。而我国大多数企业尚未建立起现代科学管理体系，全面实施计算机辅助生产管理的企业更少。在这种管理现状下，采用自动化制造系统常会遇到基础数据标准化程度低、数据残缺不全等问题。

（3）员工素质急需提高　一些企业的员工，甚至高层管理人员在普及现代高科技和管理技术时思想观念还较陈旧。

因此，规划自动化制造系统时，必须扬长避短，采用适合国情的发展策略和措施。

2. 始终坚持需求驱动、效益驱动的原则

只有真正解决企业的"瓶颈"问题，使企业收到实效，自动化制造才会有生命力。

3. 加强关键技术的攻关和突破

在自动化制造系统实施过程中必然会遇到许多技术问题，在这种情况下，要集中优势兵力突破关键技术，才能使系统获得成功。

4. 重视管理

一是重视管理体制对自动化制造系统实施的影响；二是加强对实施自动化制造系统工程本身的管理。只有二者兼顾，自动化制造系统的实施才能成功。

5. 注重系统集成效益

如果企业还要发展应用 CIMS，那么自动化制造系统只是 CIMS 中的一个子系统，除了自动化制造系统本身效益优化外，CIMS 的总体效益最优才是最终目标。

6. 注重教育与人才培养

采用自动化制造系统技术要有雄厚的人力资源作为保障，因此，只有重视教育，加强对工程技术人员及管理人才的培养，才能使自动化制造系统充分发挥应有的作用。

在可行性论证阶段，提出的方案可以多于一个，在初步设计阶段征求专家意见之后，再确定一个最佳方案。

五、投资概算

按上述技术方案，分别就各种设备、计算机系统、软件配置、软硬件设备开发/制造、土建及培训费用等进行分类概算。

投资可行性论证是自动化制造系统总体方案及其实施的重要约束条件。企业投资能力有限，可以根据投资能力制订方案，否则便可按需求进行规划设计，并要求企业筹资兴建。两种做法会有不同的目标方案，不同的执行方法，结果也不尽相同。

自动化制造系统投资一般来源于企业自筹资金、技术改造费或贷款。资金来源的可靠性、投资方式、回收期以及还贷能力均需详细论证。

投资分析不仅包括自动化制造系统加工设备的投资，还应有辅助工程投资，如刀具、托盘、工装、配套件、车间级支持软件环境、规划设计及验收等费用，均需落实。

投资论证的费用一般控制在总投资的10%左右，并且要阐明专项费用的使用管理制度，以保证资金的有效使用。

六、效益分析

主要的效益预计指标包括：

1）缩短零件制造周期。

2）降低废品率。

3）减少工装费用。

4）减少试切以及其他方面可能节省的工时费用。

5）提高加工设备的利用率。

6）因减少在制品和库存而节省的费用。

7）提高人均劳动生产率。

8）提高产值及利润。

我国制造业正处在制造技术更新换代的时期，如何使有限的资金投入产生良好的效果，是关系到企业发展的大事。在制定技改计划，特别是采用投资风险较大的自动化制造系统技术时，都应作好经济效益分析，以防止决策失误，造成难以预料的后果。

对自动化制造系统进行效益分析时，给出精确的经济评价尚有一定的困难。因为它包含着可量化和不可量化两个部分的效益。不可量化的效益，即人们常说的社会效益或企业的战略效益，是常常被人们忽略的部分。

由于自动化制造系统的技术规划、设计、开发研究和设备的投资是很大的，使投资风险加大，因而会造成企业持久地进行讨论和决策。虽然人们正在进行将非量化效益转化为可量化效益方面的研究，但目前尚无有效的处理方式。即使是可量化的部分，测定准确有效的数据也有一定的困难。我国企业一般对数据统计的准确性认识不足，其数据统计常缺乏科学性和先进性，可信度差，会造成做出的效益分析缺乏说服力。所以在效益分析时，要做好调查研究工作，对数据采集要做细。

传统的单台设备或单套系统（如大量生产的刚性生产线）的经济核算方法，已不适用于自动化制造系统等现代制造系统的评价和决策。目前比较可行的分析方法是对比分析法。即按同样的生产目标，采用常规生产、数控加工和自动化制造系统工作方式进行多种方案分析比较。使所设计的方案能为实现企业的经济和战略目标服务。自动化制造系统通常用资金时效分析方法，以净现值或以资金的内部回收率等作为分析决策的理论根据。这部分内容详见第八章。

七、系统实施计划

根据企业生产经营状况，资金筹集的可能性，承制单位的情况等，规划自动化制造系统项目实施的各工作阶段。

八、可行性分析

一个项目是必要的，但并不一定就是能够实现的，或者能够实现但付出代价太高也是不合算的。所以在确定了项目的必要性之后，必须进行可行性分析研究。实施自动化制造系统的可行性主要从三个方面进行分析：

1. 经济可行性

企业进行任何投资首先必须从经济效益出发，没有经济效益就不应该盲目"上马"。经济可行性分析主要包括：

（1）产品市场分析　如产品（主要指利用自动化制造系统生产的产品）的市场需求分析、产品寿命及更新换代分析、竞争对手及产品的市场占有率分析等。

（2）项目投资分析　如果需要建立自动化制造系统，则必须明确项目所需要投入的资金。项目投资包括系统设计、开发、实施等方面的费用，在项目实施之前这些投资是否已落实，后续资金的来源是否有保障等都应仔细分析。

（3）运行及维持费用分析　自动化制造系统建成后，在生产运行阶段还会产生较多的费用，如系统的折旧、系统的维修、易损件的更换以及刀具、切削液之类消耗材料的购买等。

（4）投资效益分析　在进行上述经济分析的基础上，还应分析建立新的自动化制造系统之后是否能通过增加产量、缩短交货期或降低成本等方式提高利润率，在产品生命周期内是否能够尽快地收回投资。

这部分内容参见本书第八章。

2. 技术可行性

技术可行性分析主要从技术上论证所要建立的自动化制造系统是可能实现的，技术可行性分析主要包括：

（1）加工对象和成组技术分析　拟建立的自动化制造系统加工对象是否是产品制造过程中的关键零部件；系统建成后的生产能力是否能够满足当前和将来对这些零部件加工的需求；按成组技术原则选择的加工对象组合是否合适等。

（2）加工工艺和加工设备分析　所选用的加工工艺是否合理并适合自动化加工；系统内各工序的加工负荷是否平衡；选用通用的加工设备还是高效率的组合机床、专用机床，或者是柔性水平较高的 FMC、FMS；所选用的设备是否满足加工工艺及质量的要求；企业是否具备设备的使用及维护保养能力等。

（3）系统的柔性和扩充能力分析　系统是否能够适应市场变化和技术进步对产品更新换代所引起的变化；系统是否具有开放性，能够较为方便地扩充以提高其生产能力和适应性。

（4）物流线路及平面布局分析　零件加工过程中在制品、毛坯及制成品的流动线路是否畅通，是否存在过多的往复流动；物料运送的手段是采用自动化装置、机械输送装置还是人工运送，各种方式的比较分析；系统的布局是单层还是多层、是直线布置、环状布置还是其他布置方式的对比等。

（5）系统控制与生产管理系统分析　系统是采用集中控制还是分布控制方式；是采用以计算机为主的控制方式还是其他控制方式；不同零件是以混流的方式加工还是以单品种或少品种的轮番生产方式；生产调度和控制的管理模式等。

（6）系统的集成性分析　自动化制造系统是否需要或是否能够与企业其他自动化系统集成，如前工序或后工序自动化系统的集成、生产管理系统和技术信息系统的集成；即使目前不需要集成，但将来一旦需要是否能够方便地实现集成。

（7）其他　如加工过程中切屑、切削液和润滑液的处理是否合理；系统的安全与可靠性分析；系统操作是否方便，是否对操作人员有特殊要求；系统是否便于维护、保养，其易损件是否易于得到、价格较低等。

3. 运行可行性

运行可行性分析主要针对企业环境和系统对社会与人的关系等进行分析，主要包括：

（1）企业外部环境分析　包括对国家政策、法律的分析；对竞争对手的分析；系统建成后对客户的影响等。

（2）企业内部环境的分析　如企业领导和员工对新建自动化制造系统的认识与态度；企业目前的技术水平和将来对人员技能的需求；新系统建成后对富余人员的处理等。

（3）可能利用的社会技术资源分析　对具有一定技术能力，可能参与项目建设的单位与部门的分析。

（4）新建系统的社会影响分析　新系统的建设对企业形象的提升，对企业参与市场竞争能力的提高，对竞争对手形成的压力等因素的分析。

（5）其他　如分析新系统建立后对环境污染的改善、对企业管理体制和员工素质的提高等。

九、可行性论证报告

可行性论证经过上述分析之后，最终应以书面报告的形式提交论证结论，作为企业领导决策参考和将来进一步开发的依据。系统可行性论证报告一般应包括企业现状和运行环境分析、建立系统的基本目标、系统的初步逻辑模型、系统的初步技术方案、系统投资估算及对人力与物力的需求分析、建立自动化制造系统的必要性与可行性论述、系统建立的风险因素等，最后要给出明确的结论与建议。

可行性论证的结论一般有三种可能的结果：应该而且可以建立新的自动化制造系统；在现有制造系统的基础上进行改进和扩充，提高其生产能力、自动化水平和柔性；暂时不必要或技术、经济条件还不支持新自动化制造系统的建立，应放弃或暂缓。

第二节 系统分析及系统类型的选择

自动化制造系统的类型很多，系统规模和复杂程度差别很大，不同类型的系统有不同的适应性，在实施项目之初，要仔细分析、对比，找出最合适的方案。

一、系统分析

系统分析是开发自动化制造系统的一个重要阶段，是建立系统模型的第一步。系统分析是运用系统的观点和方法，对自动化制造系统建设进行全面的分析，提出对新建自动化制造系统的功能和性能需求。系统分析可以分为目标分析与产品和零件分析两部分。

目标分析是系统分析首先要进行的工作，包括对企业的发展目标和拟建立的自动化制造系统要达到的目标进行分析。企业发展目标是企业一切经济活动的纲领，对自动化制造系统的建设也不例外，特别是企业对经营方向、产品开发、市场竞争和产值、产量的目标对新建自动化制造系统有决定性的影响，自动化制造系统必须服从企业目标。新建自动化制造系统的目标分析应包括新系统的加工对象、加工质量、系统规模、系统柔性和系统可靠性等应达到的目标（见第一章第五节）。

产品和零件分析是系统分析的另一项重要内容，是新建自动化制造系统在设计、选型、设备购置和投资估算时的重要依据。产品和零件的制造类型是确定自动化制造系统类型的关键因素之一，一般来说，产品品种数越少、批量越大，系统的生产率要求就越高、柔性要求较低；反之，则要求系统的柔性较高，生产率相对较低。零件的形状和工艺特征对加工设备的选择、物流系统的设计和系统平面布局都有很大的影响。

通过对企业和系统的目标、产品和零件的制造类型以及零件的工艺特征进行分析后，应提出对新建自动化制造系统的功能和性能需求。要提出新建系统应能完成哪些零件的哪些工序的加工任务、零件制造周期或单位时间产量的大小、加工质量如何、加工自动化程度和物流自动化程度等的要求。

二、自动化制造系统的类型选择

在第一章和第三章中，对各种类型自动化制造系统的功能特点及应用范围作了介绍，在进行系统设计时，用户可根据具体情况进行选择。

无论哪种自动化制造系统都具有比较复杂的结构，且随着系统自动化程度及制造柔性的增加，其技术的复杂程度也随之增加，相应地对操作和维护人员素质的要求也提高了，同时一次性投资增大。因此，如果选型不当，将会导致项目的失败。

选择自动化制造系统时，切莫一味追求系统的高自动化和高柔性，适度的人工参与是应考虑的重要因素之一。如果采用自动化单机就能满足要求时则不必选用自动线。如必须选用更复杂的自动化制造系统，也应认真仔细地分析产品、产量和零件工艺等，在刚性自动线、组合机床自动线、半自动化流水线、分布式数控（DNC）系统、柔性制造单元、柔性制造系统或刚柔结合的柔性生产线等不同制造系统中选用合适的解决方案。一般来说，选择时应大致遵循以下原则：

1. 根据生产批量及生产方式选择

当生产批量很大、产品品种数很少，且处于发展期时，宜采用自动化程度较高的、以专用自动化机床或组合机床为主的刚性自动线，它能够保证高生产率和较低的制造成本。相反，如果是要求多品种、中小批量、按合同生产时，宜采用自动化程度较高并具有一定柔性的自动化制造系统，如 DNC 系统、柔性制造单元或柔性制造系统。

2. 根据零件的形状结构选择

零件形状不十分复杂、结构变化不大时，宜选择刚性较大的自动化制造系统；形状复杂、结构变化大、加工工序多时，宜选择柔性程度较高的自动化制造系统。

由于柔性制造系统具有加工效率高、加工质量好且稳定、对产品市场变化适应能力强的优点，因此，当加工形状复杂、年产量较大、品种单一的零件时，也可以作为选择的对象。

3. 根据企业资金情况选择

企业资金雄厚、投资大时；可选用自动化程度较高的制造系统；反之，应可适当降低系统的自动化及柔性程度，可选用 DNC 或柔性制造单元等，也可以部分降低自动化程度，如降低物料输送的自动化。但是，无论选择何种形式的自动化制造系统，经济性分析都是必要的。

4. 根据企业的现状及发展规划选择

如果企业目前经济效益高、产品市场前景好，又具有较好的技术基础条件，且有应用 CIMS 的规划，选择自动化和柔性程度较高的自动化制造系统是合适的，既可以实现物流集成，也便于信息流集成。

5. 根据自动化制造系统的目标选择

通过系统可行性论证和系统分析，确定了建造自动化制造系统的总体目标，即可根据产品品种、数量、年生产能力、市场覆盖率等，结合国情确定自动化制造系统的自动化程度。

系统选型时，向研究、设计、制造自动化方面的专家咨询是非常重要的，可以提高企业领导决策的正确性。

一旦选型完成后即可开展总体设计工作。总体设计是经可行性论证及选型之后开展的具体设计工作。

第三节　总体设计的内容及步骤

自动化制造系统往往是个复杂的大系统，它包括许多相互关联的组成部分，如多级计算机控制系统、自动化物料运贮系统、检测监视系统、加工中心及其他工作站等。图 4-1 所示是某种类型自动化制造系统各子系统之间的逻辑关系。因为各个子系统本身就是一个较复杂的系统，子系统之间必须有严格的逻辑关系，倘若设计不当，它们就不能很好地连接，也不能实现系统的有机集成，大系统建成后就不能正常运行。因此，规划自动化制造系统时必须做好总体设计工作。

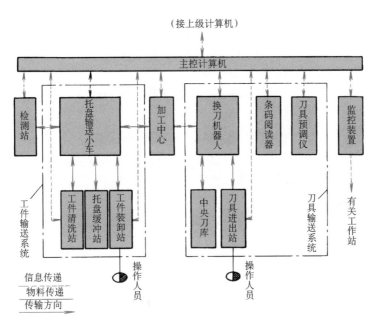

图 4-1　自动化制造系统各子系统逻辑关系

一、总体设计内容

自动化制造系统的总体设计涉及面很广，主要包括以下内容：

1）确定加工对象的类型及范围，这项工作常称为零件族选择。

2）对所确定的加工对象进行工艺分析，制订加工方案，包括工序划分、加工顺序确定、装夹原则及方式选择、刀具种类及数量确定、工时定额计算等。

3）建立系统的功能模型和信息模型。功能模型用来描述系统的整体功能和分功能，在建立功能模型时，应充分考虑人机功能的最佳分配（具体内容参见第二章）；信息模型的功能是描述和分析系统的信息需求，为建立数据库做准备。

4）确定设备类型及配置，进行系统总体平面布局设计。

5）确定物流系统方案、控制系统方案、质量控制及监控方案。

6）计算机通信网络及数据库管理系统设计。

7）辅助装置的确定，如托盘及托盘缓冲站、中央刀库及刀具进出站、工件装卸站、清洗机、排屑装置、切削液回收装置、自动仓库等。

8）对系统配置及运行方案进行计算机仿真以确定最佳方案。

9）对系统进行可靠性分析。

10）对系统进行风险分析和经济效益评估等。

需要说明的是，总体设计通常应与各子系统设计交叉进行，两者是很难截然分开的。

二、总体设计的步骤

在进行自动化制造系统的总体设计时，一般采用图 4-2 所示的设计步骤：

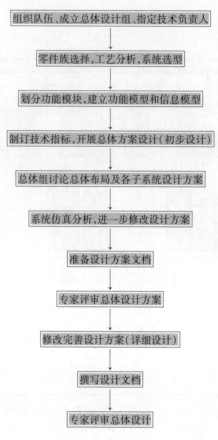

图 4-2　总体设计步骤

1）组织队伍，明确分工。用户应选择专业配套、熟悉业务、工作责任心强的精干班子组成总体组，并指定技术总负责人。如果自动化制造系统是用户委托供应商设计制造，则需求分析、可行性论证、系统验收及运行应以用户为主，供应商为辅；总体设计、系统制造、安装与调试应以供应商为主，用户积极配合。

2）选择加工零件类型和范围，进行工艺分析、制定工艺方案，确定设备选型，详见本章第四节。

3）按功能划分设计模块，初步制定技术指标和各自的接口，同时进行概要设计和初步设计。

4）总体方案初步设计，包括总体布局和各子系统的初步设计，详见本章第五节。

5）总体组讨论初步形成的总体布局及各子系统的初步设计方案。

6）根据初步形成的零件族、工艺、生产率、混流生产同时加工的零件族类及数量、总体布局、物料储运方案等进行系统的仿真分析，确定刀库容量、托盘缓冲站数量及工件运输小车与换刀机器人利用率等参数。

7）组织专家评审总体设计方案。

8）文档撰写，最终形成以下文档：

①总体设计的总技术报告；②总体布局图；③零件族确定及工艺分析说明书；④工艺设计文件及图册；⑤机床设备选型报告；⑥系统仿真分析报告；⑦机械系统及接口设计说明书

及图册；⑧电气接口设计说明书及图册；⑨网络通信及数据库设计说明书及图册；⑩运行控制软件及其他软件接口设计说明书；⑪质量控制方案说明；⑫检测监视系统方案和接口设计说明书；⑬系统安装、调试、验收与运行维护设计说明书；⑭系统运行可靠性分析报告；⑮系统运行效益评估说明书等。

第四节　零件族的确定及工艺分析

一、成组技术的概念

　　成组技术（Group Technology，GT）是将企业生产的多种产品、部件和零件按照特定的相似性准则分类归族，并在分类的基础上组织产品生产的各个环节，从而实现产品设计、制造工艺和生产管理的合理化。成组技术是通过对零件之间客观存在的相似性进行识别，按相似性准则将零件分类归族来达到节省人力、时间和费用的目的。

　　机械产品及其零部件千变万化，但仔细分析可以发现，它们之间存在着大量的相似性，对这些相似性的研究和应用是成组技术的基本内容。所谓零件的相似性，主要有作用相似和结构相似两个方面，每一方面又可以细分为若干更具体的内容。在机械制造企业中，最根本的是产品及部件的用途、性能、规格相似，在此基础上构成零件在几何形状、功能要素、尺寸、精度、材料等方面的相似性。并由这些基本相似性导致制造这些零件和将它们装配成产品出售的整个生产、经营和管理等各方面的相似性，这些相似性称为派生相似性或二次相似性，其中包括使用设备、定位安装、工量具、毛坯制造、加工方法、数控软件、材料处理以及这些零件的工时、成本、材料供应、仓库管理和生产管理等。图4-3表示成组技术与制造相似性的关系，其中，分类编码系统是识别相似性的技术手段。图4-4表示相似的零件族和主样件。主样件的工艺过程可代表这一族内其余零件的全部加工要求，它可以是实际存在的，也可以是人为构思虚拟拟定的。

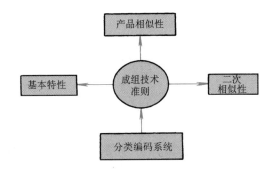

图4-3　成组技术与机械制造相似性的关系

　　在图4-4中，A为主样件，其余为由主样件的部分表面构成的零件；1~8为各类不同表面的编号。

　　由于同一族零件可以采用相同或相似的加工方法来获得，使得设备在一次调整下即可完成零件族中同一批零件的加工（对结构简单的零件族，在设备一次调整下可完成所有零件

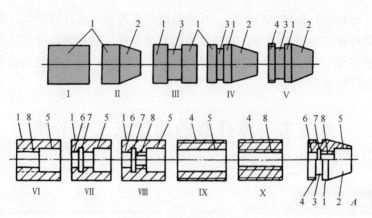

图4-4　零件组和主样件

的加工），显著地提高了生产效率。因此，基于成组技术的制造模式与计算机控制技术的结合，为多品种、小批量的自动化制造开辟了广阔的前景。因此，成组技术被称为现代制造系统的基础。

在自动化制造系统中采用成组技术的作用和效益主要体现在以下几个方面：

1）利用零件之间的相似性分类归族，从而扩大了生产批量，可以以少品种、大批量生产的生产率和经济效益实现多品种、中小批量的自动化生产。

2）在产品设计领域，提高了产品的继承性和标准化、系列化、通用化程度，大大减少了不必要的多样化和重复性劳动，缩短了产品的设计研制周期。

3）在工艺准备领域，由于成组可调工艺装备（包括刀具、夹具和量具）的应用，大大减少了专用工艺装备的数量，相应地减少了生产准备时间和费用，也减少了由于工件类型改变而引起的重新调整时间，不仅降低了生产成本，也缩短了生产周期。

成组技术也可用于自动化制造系统的调度与管理，例如，按照成组技术原理制订生产计划，平衡机床设备的负荷，规划机床设备的布局等。

二、零件族确定及工艺分析的目的

在对自动化制造系统进行总体设计时，针对的是一大批形状各异的零件。但是否所有零件都适合采用自动化制造系统加工呢？一般来说是不大可能的。因为任何一条自动化制造系统都不是柔性度无限的生产系统，它总有一定的加工范围，因此便存在对进线零件的选择问题，即零件族的确定。所谓零件族，即是根据成组技术原理，从零件的结构与工艺相似性出发，对生产系统中的各类零件进行统计分析，从中选出适合采用自动化制造系统加工的一组零件。零件族的选择与工艺分析做得恰当与否，关系到今后实际系统的建设是否满足使用要求并具有较高的运行效率。

因此，建造自动化制造系统的第一步工作就是进行零件族的选择与工艺分析，并根据选择的零件族和工艺分析结果确定下列内容：

1）自动化制造系统需覆盖的加工范围和加工能力。

2）自动化制造系统的类型和规模。

3）机床及其他设备的类型和所需的主要附件。

4）夹具种类和数量。

5）刀具种类和数量。

6）托盘及缓冲站的数量。

7）所需投资的初步估算等。

根据以上内容，可对可行性论证中有关自动化制造系统目标和技术的方案进行补充、修正与完善。

三、影响零件族确定的因素

要从工厂的大量零件中选出适合于自动化制造系统加工的零件族不是一件容易的事，它的影响因素很多，其中最主要的影响因素是：

（1）零件类型　零件类型不同，其加工用的机床及其相应设施也不一样。一般来说，加工箱体类和轴类等零件的自动化制造系统（如 FMS）已有近 40 年的历史，比较成熟。

（2）零件尺寸大小　由于被加工零件的尺寸大小影响到机床的规格，而每一种规格的机床都有一定的经济加工范围。因而，大尺寸零件应采用大机床。小零件通常加工余量小，采用大机床会造成经济性差，且精度可能达不到要求。大零件常需要考虑专用的运输设备，因为无论从体积或是从重量来看，一般的物料运输系统均满足不了要求。而且，随着加工尺寸的增大，所用设备费用也增加。

（3）加工精度　进入自动化制造系统加工的零件应有一定的精度限制，精度太低不经济，精度太高，对加工效率和成本影响很大。一般认为，自动化制造系统加工 IT7 级左右精度的零件最为经济。

（4）材料硬度　材料硬度太高，刀具磨损加快；硬度太低，会产生粘刀现象，断屑困难。因此，材料和切削性能将影响到自动化制造系统的生产效率。

（5）装夹次数　一个零件多次装夹，相当于多个不同的进线零件，造成零件频繁进出系统，影响加工效率和增加调度难度。如果一个零件必须装夹两次以上，可认为不宜进入自动化制造系统加工，或者降低系统的自动化程度，增加人工干预，增加普通机床的数量等。

（6）生产批量　自动化制造系统的类型不同，适应的零件批量也不一样，一般品种少、批量大、生产较稳定的零件适用于柔性较低、生产率高的刚性自动化制造系统。生产率稍低、柔性较高的自动化制造系统（如 FMS）最适于多品种、中小批量或生产不稳定的零件制造。对于根据市场订货，按合同生产的单件生产，一般不宜采用规模较大的自动线生产形式，更多地采用单机自动化或成组制造单元。只有如此，才更能体现出系统加工的经济性。但目前有研究表明，即使对于批量较大或批量很小的生产环境，也可以采用自动化程度和柔性程度均较高的制造系统。

具体确定零件族时，应根据工厂的实际情况综合以上因素加以考虑。

四、零件选择方法

对于单品种或少品种且生产批量很大的产品或零件，当其市场寿命较长时，可考虑采用刚性自动线加工。因刚性自动线加工零件品种单一或很少，零件的选择就比较简单。对于多品种、中小批量加工的柔性自动化制造系统，加工零件的选择是一项很重要也很复杂的工作，零件选择是否合理对系统的组成和运行效果都有很大的影响。对于后一种情况，进线零件的选择通常有人工选择和计算机自动选择两种方法。

（1）人工选择法　由经验丰富的工艺人员根据图样和工艺路线来选择。这种方法较简单，能充分发挥人的作用。其缺点是要耗去大量人力和时间，且易造成人为失误，甚至导致错误的选择。

（2）计算机自动选择法　是按成组技术的原理，以计算机为工具，建立数学模型和相应的算法，自动从众多的零件中挑选合适的候选零件，最终由人机结合确定进入自动化制造系统加工的零件族。本节主要介绍计算机自动选择法。

如用户已将零件按成组技术进行了分类编码，并考虑了前述影响因素，可按以下推荐方法利用计算机进行自动选择。

如将影响零件选择的有关因素作为建立数学模型的特征参数，并按表 4-1 排列。

表 4-1　零件特征参数

序　号	1	2	3	4	5	6	7
特征参数	类型	尺寸	精度	硬度	加工时间	装夹次数	批量

n 个待加工零件可以用以下特征矩阵表征：

$$A(n,7) = \begin{pmatrix} a_{11} & a_{12} & \cdots & a_{17} \\ a_{21} & a_{22} & \cdots & a_{27} \\ \vdots & \vdots & & \vdots \\ a_{n1} & a_{n2} & \cdots & a_{n7} \end{pmatrix} \tag{4-1}$$

式中　$a_{ij}(i=1, 2, \cdots, n; j=1, 2, \cdots, 7)$ 为第 i 个待加工零件的第 j 个特征参数。

不同的自动化制造系统应用对以上 7 项特征参数取值要求是不同的，可以分别规定一个取值范围。当被选待加工零件的所有 7 项特征参数介于这范围内才能上线，否则，如有 1 项或一项以上的参数超出此范围则不能上线。另一方面，所取的认可值范围又可以用自动化制造系统特征矩阵来表示

$$F(7, m) = \begin{pmatrix} f_{11} & f_{12} & \cdots & f_{1m} \\ f_{21} & f_{22} & \cdots & f_{2m} \\ \vdots & \vdots & & \vdots \\ f_{71} & f_{72} & \cdots & f_{7m} \end{pmatrix} \tag{4-2}$$

式中　$f_{ij}(i=1, 2, \cdots, 7; j=1, 2, \cdots, m)$ 为第 i 个特征参数的第 j 个取值。将取值范围分为 $(m-1)$ 个区间如下：

类型　　$(f_{11}, f_{12})\ (f_{12}, f_{13}) \cdots (f_{1(m-1)}, f_{1m})$

尺寸　　$(f_{21}, f_{22})\ (f_{22}, f_{23}) \cdots (f_{2(m-1)}, f_{2m})$

精度

硬度　　　$\vdots$　　　　$\vdots$　　　　$\vdots$　　　　　　　　(4-3)

加工时间

装夹次数

批量　　$(f_{71}, f_{72})\ (f_{72}, f_{73}) \cdots (f_{7(m-1)}, f_{7m})$

每个区间都有各自的权值，用以表征这一区间内零件加工的适应程度或优先级，权值越大越适合上线。权值集合可表示如下：

$$E(7,m-1) = \begin{pmatrix} e_{11} & e_{12} & \cdots & e_{1(m-1)} \\ e_{21} & e_{22} & \cdots & e_{2(m-1)} \\ \vdots & \vdots & & \vdots \\ e_{71} & e_{72} & \cdots & e_{7(m-1)} \end{pmatrix} \tag{4-4}$$

式中　e_{ij} 为 $(f_{ij}, f_{i(j+1)})$ 区间的权值。

对于一个特定自动化制造系统，除了给定自动化制造系统特征矩阵 $F(7,m)$ 外，还有一个因素应该考虑，即自动化制造系统对零件的 7 项特征参数的敏感程度，用钝感矩阵表示为

$$C(7,1) = (c_1 \quad c_2 \quad \cdots \quad c_7)^T \tag{4-5}$$

式中　$c_i(i=1, 2, \cdots, 7)$ 值越大，自动化制造系统对于改变第 i 个特征参数越不敏感。

为了选出适合上线的零件，可作如下数学处理：

步骤 1：根据自动化制造系统特征矩阵式（4-2）、式（4-3）和式（4-4），将零件特征矩阵式（4-1）转换成以下零件权值矩阵 P

$$P(n,7) = \begin{pmatrix} p_{11} & p_{12} & \cdots & p_{17} \\ p_{21} & p_{22} & \cdots & p_{27} \\ \vdots & \vdots & & \vdots \\ p_{n1} & p_{n2} & \cdots & p_{n7} \end{pmatrix} \tag{4-6}$$

式中　p_{ij} 具体算法如下，当第 i 个零件的第 j 个特征参数 a_{ij} 介于 $(f_{jl}, f_{j(l+1)})$ 区间时，则取

$$p_{ij} = e_{jl} \quad (1 \leqslant l \leqslant m-1)$$

值得提及的是，对某一零件 k （$1 \leqslant k \leqslant n$），如果

$$a_{kj} < f_{j1} \quad (j = 1,2,\cdots,7)$$

或

$$a_{kj} > f_{jm} \quad (j = 1,2,\cdots,7)$$

则令

$$p_{kj} = 0$$

步骤 2：如果零件权值矩阵 P 中，某一行中有 1 个或 1 个以上的元素为 0，则令这一行中的所有元素为 0。由此，得一新的零件矩阵 $D(n,7)$。

步骤 3：计算所有零件的权值如下：

$$W = \begin{pmatrix} w_1 \\ w_2 \\ \vdots \\ w_n \end{pmatrix} = \begin{pmatrix} d_{11} & d_{12} & \cdots & d_{17} \\ d_{21} & d_{22} & \cdots & d_{27} \\ \vdots & \vdots & & \vdots \\ d_{n1} & d_{n2} & \cdots & d_{n7} \end{pmatrix} \times \begin{pmatrix} c_1 \\ c_2 \\ \vdots \\ c_n \end{pmatrix} \tag{4-7}$$

并根据 $w_i(i=1, 2, \cdots, n)$ 按大小排列，即可获得上线零件的顺序。另外，如某一零件 k 的权值 w_k 为 0，则这一零件不适宜上线。

例 4-1 根据前面的数学模型，下面以 8 种被选零件为例（$n=8$），说明数学模型的应用。

假设，已知每种零件的 7 项特征参数如下：

$$A(8,7) = \begin{pmatrix} 1 & 350 & 6 & 250 & 30 & 2 & 40 \\ 2 & 200 & 4 & 290 & 10 & 3 & 10 \\ 1 & 600 & 7 & 200 & 50 & 2 & 20 \\ 1 & 15 & 7 & 300 & 4 & 4 & 30 \\ 1 & 100 & 2 & 230 & 3 & 1 & 2 \\ 1 & 400 & 5 & 200 & 60 & 4 & 25 \\ 1 & 250 & 3 & 220 & 40 & 2 & 50 \\ 3 & 450 & 7 & 180 & 100 & 3 & 25 \end{pmatrix}$$

自动化制造系统的特征矩阵（$m=4$）为

$$F(7,4) = \begin{pmatrix} 1 & 10 & 1 & 200 & 3 & 1 & 1 \\ 2 & 100 & 3 & 220 & 10 & 2 & 10 \\ 3 & 400 & 6 & 280 & 40 & 3 & 35 \\ 4 & 500 & 8 & 300 & 50 & 4 & 50 \end{pmatrix}^{\mathrm{T}}$$

由此可分（$m-1$）= 3 个区间，而且每个区间的权值为

$$E(7,3) = \begin{pmatrix} 3 & 1 & 1.5 & 1 & 1 & 3 & 1 \\ 0 & 3 & 2.5 & 2 & 3 & 2 & 2 \\ 0 & 1 & 0.5 & 1 & 2 & 1 & 3 \end{pmatrix}^{\mathrm{T}}$$

关于每个区间的权值，是根据每个特征参数值对自动化制造系统上加工零件影响程度决定的。例如：零件的尺寸太小不便于装夹，而太大又不便于运输，所以只有零件尺寸适中才最适合自动化制造系统加工，由此可取尺寸适中的权值为"3"，其余为"1"。同理，其余区间权值也是考虑到它们在特定工厂用自动化制造系统加工的合理性与经济性而确定的。这里给出的值仅仅是提供模型的算例，并设钝感矩阵为

$$C(7,1) = (1 \quad 2 \quad 1 \quad 1 \quad 1 \quad 2 \quad 1)^{\mathrm{T}}$$

则矩阵 A 经数学处理后得到权值矩阵 P 如下：

$$P(8,7) = \begin{pmatrix} 3 & 3 & 0.5 & 2 & 3 & 2 & 3 \\ 0 & 3 & 2.5 & 1 & 3 & 1 & 2 \\ 3 & 0 & 0.5 & 1 & 2 & 2 & 2 \\ 3 & 1 & 0.5 & 1 & 1 & 1 & 2 \\ 3 & 3 & 1.5 & 2 & 1 & 3 & 1 \\ 3 & 1 & 2.5 & 1 & 0 & 1 & 2 \\ 3 & 3 & 2.5 & 2 & 2 & 2 & 3 \\ 0 & 1 & 0.5 & 0 & 0 & 1 & 2 \end{pmatrix}$$

按步骤 2 可得

$$D(8,7) = \begin{pmatrix} 3 & 3 & 0.5 & 2 & 3 & 2 & 3 \\ 0 & 0 & 0 & 0 & 0 & 0 & 0 \\ 0 & 0 & 0 & 0 & 0 & 0 & 0 \\ 3 & 1 & 0.5 & 1 & 1 & 1 & 2 \\ 3 & 3 & 1.5 & 2 & 1 & 3 & 1 \\ 0 & 0 & 0 & 0 & 0 & 0 & 0 \\ 3 & 3 & 2.5 & 2 & 2 & 2 & 3 \\ 0 & 0 & 0 & 0 & 0 & 0 & 0 \end{pmatrix}$$

按步骤 3，最终得到每种被选零件的加权值为

$$W = D \times C = (21.5 \quad 0 \quad 0 \quad 11.5 \quad 20.5 \quad 0 \quad 22.5 \quad 0)^T$$

根据计算结果，可以判断零件 2、3、6、8 不能上线，其余可考虑按零件 7、1、5、4 上线顺序来选择。

采用这种方法能简单快速地找出适合自动化制造系统加工的零件。模型中列出的被加工的 7 项主要特征参数是影响自动化制造系统零件加工的主要因素，用户可以根据实际情况添加或减少某些可能对自动化制造系统上线零件加工有影响的参数。算例中将特征参数的取值范围划分为 3 个区间，每个区间的划分也可以根据实际需要进行合理修改。

五、零件工艺分析

1. 零件工艺分析的要点

零件族确定以后是否就能断定族内的所有零件都可以进入系统加工呢？答案是否定的。还必须对所有零件进行详细工艺分析。通过工艺分析进一步判断零件可否进入系统加工，并将不适于系统加工的零件予以剔除。

工艺分析的要点是：

（1）工序的集中性　在一台机床上尽可能完成较多的工序，以减少零件的装夹次数，确保零件加工精度及提高系统的运行效率。

（2）工序的选择性　零件虽被选入系统加工，但若有不适于系统加工的工序或为得到合理的定位基准，可将某些工序安排在系统外加工。

（3）成组技术原则　零件的工艺设计应考虑成组技术原则，以简化夹具设计、刀具数量、NC 程序编制等，为确保加工质量，提高系统利用率和运行效率创造条件。

（4）切削参数的合理性　切削参数可结合机床、刀具、工件材料与刚度、加工精度等综合考虑。

2. 工艺分析的基本步骤

工艺分析的基本步骤如下：

1）分析产品工艺要求，内容包括：①零件形状及结构特点；②零件轮廓尺寸范围；③零件加工精度；④材料硬度及可加工性；⑤装夹定位方式；⑥现行工艺及特点。

2）进行工序划分，原则是：①先粗加工后精加工，以保证加工精度；②在一次装夹中，尽可能切削更多的加工面；③尽可能使用较少的刀具切削较多的加工面；④尽量做到系统中各台机床负荷平衡，消除瓶颈现象。

3）选择工艺基准，原则是：①尽可能与设计基准一致（基准统一）；②零件便于装夹，

变形最小；③不影响更多的加工面；④必要时可在系统外进行预加工。

4）其他。如：安排工艺路线，拟定夹具方案、选择刀具与切削参数、拟定零件检测方案、工时计算与统计等。为检验工艺方案是否合理，还应进行工艺方案的经济性分析与运行效益评估。

零件工艺分析的具体方法可参考《机械制造工艺学》的有关内容。

第五节　总体布局和设备配置设计

自动化制造系统的类型不同，其设备配置及总体布局是不一样的。

一个典型的自动化制造系统主要有三个重要组成部分：

1）能独立工作的机械设备，如加工机床、工件装卸站、工件清洗站与工件检测设备等。

2）物料储运系统，如工件与刀具的搬运系统、托盘缓冲站、刀具进出站、中央刀库、立体仓库等。

3）系统运行控制与通信系统。

自动化制造系统的设备配置与布局是千变万化的，需视具体情况而定，本节仅介绍机械设备和物料储运系统配置和系统布局的一般原则，控制管理与通信在本章第六节介绍。

一、设备配置设计

（一）设备选择的基本原则

组成系统的设备的选择是一个综合优化决策问题。在必须满足对设备基本功能和环境要求等约束条件下，设计人员应对设备质量、效率、柔性、成本和其他方面进行多目标的整体优化。约束条件是在对系统进行优化时必须满足的条件，主要包括满足加工工艺要求的设备基本功能和符合国家、地方、行业和企业自身制定的对环境保护的标准与规范。对优化目标的具体考虑原则如下：

（1）质量　此处所说的质量并非单纯指零件加工的质量，还包括加工设备本身的质量。在选择设备时所涉及的质量是一种广义的质量。它包括制造的产品满足用户期望值的程度和设备使用者对设备功能的基本要求两个方面。前者主要是指零件加工质量，能满足当前和可预见的将来对产品的要求即可，不必追求过高的精度；后者比较广泛，可以称这种要求为对设备的功能要求，如设备的无故障工作时间、工作性能的保持性、设备的安全性、操作简易性、保养维护的方便性、设备资料与附件的完整性和售后服务等。

（2）效率　设备工作效率应根据自动化制造系统的设计产量、有效工作时间、利润、市场等因素来确定，如加工设备的生产率、运输设备的运行速度、机器人的工作周期等。对于单一品种或少品种加工的刚性自动线，设备的效率主要根据系统的生产节拍确定。而对于以多品种、中小批量加工为主的柔性自动线，情况就比较复杂，由于不同零件组合和市场因素的影响，系统的生产率在不同时段不完全相同，在确定效率时，要以工作最繁忙的时段为准，为了保持一定的柔性，设备效率还应有一定的富裕。

（3）柔性　自动化制造系统的柔性是衡量系统适应多品种、中小批量产品生产和当市场需求以及生产环境发生变化时系统的应变能力。当环境条件变化，如产品品种、技术条件、零件制造工艺等改变，系统不需要进行大的调整，不需花费太长时间就可以适应这种变化，仍然能低成本、高效率地生产出新的产品，我们就说这种系统柔性好，反之则柔性差。一般来说柔性好的系统常采用通用性强的设备，相应的其生产效率就较低，且设备常常会有一些冗余的功能，费用也较高。而柔性较低的系统可选用一些针对产品零件特点而制造的专用自动化设备，基本无冗余功能，生产效率较高且费用较低，如组合机床可多面、多刀同时加工。在设计自动化制造系统时应根据企业生产的需要确定系统对柔性的需求，当企业生产的产品品种不多，年产量很高且产品或零件在较长时期内不会发生大的改变时，可适当降低对系统柔性的要求，如摩托车发动机、冰箱压缩机的生产等。当企业生产的产品品种较多、批量不大或产品零件更新换代快时，则要求系统具有较高的柔性。

（4）成本　在任何工程项目中，成本都应该是十分重要的因素。自动化制造系统的设计过程中，在满足以上要求的情况下，应按成本最低的原则选择设备。但是，成本和设备的质量、效率和柔性往往会形成一定的矛盾，要根据企业的具体情况综合考虑，当企业经济条件较好时也可适当提高设备投入，以追求较高的性能和适当的性能储备。

（5）其他　除了以上目标外，有时还有其他一些目标也不应忽视，这要视企业和自动化制造系统的具体情况而定，如设备的能耗、占地面积、控制方式、联网通信能力和软硬件接口等。

（二）加工设备的配置

以上就自动化制造系统设备配置的一般原则作了介绍，以下就构成自动化制造系统典型加工设备的配置作简单说明。

制造自动化系统有多个能独立工作的加工设备，其配置方案取决于企业经营目标、系统生产纲领、零件族类型及功能需求等。

1. 加工机床

加工机床是组成自动化制造系统的关键设备之一，可以实现零件的加工制造。机床的数量及其性能决定了自动化制造系统的生产能力。机床数量是由生产纲领、零件族的划分、加工工艺方案、机床结构形式、工序时间和一定的冗余量来确定的。

加工机床的类型应根据总体设计中确定的自动化制造系统的类型、典型零件族和加工工艺特征来确定。对零件品种较少且相对稳定的系统，可考虑选用专用自动机床或组合机床，以降低成本和提高生产率；而对柔性要求较高的系统则应以通用性较强的数控机床为主。每一种加工设备都有其最佳加工对象和范围，如车削中心用于加工回转体类型零件；板材加工中心用于板材加工；卧式加工中心适用于加工箱体、泵体、阀体和壳体等需要多面加工的零件；立式加工中心适用于加工板料零件，如箱盖、盖板、壳体和模具型腔等单面加工零件。机床类型确定后还应选定机床的规格，不同规格的机床其加工范围和精度是不同的，一般应根据零件族中尺寸最大和精度要求最高的零件选择。

选择加工设备类型也要综合考虑价格与工艺范围问题，通常卧式加工中心工艺适应性比较好，但同类规格的机床，一般卧式机床的价格比立式机床贵80%～100%。有时可考虑用夹具来扩充立式机床的工艺范围。在选择机床时还要考虑后期的使用费用问题，如有些进口加工中心，购买价格可能不高，但要正常使用，则必须使用特定厂家提供的刀具或润滑油、切削液，而这些消耗性物品的费用往往非常昂贵。

此外，加工设备类型选择还受到机床配置形式的影响。在互替形式中，强调工序集中，要有较大的柔性和较宽的工艺范围；而在互补形式下，主要考虑生产率，较多用立式机床甚至专用机床。选择加工机床时还应考虑它的加工能力、控制系统、刀具存储能力以及切削液处理和排屑装置的配置等。

2. 工件装卸站

工件装卸站是零件毛坯进入自动化制造系统和成品退出系统的港口，一般自动化程度较高的自动化制造系统，如自动化流水线或柔性制造系统等，零件在系统内是完全自动加工和流动的，装卸站是系统与外界进行零件交换的唯一接口。大多数情况下，零件进出系统的装卸工作还是由人工完成的。对于箱体类等外型比较复杂的零件，一般是安装在托盘上进入系统加工的，工人在装卸站完成零件在托盘上的定位和夹紧。对于过重无法用人力搬运的工件，在装卸站应设置吊车或叉车作为辅助搬运设备。

在装卸站设有工作台，工作过程中自动导引小车或其他物料运输装置可自动或手动将托盘从工作台上取走或将托盘送上工作台，工作台至地面的高度以便于操作者在托盘上装卸夹具及工件为宜。

一个装卸站可有多个托盘位置，装卸站的工作台可以作自动回转运动，使工人装卸工件和小车取送托盘在不同区域进行，互不干扰也比较安全。在必要时还应设置自动开启式防护闸门或其他安全防护装置。

对于多种不同零件混流加工的自动化制造系统，零件进出系统都应由生产调度管理系统确定，在装卸站应设置计算机终端接收零件装卸指令。操作人员通过终端接收来自自动化制造系统控制器的作业指令或向控制器提出作业请求。也可以在装卸站设置监视识别系统，防止错装的工件进入系统。

当零件进入和退出系统不在同一地点时，如自动流水线，可分别设置零件的装载站和拆卸站。装卸站的形式、数量、托盘位置数和人员配置等要根据自动化制造系统的类型、零件的生产节奏、装卸工作量等参数确定。

（三）工件检测设备及辅助设备配置

1. 工件检测设备

零件检测是保证产品质量的重要措施，由于自动化制造系统的生产率很高且零件的加工和运输都是由自动化设备实现的，因此自动检测设备的选择与使用对充分发挥系统的生产效率和保证加工质量都是十分重要的。

零件检测既有加工过程中完成某个工序后在制品的检测，也有完成零件全部加工后零件成品的检测，检测时既有全部零件的检测，也有部分零件的抽检。针对不同情况，可有不同的检测策略，选择不同类型的检测设备。

自动化制造系统对零件检测可有"在线"检测和"离线"检测两种形式。离线检测是在自动化制造系统以外单独设立检测站完成零件检测，在检测时零件必须离开系统，这种类型的检测站除本系统加工的零件外，还可承担其他零部件或产品的检测任务，离线检测站的规模可以很大，可配备较多的精密检测设备，可实现较复杂的检测操作；在线检测是在自动化制造系统内配置一定的检测设备实现零件检测，在检测的过程中零件并不离开系统（检测设备属于制造系统一部分），系统内的检测设备一般也不承担本系统外其他零部件的检测任务。通常，零件加工完成后的最终检测常采用离线检测的方式，而零件加工过程中的检测及零件不太复杂的成品检测常用在线检测的方式。

检测通常是在三坐标测量机或其他自动检测装置上进行的，检测过程由数控程序控制，检测结果可传送到自动化制造系统的控制系统或加工设备上，以进行反馈控制。对于一些要求在零件加工工序过程中进行检测的场合，常将自动检测装置作为机床的附件与机床集成。如果检测时间较长，且检测在一道工序完成之后进行时，也可将零件退出机床，放到专门的检测工作台或缓冲托盘站上由人工检测，然后再进入下一个工序加工。

2. 辅助设备

除了上述加工设备、工件装卸站和检测设备外，为了保证系统的正常工作，提高系统效率与工作质量，自动化制造系统常常配备一些辅助工作设备，如工件清洗站、工件翻转机、切削液处理装置和排屑装置等。

零件在进入检测站之前、精加工之前及加工完成退出系统之前，通常都需要进行清洗，以彻底清除切屑及灰尘，提高测量、定位和装配的可靠性。除了在加工时有大量切削液冲洗工件外，自动化制造系统一般都应考虑设置工件清洗站。

一些箱体类零件在加工过程中常需翻转以便不同面的加工，这时可考虑设置自动翻转机实现工件的自动翻转。翻转机也可和清洗机合二为一，在翻转的同时完成工件的清洗。

由于自动化制造系统的工作效率非常高，产生切削液和切屑的量也很大，如不及时进行清除，将影响设备的正常工作，有可能造成环境污染。自动化程度较高的制造系统配置的工作人员都很少，而且系统的工作区通常是封闭的，在工作时一般不允许人随便进入，所以切削液和切屑的自动处理是很重要的功能，应考虑设置此类装置。

（四）物料储运系统的设备配置

自动化制造系统的物料包括工件（含工件毛坯、在制品和成品）、托盘、夹具、刀具和其他物品（如切屑等），物料储运系统的管理包含物料的搬运、缓冲存储和存储。

1. 物料搬运设备

物料搬运设备用来实现工件在制造系统内的流动，在机械制造工厂使用的搬运设备类型很多，在自动化制造系统内，主要是能够实现物料自动输送的搬运装置。在实际生产中，搬运系统的运动路线可以是单向直线或环形运动、双向直线往复运动、环形或网状复杂运动和在一定半径内的小范围物料运送等。

在自动化制造系统中常用的搬运设备有：

（1）自动导向小车　自动导向小车承载能力强、柔性好，可作复杂路线的运动，通常以埋入地下的感应电缆导向，以红外线或无线电的方式传送控制指令，一般以车载的蓄电池提供动力。但自动导向小车的价格较高，运动速度较低。

（2）轨道导向小车　轨道导向小车沿轨道运动，承载能力强、运动速度较高、控制简单、可靠性高，一般作直线或往复运动，运动距离较短。

（3）传送带和悬挂式输送装置　传送带和悬挂式输送装置常用于单向运动的物料输送，特别是在工件按固定速度或固定节拍运动的自动化制造系统中。这类输送装置的形式很多，价格较低，控制简单且可靠性高，但其柔性较差，不适用于工件需往复运动的情况。

（4）机器人或机械手　机器人或机械手是重量较轻的小型零件和刀具常用的输送装置，

其动作灵活，可完成许多复杂的操作。但运动范围小、承载能力低，常与其他物料输送装置（如 AGV、传送带等）配合使用。

（5）其他搬运设备　除了上述搬运设备外，自动化制造系统还可能使用其他搬运装置，如特重和大型零件常用叉车、钣金类工件常用带吸盘的输送装置、输送切屑与切削液常用的管道输送装置等，应根据系统的需要选择。

搬运设备的选择应考虑自动化制造系统的工作性质、加工设备的布局、运动路线、工件形状和重量、生产节拍等因素的影响。如对于刚性自动线，传送带和悬挂式输送装置就是常用的选择；而对于柔性制造系统，自动导向小车和轨道导向小车就是最常用的输送设备。在柔性制造系统选择小车时，还要考虑小车的速度及零件装卸的时间，经统计，当小车过于繁忙时（如小车的利用率超过 60%），机床设备的利用率将急剧下降，如图 4-5 所示。

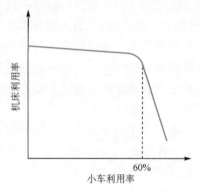

图 4-5　小车利用率和机床利用率的关系

2. 物料的缓冲存储装置配置

缓冲存储是物料在加工过程中在系统内的临时存放，此处主要是指工件的缓冲存储。在自动化制造系统中工件的缓冲存储通常是以托盘站的形式存在，由于零件频繁地在缓冲托盘站和机床等设备之间进行交换，因此缓冲托盘站应尽量靠近机床，以缩短物料输送装置的运动距离。

缓冲存储最主要的功能是用以消除或缓解因各种原因造成系统加工机床负荷不平衡而引起的停工待料或阻塞现象。缓冲存储还可用于预先安装部分零件毛坯及暂时存放已加工好的零件，以便在一段时间内实现无人或少人加工（如节假日或深夜班等）。由于其他一些原因也可能需要设置缓冲托盘站，如工序之间的人工检测、清洗和粗加工后精加工前的自然冷却等。

缓冲托盘站的数目，以不使工件在系统内排队等待而产生阻塞为原则，设置较多的托盘站灵活性较高，有助于减少机床不必要的停工时间，也可实现较长时间内的无人或少人加工，但会增加成本和占地面积，且可能增加系统内不必要的在制品数量。对于一些按固定节拍生产的刚性自动线也可以不设置缓冲存储。

3. 存储装置配置

在自动化制造系统内设置仓库以存放零件毛坯、零件成品、暂时不用的托盘和夹具等，也可以将它看成是托盘缓冲站的扩展和补充。刀具通常不放在其中，而是单独存放在专门的中央刀具库内。在自动化制造系统中自动仓库主要有两种类型，一种是平面仓库，另一种是立体仓库。

平面仓库是在车间内靠近自动化制造系统处划定一个区域，设置若干个台架用以存放工件等物料。平面仓库造价低、管理容易、操作方便，但它占地面积较大、存放容量有限，常用于中小型自动化制造系统，或工件较大、较沉重、不易上架的系统或企业投资有限等情况。

立体仓库通常以巷道、货架型结构设置，依靠堆垛起重机来自动存取物料。在相同存储容量的条件下，立体仓库占地面积比平面仓库小得多，但它的造价较高、控制复杂，要特别注意对库存信息的保护，一旦丢失要恢复时，将要增加很大的工作量。立体仓库常用于大中型柔性制造系统，或系统需存放较多的零件毛坯、加工好的成品和托盘与夹具等情况。

无论采用何种形式的仓库，都应能够实现零件的自动进出、存放数据的记录与更新、库存信息查询等功能。

自动化制造系统的刀具一般不放在上面所述的仓库内，而是存放在专门设立的中央刀库内。中央刀库的刀位数设定，应综合考虑系统中各机床刀库容量、采用混合工件加工时所需的刀具最大数量、为易损刀具准备的备用刀具数量以及工件的调度策略等多种因素。当加工过程中使用的刀具数量不大或加工中心的刀库容量足够大时，也可以不设中央刀具库。中央刀具库和机床刀具库、刀具准备室等应能实现刀具的自动交换，并准确记录每把刀具的详细数据。

二、总体平面布局设计

（一）平面布局设计的目标、依据及基本原则

自动化制造系统的组成设备较多，总体平面布局可对零件生产、产品成本等产生很大的影响，应该予以充分重视。平面布局应实现的目标很多，最主要应考虑如下 3 点：

（1）实现和满足生产过程的要求　产品的生产是通过加工来实现的，而加工又是通过设备和工人的工作来完成的，因此设备的布局应能实现和满足特定的生产过程的要求。

（2）较高的生产效率和合理的设备利用率　设备的布置应使在其间进行的生产有较高的效率，同时各设备能力负荷合理，以使生产高效、稳定地进行。

（3）适当的柔性　设备布局应为制造不同种类和数量的产品提供良好的生产环境，能敏捷适应市场和其他环境的变化。

进行设备平面布局设计的依据主要有：

1）自动化制造系统的功能和任务。

2）零件特征和工艺路线。

3）设备（包括所有生产和辅助设备）的种类、型号和数量。

4）车间的总体布置。

5）工作场地的有效面积等。

进行设备平面布局设计时应遵循的基本原则主要有：

（1）物料运输路线短　尽可能按照零件生产过程的流向和工艺顺序布置设备，减少零件在系统内的来回往返运输，尽可能缩短零件在加工过程中的运输路线。

（2）保证设备的加工精度　如清洗站应离加工机床和检测工位远一些，以免清洗工件时的振动对零件加工与测量产生不利影响。而三坐标测量机对工作环境的要求较高，应安放在有防振、防潮、恒温、恒湿等措施的隔离室内。

（3）确保安全　应为工作人员和设备创造安全的生产环境，充分保证必要的通风、照明、卫生、取暖、防暑、防尘、防污染等要求，设备的运动部分应有保护与隔离装置。

（4）作业方便　各设备间应留有适当的空间，便于物料运输设备的进入、物料的交换、设备的维护保养等，避免不同设备（如小车和机械手）之间的相互干扰。

（5）便于系统扩充　在进行设备平面布局时最好按结构化、模块化的原则设计，如有需要可方便地对系统进行扩充。

（6）便于控制与集成　对通信线路、计算机工作站的布置要充分考虑，要兼顾到本系统与其他系统（如装配、热处理、毛坯制造等）的物料与信息交换。

（二）平面布局设计的基本形式

自动化制造系统的平面布局设计，除一些特殊设备（如清洗设备、测量设备等）外，加工设备应围绕零件运输路线展开，一般布置在输送装置运动线路附近。所以在进行平面布局设计时，首先要确定输送装置的运动线路。输送装置的运动路线主要有一维布局和二维布局两种，个别工艺路线特别长，零件又不太大的系统也可以布置成楼上楼下的三维布局。

一维布局零件在运输的过程中按直线单向或往复运动，这种布局方式结构与控制都最简单，也是在实际中应用非常广泛的布局。一维布局适用于工艺路线较短，加工设备不太多的情况。

二维布局零件的运输路线形式很多，图4-6列举了一些典型的例子。当零件工艺路线较长，使用设备较多时，如仍用一维布局将使生产线拉得很长，占地面积很大，这时就应该采用二维布局的方式。有时测量装置或清洗机等需安放在特定地点也不宜采用一维布局。

直角形　U形　S形　环形

图 4-6　典型二维平面布局举例

三维布局其实可看成是由两个或多个二维布局的子系统组成，一般情况下，零件在各楼层之间只存在单向运送，不应该在楼层间往返。

在零件运输路线确定后就可以确定其他设备的布局。通常加工设备可以布置在运输路线的一侧或两侧。当设备不多，或从便于操作考虑，设备布置在运输路线的一侧比较好。

（三）平面布局的运输调度策略

1. 一维布局

假设设备系统由多台设备组成，各设备排列成一条直线，产品为一组零件，定义以下符号：

　　m——设备的个数；

　　n——零件个数；

　　j——第 j 台设备的编号，$j \in (1，2，\cdots，m)$；

　　C_{ijk}——零件 i 在设备 j 和 k 之间传送每单位距离的运输成本；

　　$S(j)$——设备 j 的长度；

　　d_{kj}——设备 k 和 j 的最小间距；

　　$X(j)$——设备 j 的中心坐标。

一维布局的坐标如图4-7所示。

　　G_{il}——第 i 个零件在第 l 个工序的加工设备。如果 $G_{il} = k$，即表示第 i 个零件的第 l 个工序在设备 k 上加工；如果该零件在第 l 个工序无操作设备，令 q 为某种工件的最大工序总数，则 $G_{il} = 0$。$i \in (1，2，\cdots，n)$，$l \in (1，2，\cdots，q)$

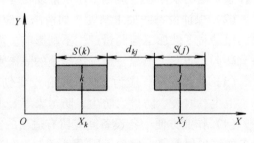

图 4-7　一维布局坐标图

零件—工序—设备关系矩阵为

$$[G_{il}] = \begin{pmatrix} G_{11} & G_{12} & \cdots & G_{1q} \\ G_{21} & G_{22} & \cdots & G_{2q} \\ \vdots & \vdots & & \vdots \\ G_{n1} & G_{n2} & \cdots & G_{nq} \end{pmatrix} \tag{4-8}$$

以下模型使运输总成本最低

模型一

令 $G_{il} = Y$，$G_{i(l+1)} = Z$，$Y \in (1, 2, \cdots, m)$，$Z \in (1, 2, \cdots, m)$ (4-9)

（即第 i 个工件第 l 工序的加工设备选择 Y，第 i 个工件第 $l+1$ 工序的加工设备选择 Z）

则

$$\min \sum_{i=1}^{n} \sum_{l=1}^{q-1} C_{iYZ} | X(Y) - X(Z) | \tag{4-10}$$

约束条件

$$\left| X(Y) - X(Z) \geqslant \frac{S(Y) + S(Z)}{2} \right| + d_{YZ} \tag{4-11}$$

$$E - X(Z) \geqslant \frac{S(Z)}{2} \tag{4-12}$$

$$X(Y) \geqslant \frac{S(Y)}{2} \tag{4-13}$$

式中 E 为布局允许范围的最大坐标值。

约束条件式（4-11）保证设备有足够的间距，式（4-12）、式（4-13）是保证设备布置在 0 至 E 之间。

2. 二维布局

二维空间中设备可以布置成行式排列或非行式排列。以下所用符号定义在同一维排列。二维空间坐标如图 4-8 所示，其中 d_{xkj}、d_{ykj} 分别为设备 k、j 在 X 方向和 Y 方向的最小间距；$S(k)$、$L(k)$ 分别为设备 k 在 X 方向和 Y 方向的宽度。

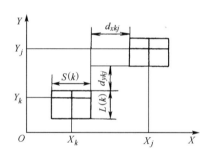

图 4-8 二维空间坐标示意图

设零件 i 在第 l 个工序和第 $(l+1)$ 个工序之间的运输距离为 η_{il}，于是有

模型二

令 $G_{il} = F$，$C_{i(l+1)} = T$ $F \in (1, 2, \cdots, m)$，$T \in (1, 2, \cdots, m)$

（即第 i 个工件第 l 工序的加工设备选择 F，第 i 个工件第 $l+1$ 工序的加工设备选择 T）

则有

$$\min \sum_{i=1}^{n} \sum_{l=1}^{q-1} C_{iFT} \eta_{il} \tag{4-14}$$

约束条件包括：

a）间距约束

$$| X(F) - X(T) | \geqslant \frac{S(F) + S(T)}{2} + d_{xFT}$$

$$|Y(F) - Y(T)| \geqslant \frac{L(F) + L(T)}{2} + d_{yFT}$$

b）边界约束　设车间可供布置的平面在 X 方向长为 h，在 Y 方向宽为 v，则有约束

$$|X(F) - X(T)| + \frac{S(F) + S(T)}{2} \leqslant h$$

$$|Y(F) - Y(T)| + \frac{L(F) + L(T)}{2} \leqslant v$$

c）其他约束　如果要求每行设备的中心点连成直线，则

$$|X(F) - X(T)| \leqslant \Delta - \frac{S(F) + S(T)}{2}$$

式中　Δ 为设定的该行的长度。

令 $Y(F) = Y(T)$　（此为按行排列的约束，如果不需要按行排列，可以不要此约束条件）；非负约束 $X(F) \geqslant 0$，$Y(T) \geqslant 0$

模型一和模型二可用非线性规划的方法求解，但对较多设备的布局问题求解时，会遇到占内存过大和计算时间长的问题。另外，所得的解不一定是全局最优解。于是，各种各样的算法应运而生，如结构算法、改良算法、混合算法、图论算法等。求解非线性规划问题的方法，请参阅有关文献，本书不进行专门讨论。

（四）设备平面布局设计的方法

设备平面布局设计的方法很多，这里我们主要介绍从至表法。

从至表法是一种实验性的设计方法，适用于加工设备布置在运输线路一侧成直线排列的一维布局设计。它根据零件在各设备间移动次数建立的从至表，经有限次实验和改进，求得近似最优的布置方案。这是一种简单的方法，下面通过举例来说明其设计过程。

例 4-2　设自动化制造系统有 8 台加工设备成直线排列，每台设备之间的距离大致相等，并假设为一个单位的距离。共有 10 种不同零件在系统内加工，一个计划期内各零件的产量如表 4-2 所示。用从至表法确定加工设备的平面布局设计方案。

表 4-2　各零件在一个计划期内的产量

零件	P_1	P_2	P_3	P_4	P_5	P_6	P_7	P_8	P_9	P_{10}	合计
产量	3	5	6	4	2	4	4	3	4	5	41

第一步：根据每一种零件的工艺方案，绘制综合工艺路线图，如图 4-9 所示。

第二步：根据零件的综合工艺路线图编制零件从至表。所谓从至表就是零件"从"一个设备"至"另一个设备移动（搬运）次数的汇总表，它是一个按设备数 n 确定的 $n \times n$ 矩阵，表中的行为零件移动的起始设备，列为终至设备，行和列交叉格中的数据即为零件在这两台设备间的移动次数即从至数。例如，根据图 4-9 所示的综合工艺路线图，从设备 M_3 至 M_5 的移动有零件 P_2 的工序①到②和零件 P_{10} 的工序②到③，在计划期内，零件 P_2 的产量为 5，零件 P_{10} 的产量也为 5，因此零件从设备 M_3 至 M_5 的从至数为 $5 + 5 = 10$。从左上到右下对角线 D 的右上方表示按正方向移动的次数，左下方表示逆向移动的次数。假设例 4-2 中设备的初始平面布局按 M_1 到 M_8 的顺序排列，则根据图 4-9 可得初始零件从至表，如表 4-3 所示。

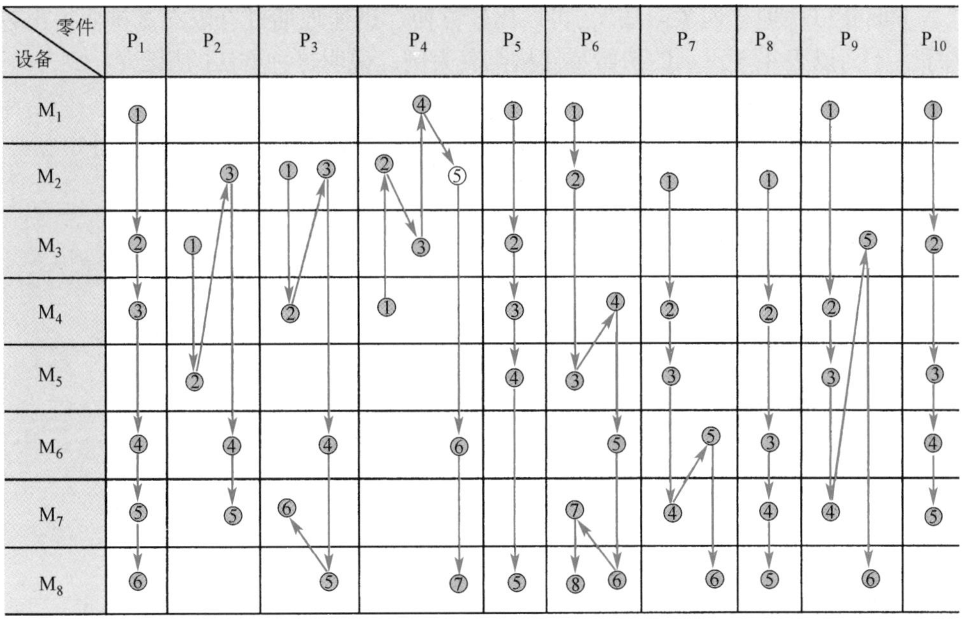

设备＼零件	P₁	P₂	P₃	P₄	P₅	P₆	P₇	P₈	P₉	P₁₀
M₁	①			④	①	①			①	①
M₂		③	①③	②	⑤	②	①	①		
M₃	②	①		③		②			⑤	②
M₄	③		②		①	③	④②	②	②	
M₅		②			④	③	③		③	③
M₆	④	④	④	⑥		⑤	⑤		④	④
M₇	⑤	⑤	⑥			⑦	④	④	④	⑤
M₈	⑥		⑤	⑦	⑤	⑧	⑥	⑤	⑥	

图 4-9　综合工艺路线图

表 4-3　初始零件从至表

从＼至	M₁	M₂	M₃	M₄	M₅	M₆	M₇	M₈	合计	
M₁		8	10	4					22	$i=n-1$
M₂			4	14	4	15			37	
M₃	4			5	10			4	23	
M₄		10			11	10			31	
M₅		5		4		5	9	2	25	
M₆							16	19	35	$i=2$
M₇			4		5			10	19	$i=1$
M₈							10		10	
合计	4	23	18	27	25	35	35	35	202	D

第三步：计算在本排列方式下零件移动的总距离。由从至表的构成可知，从至表中的从至数距对角线 D 的格数就是这两个设备间的距离单位数。在从至表对角 D 的两侧作平行于 D，穿过各从至数的斜线，按各斜线距 D 的距离依次编号（$i=1，2，\cdots，n-1$），若编号为 i 的斜线穿过的从至数之和为 j_i，则设备在这种排列下，零件总的移动距离为 $L=\sum ij_i$。如在表 4-3 初始零件从至表中，零件总的移动距离为 $L=391$。

第四步：分析和改进从至表，求得较优的设备布置方案。通过以上分析可知，斜线距对角线 D 越近，每次移动的距离越短。因此，最佳的设备排列应该是使从至表中越大的从至数越靠近对角线 D。

对于 n 个设备的系统，设备可能的排列组合多达 $n!$ 个，当 n 较大时，全部试排一遍是不可能。下面介绍一种"四象限法"，可以比较方便、迅速地通过有限次试排而得出较优的排列顺序。下面以表4-3所示的初始零件从至表为例，说明这种方法的用法：

1）随意选择两个相邻的设备，例如选择 M_2 和 M_3。

2）将两设备所在的列和行抽出来，并以其相邻的连线作为坐标轴，将图划分为Ⅰ、Ⅱ、Ⅲ、Ⅳ四个象限，如图4-10所示。

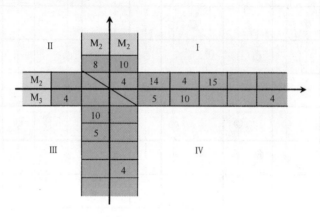

图4-10　设备 M_2 和 M_3 之间的四象限图

3）分别求Ⅰ、Ⅲ象限从至数的累加和 S_1，Ⅱ、Ⅳ象限从至数的累加和 S_2 和这两个设备之间零件移动从至数的和 S_3。如图4-10的四象限图中 $S_1 = 10 + 4 + 14 + 4 + 15 + 4 + 10 + 5 = 66$，$S_2 = 8 + 5 + 10 + 4 + 4 = 31$，$S_3 = 4$。

4）求 $S = S_1 - (S_2 + S_3)$，如果 $S \leqslant 0$ 则这两个设备原有的排列顺序是合适的，否则是不合适的，应予以对调（其中 S 代表的是两设备对调后所减少的运输距离）。如对于图4-10所示的四象限图 $S = S_1 - (S_2 + S_3) = 66 - (31 + 4) = 31 > 0$，这两台设备的顺序应予对调，对调后的从至表如表4-4所示，其总移动距离 $L = 360$ 比原来减少了31个移动单位。如此经过有限次调整后，即可获得较优的结果。

表4-4　设备 M_2 和 M_3 对调之后的零件从至表

至 从	M_1	M_3	M_2	M_4	M_5	M_6	M_7	M_8	合计
M_1		10	8	4					22
M_3	4			5	10			4	23
M_2		4		14	4	15			37
M_4		10			11	10			31
M_5		5	4			5	9	2	25
M_6							16	19	35
M_7	4				5			10	19
M_8							10		10
合计	4	18	23	27	25	35	35	35	202

除了从至表法外，还可以有其他设计方法，如线性规划法，对于有 n 个零件在由 m 台加工设备组成的自动化制造系统中加工时，其线性规划的数学模型如下所示

$$\begin{cases} \min \sum_{i=1}^{m-1} \sum_{j=1}^{m-1} a_{ij} X_{ij} \\ X_{ij} \geqslant 0 \quad (i=1,2,\cdots,m;j=1,2,\cdots,m) \end{cases}$$

式中 a_{ij} 为设备 i 和 j 之间零件的移动次数之和；X_{ij} 为设备 i 和 j 之间的距离。

（五）平面布局实例

例 4-3 图 4-11 所示为某柔性制造系统总体平面布局示意图。

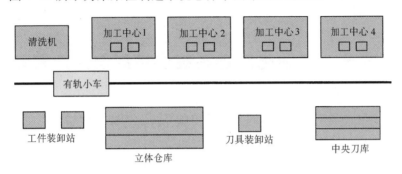

图 4-11　某柔性制造系统总体平面布局示意图

该系统包括 4 台卧式加工中心，其中 1 台由德国进口，其余 3 台由国内某机床厂制造，另配备了 1 台工件清洗机。物料输送装置为 1 台轨道导向自动小车，作直线往复运动，以无线红外技术实现信息通信，为工件和刀具输送共用。系统设立了一个用于存放工件、有 90 个库位的立体仓库和一个有 30 个刀位的中央刀库，还设立了 2 个工件装卸站，1 个刀具装卸站。加工中心和清洗机 5 台设备呈直线排列在小车轨道的一侧，工件装卸站、刀具装卸站、立体仓库和中央刀库布置在小车轨道的另一侧。

例 4-4 图 4-12 所示为德国 WERNER 公司建造的柔性制造系统。它是为形状较复杂且

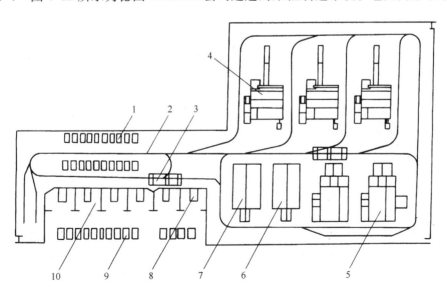

图 4-12　WERNER 公司建造的柔性制造系统

1—托盘缓冲站　2—轨道　3—无轨自动导向小车　4—立式车床　5—加工中心　6—珩磨机床

7—测量机　8—工件装卸站　9—零件存储区　10—刀具装卸站

具有中、大批量零件族的自动加工而设计的。

系统由如下具有不同工艺性能的CNC设备组成，即2台加工中心、3台立式车床、1台珩磨机床、1台测量机、2台无轨自动导向小车以及工件装卸站、刀具装卸站、托盘缓冲站和零件（含待加工和已加工）存储区等。平面布局有如下特点：①机床布局在厂房的一头，而托盘缓冲站和零件存储区在另一头；②工件装卸站和刀具装卸站靠近零件存储区，使操作者存取零件方便；③无轨自动导向小车沿敷设在地面下的电磁感应线行驶，其路径具有网络型的特点。

第六节 自动化制造系统的控制与生产管理

自动化制造系统的类型很多，不同类型的控制系统的构成、功能和控制方式差别很大。有些类型的控制系统很简单，如单一产品生产的刚性自动线，只要各设备按一定的节拍生产即可。而有些系统的控制则复杂得多，如多品种、中小批量生产的柔性制造系统。本节主要针对后一种情况，围绕柔性制造系统的控制与生产管理进行分析。

一、自动化制造系统控制系统的任务

自动化制造系统的控制系统通过对信息流的处理来控制系统的物流，使整个系统处于有序的工作状态，并以最优的方式运行。

柔性制造系统的自动化程度较高，在工作时需要的人员很少，对各种设备的运行一般不需要人的干预而由控制系统自动管理。通常在柔性制造系统内有多种不同零件同时加工，且在不同时段零件的组合不尽相同，在市场情况发生突然变化时，加工任务还会随时调整。柔性制造系统之类复杂自动化制造系统的生产管理与系统加工资源的协调运行是一项非常复杂的任务。

计算机的系统控制与生产管理系统是决定这类自动化制造系统能否取得预期经济效益的关键功能之一，自动化制造系统控制系统的任务主要包括：①各种设备的自动控制；②生产计划调度管理；③制造质量控制；④信息与通信管理；⑤系统状态监控等。

二、自动化制造系统的递阶控制结构

自动化制造系统是工厂的组成部分之一，其控制与管理须置于工厂的总体控制体系内。计算机集成制造系统（Computer Integrated Manufacturing System，CIMS）是制造工厂，特别是多品种、中小批量生产类型制造工厂实现自动化的主要形式。CIMS的控制体系是以5层递阶控制模式为基础建立起来的，如图4-13所示。

在CIMS的5层递阶控制模型中，工厂层是决策与计划层，负责整个工厂的战略决策和生产的中长期计划；车间层是管理层，实现工厂的业务管理，如生产的短期计划、资源分配等；单元层是任务分配与生产控制层，执行作业调度管理与任务分配；工作站层是设备控制层，实施对多台设备的集中运行控制；设备层是执行层，执行设备的自动运行和数据采集等功能。这种五层控制结构对一般制造工厂而言是普遍适用的，但各工厂针对各自的具体情况可能会有一定的变化，如在工厂层之上再加上集团公司层等。

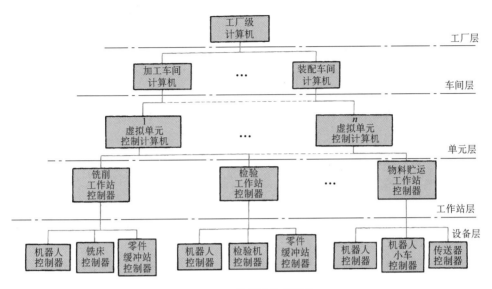

图 4-13 5 层递阶控制结构

自动化制造系统的控制系统在 CIMS 5 层控制结构中覆盖了包括单元层、工作站层和设备层的底 3 层。在工厂经营管理、工程设计和加工制造这三大功能中，自动化制造系统完成加工制造功能，所有产品的物理转换都是在制造系统内实现的。工厂经营管理所制定的经营目标，设计部门所完成的产品设计、工艺设计等都要由制造单元实现。可见制造单元的运行效果对整个工厂具有举足轻重的作用，而制造单元的运行效果在很大程度上取决于控制系统的运行结果。

典型柔性制造系统的递阶控制结构如图 4-14 所示。规模较大或较为复杂的系统可能会有多个加工工作站，也可以有检测工作站等其他工作站。一些较为简单的自动化制造系统（如 DNC）也可能有所简化，如不设刀具管理工作站，甚至在单元层下不设工作站层，而由单元控制器直接控制设备。

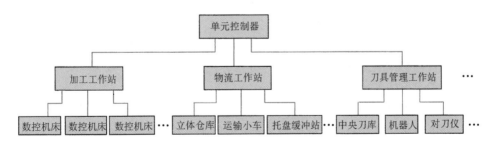

图 4-14 柔性制造系统控制系统结构

三、柔性制造系统的单元控制器

单元控制器是整个自动化制造系统的总体控制机构，其主要任务是：

（1）零件加工的排序与生产调度管理 对零件装卸站在什么时间装载什么零件、零件在系统内加工的先后次序及何时由何设备完成相应工序的加工进行控制。

（2）设备运行的调度管理　对系统内所有制造资源的管理，如调度物料运输装置在需要时将物料（零件、托盘、刀具等）从指定地点运送到指定目的地，安排特定设备完成某个零件某道工序的加工、检测和清洗等任务。

（3）实时监控系统的运行状态　提供与保存系统各设备和在线零件、托盘、刀具等的最新状态信息，对故障作出报警或自动处理。

（4）系统信息管理　保管系统所需的各种信息资料，如系统设备的基本数据、零件特征、制造工艺、切削参数、数控程序、质量要求、生产任务等。还要收集整理生产过程中的各种统计报表，以供各级管理人员查阅、参考。

（5）信息通信　这是系统集成的重要基础，通过通信系统可以接受生产管理部门下达的生产任务及修改命令，接收技术部门传递的零件加工工艺、质量要求、数控程序等信息。系统产生的各种统计数据也要通过通信功能向上传输。除了上述对外通信外，通信功能还要负责系统内各级控制器之间的信息传递。

（6）其他　如系统运行仿真、单元控制器的运行管理（如系统的初始化、停机时状态的自动保存、用户权限管理）等。

四、单元控制器的生产计划与调度控制

（一）AMS 单元控制器进行生产计划与调度的过程

单元控制器最主要的任务是系统的生产管理，也就是合理安排零件的加工次序和调度管理制造系统内全部加工资源，以尽可能优化的方式完成指定的加工任务。

自动化制造系统的中长期生产计划是由决策与计划层（工厂级）做出的，一般是年度、季度或月度的生产计划；短期生产计划通常由管理层（车间级）所做，其计划期为周到日或班次的作业计划。单元控制器一般是对当日或当班的作业计划进行调度管理。但在工厂并未实施 CIMS 或未建立管理信息系统（MIS）的情况下，单元控制器也可能收到的并不是日或班次计划，而是数日或周甚至月的生产计划，这时单元控制器就需要承担短期计划管理的任务。

AMS 单元控制器的生产计划与调度过程如图 4-15 所示。

（二）AMS 生产作业计划

AMS 生产作业计划的输入是上级部门下达的生产任务订单，其输出的是 AMS 日或班次生产任务，其目标是在保证全部生产任务按订单要求按时完成的条件下，尽可能地为 AMS 生产创造最优的运行任务环境。

从本质上看，生产作业计划是对零件的一次分组，每组即为一天或一个班次所要完成的加工零件。分组的对象是全部生产订单中尚未完成的加工任务；分组的限制是按订单规定的交货期提交全部零件，每一组加工零件的工作量必须满足系统能够提供的资源和生产能力的限制要求；优化的目标是为系统在生产过程中能够提高设备利用率、降低制造成本、减少系统调整等提供良好的条件，例如每组零件在不同加工设备上的负荷应尽量平衡，使用的刀具、夹具等尽量相同等。

AMS 生产作业计划的制定过程大致可分为如下 3 个阶段：

（1）订单分析　订单分析的任务是根据零件的工艺相似性按成组技术将零件待加工分类，并按毛坯供应情况及零件交货要求大致排定单元加工任务的先后顺序。

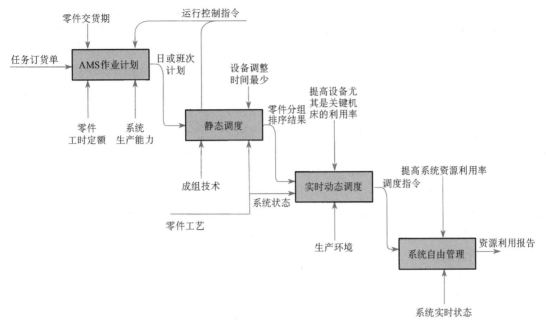

图 4-15 AMS 单元控制器的生产计划与调度

（2）日或班次作业计划 日或班次作业计划的制订是在订单分析排定零件分类优先级的基础上，进行生产任务的一次初始作业分配，将车间订单任务落实到日或班次。

（3）系统能力平衡与调整 能力平衡所考虑的主要因素是系统中关键设备的能力，并核定这些能力是否满足任务的需求。由于这种能力平衡是离线方式，故在能力估计时应考虑一定富裕以应付诸如设备故障及调整等突发情况。

图 4-16 是 AMS 单元控制器 AMCC-1 制定生产作业计划的一个应用实例。

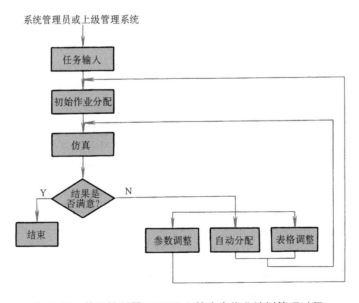

图 4-16 单元控制器 AMCC-1 的生产作业计划管理过程

当系统管理员或从上级管理系统输入生产任务订单，并经过合法性验证之后，就对这些任务进行初始作业分配，然后将初始作业分配的结果进行仿真得到一系列评价指标，如机床利用率、刀具更换次数、每天投入生产的零件数和输出的产品数、毛坯的结余数量和系统资源与生产能力限制等。如果对该结果感到满意，就可以将其输出从而结束作业计划制定工作，否则就须进行必要的调整。AMCC-1 提供了 3 种不同的调整方式：

（1）参数调整　是由系统管理员根据初始作业分配的结果对任务订单、系统设置或工作日程等因素中的某些参数进行局部的调整，然后重新执行初始作业分配，以期得到令人满意的结果。

（2）自动分配　是在不考虑生产任务有关任务交货期的限制，并认为毛坯总是准备就绪的情况下，由模块根据系统资源的生产能力和所有收到的任务进行优化分配。

（3）表格调整　是由系统管理人员在原初始作业分配的基础上，利用电子表格进行人工调整。在调整的过程中计算机还要负责验证调整操作的合理性，自动进行生产能力的核算，并对交货期和毛坯供应的条件进行校验。这种调整方式完全由管理人员凭自己的经验进行。

当自动化制造系统所在的企业已经实施 CIMS 或已建立了计算机辅助生产计划系统如企业资源计划系统或制造执行系统 MES 时，管理控制层已经将短期生产计划作到了日或班次上，则单元控制器就不需要再作本级别的作业计划，而只需作静态调度和实时动态调度管理。

（三）AMS 的静态调度

静态调度是在每天或每班开始加工之前要完成的，它主要是把当天或当班将要完成的所有零件作一次生产计划安排，保证系统能够以最优的方式完成所接收的任务。由于 AMS 生产作业计划已经把生产任务分配到每天或班次，且进行了系统生产能力的校核，所以静态调度所需要考虑的加工对象只是当天或当班所需完成的零件组，同时也不用顾及零件交货期和毛坯的供应情况（此处假设零件交货期和毛坯提供以日或班次为计划单位），这些都由生产作业计划来保证。

一般来说，静态调度问题包括零件的最优分组、系统负荷的最优分配、零件加工的最优排序和辅助制造资源的需求计划等内容。

1. 零件的最优分组

由于在 AMS 生产作业计划中已经考虑了零件交货期和毛坯供应的约束，同时该计划也保证了每天所分到的零件都能够在当天完成，所以零件分组需要考虑的最主要因素就是制造单元自身加工资源的限制，如有限数量的托盘和夹具、各加工中心刀具库容量的限制等。

由于在目前的制造单元内刀具库的存储容量总是有限的，大多数情况下各加工中心的局部刀具库与中央刀具库之间的刀具交换都要影响到系统的生产效率甚至导致出现故障。同时，在更换某些零件类型时还要对系统（如机床、夹具、托盘、测量系统等）进行调整、更换，这就使得系统内的刀具必须重新进行一次调整。因此，由于刀具库容量的限制，系统设备进行一次调整之后，所能连续不断地进行加工的零件种类和数量都是有限的。所以在进行零件分组时必须保证系统在不作刀具更换和大规模调整的情况下能够连续完成一组零件的加工，这就是零件分组的基本要求。

零件分组除了满足上述基本要求之外，还要考虑分组的优化问题，即通过分组提高系统的生产率，下面两个优化目标是应该考虑的：

● 零件分组的组数应尽可能少；

● 尽可能为每组零件实现系统负荷最优分配创造条件。

减少零件分组的组数是为了减少系统调整次数，从而减少调整所花费的时间。由于系统

负荷分配与零件组内零件的种类和数量有关，因此零件的优化分组不仅要考虑零件分组的组数，还要考虑哪些零件分在同一组更有利于系统在加工该组零件时加工资源的负荷分配最为合理，从而提高系统加工的设备利用率，这是一个多目标优化问题。

2. 系统负荷的最优分配

所谓负荷，就是指各加工设备所承担的加工工作量。由于在很多情况下，零件的加工工艺可以是多路径的，即其某一道工序可以由系统中的一台或多台设备中的任意一台来完成。因此，每一零件在系统中都可以安排不同的加工路径。当一组零件中每一个零件的加工路径确定之后，系统中各加工设备的负荷也就确定了。所以系统的负荷分配就是要确定一组零件中每一零件的加工路径，以确定系统内各设备的工作负荷。同一组零件的负荷分配方案不一样，则在加工这一组零件时，设备的利用率就不一样，系统的生产率也不一样。负荷分配所要解决的问题就是对于任一给定的零件组，找到一种能使系统获得最大生产效益的负荷分配方案。

在对零件组进行负荷分配的时候有两个问题必须解决。首先必须决定的是，对于给定的一组零件和制造系统，系统中各加工设备的负荷应该按什么比例分配才能使系统获得最大的整体效益。其次，在系统中各加工设备的最佳负荷比确定之后，就必须解决如何将零件的工序分配到不同的设备，使得系统中各设备的负荷比最接近上述最佳负荷比。前者是确定系统最优负荷分配的优化目标，后者是解决系统最优分配的手段。

对于系统最优负荷比例，比较普遍也容易理解的一种方案是使系统各加工设备具有相同的负荷，即各设备的负荷之比为1。这是因为，如果一部分设备的负荷小于另一部分，则必然会导致这些设备在加工时出现部分时间的空闲，从而降低设备的利用率。这种力求使各设备负荷相等的负荷分配方案又可称作负荷平衡问题。

3. 零件加工的最优排序

所谓零件加工的排序就是确定零件加工的先后顺序。虽然各零件的加工工艺路径是确定的，但是各组零件的加工先后次序和一组零件中各个零件的加工先后次序都还是任意的。很显然，这些加工顺序对系统的生产率是有很大影响的。零件的优化排序将影响到系统的预置、调整、设备空闲时间和完成这一批零件加工的总时间。因此，在绝大多数情况下，零件加工排序的优化目标也是尽量减少系统的预置、调整、设备空闲时间之和，使系统生产率最高，完成加工任务的时间最短。

4. 辅助制造资源的需求计划

辅助制造资源需求计划是将当天或当班全部零件加工所需的刀具、夹具、托盘和量具等辅助资源进行统计、核对，若系统不完全具有这些资源则提出需求与安排计划，立即着手进行准备以免耽误生产。当某些资源欠缺时，可能要调整零件组排序的结果，让那些暂时不需要这些资源的零件组先行加工。

（四）AMS 的实时动态调度

前面所作的 AMS 生产作业分配和静态调度都是在零件开始加工前离线做出的，实时动态调度则是在线调度过程，它是在系统加工过程中根据系统当前的实际状态，对系统的生产活动进行动态的优化控制。要实现实时动态调度，首先必须随时掌握系统资源和在线零件的真实状态，这是实现实时动态调度的基础。为此单元控制器内必须保留一个系统状态表，该表中的元素与系统的资源和被加工零件相对应，一旦某一项资源或某一个零件的状态发生了变化，状态表中相应的元素就要准确、迅速地做出相应改变。系统状态表的维护是由系统监控子系统完成的，在此不详细介绍。

实时动态调度主要包括两方面的内容，即被加工零件的动态排序和对系统资源生产活动的实时动态调度。实时动态调度是在系统加工过程中实时动态完成的，因此要求其优化算法要简单，对系统状态变化的反应要足够快，从而满足实时控制的要求。

1. 被加工零件的动态排序

被加工零件的动态排序是指根据系统的当前状态，实时地调度安排零件在系统内的流动过程。制造系统在生产过程中随时都可能产生一些不可预见的扰动，如某台设备发生故障、刀具破损、被加工零件报废等。这些扰动都可能打乱原先静态调度所作出的零件排序和负荷平衡（即加工路径选择）的安排。这时，就需要根据系统的实际状态，进行适当的调整，改变零件的加工顺序和工艺路径。同时，在一台加工设备前有多个零件排队等待加工的情况下，调度系统也要根据系统的状态和预定的优化目标确定这些零件的加工顺序，而这在静态调度阶段是无法预先确定的。

静态调度的零件优化排序与实时动态排序是不一样的，静态调度的排序是在系统尚未开始加工之前，根据系统的资源配置与零件工艺特性，对分组后当天需加工的全部零件进行组间优化排序和组内零件加工的优化排序。静态调度中组内零件加工优化排序的优化目标一般是使加工该组零件的总加工时间最少，而实时动态排序则是在系统加工过程中，根据系统当前状态和零件工艺特点，对系统中在线的和在工件装卸站前排队等待进入系统加工的当前组内的零件进行加工过程的优化排序。它的优化目标主要是减少系统内的在制品数量、提高设备资源的利用率，特别是关键机床的利用率。

2. AMS系统资源生产活动的实时动态调度

前面所述的AMS生产作业计划、静态调度所进行的零件分组、负荷分配、静态优化排序和零件动态排序等都是针对工件在系统中的流动而做的，其目的在于合理调度安排被加工工件在系统中的流动。但这些工件流动计划的实现必须借助于系统设备资源的活动来完成，实时动态调度的一个重要内容就是对系统资源活动的实时动态安排与控制。对系统资源的控制包括物流系统（如小车、机器人、托盘缓冲站等）、刀具管理系统（如刀具库、对刀仪、换刀机械手等）、辅助资源的使用（如刀具、夹具、托盘等）、加工设备以及操作人员等进行控制和管理。这些制造资源的活动都要服从控制系统的调度安排，才能和谐、高效率地完成加工任务，因此需要在加工过程中对系统资源进行实时动态调度。

系统资源及生产活动的实时动态调度涉及的范围很广，它包括对刀具的调度管理、夹具的调度管理、机器人的调度管理、缓冲托盘站的调度管理、输送小车的调度管理等，本文仅对小车调度管理的基本内容进行简单描述。

自动导向小车系统可以是由多台小车组成的，运行路径也可以是呈网状的复杂系统。因此，对AGV系统的调度控制主要包括如下四项内容：

1）当有多项任务申请小车服务时，优先为谁服务。

2）当一项任务有多台小车可供选择时，选用哪一台小车为之服务。

3）小车的交通管制问题，它包括如何安排小车的运行路线使之避免碰撞，当有多台小车发生抢道的时候，如何避让等。

4）小车在两点之间运行时，如何选择最优路径，以使运行时间最短。

如果系统内只有一台小车承担物料输送任务，又假定小车在系统内任意两点间的最优运行路径是已知的，且不随时间的变化而改变（这在只有一台小车组成的系统内完全是可以实现的），则在这种简单的 AGV 系统中，小车的实时动态调度问题就只剩上述四项中的第一项，即选择优先服务对象的问题，这一问题非常容易解决。

五、自动化制造系统的网络方案

自动化制造系统的信息传递是通过计算机网络将有关的计算机设备连接起来形成相应的硬件体系结构，并在相应的软件体系结构支撑下完成的（目前最新的发展方向是物联网）。自动化制造系统的信息系统的物理配置内容包括：

1）自动化制造系统控制体系结构的选择与设计。

2）自动化制造系统计算机硬件系统与通信网络的体系结构设计。

3）自动化制造系统计算机软件系统的设计。

上面是功能完善的自动化制造系统物理配置的内容。在实际中并不是任何一个自动化制造系统都涉及上述各个方面的问题，对于相对简单的系统，如 DNC，一般就没有自动物料传输系统。

自动化制造系统的递阶控制结构在第三章中进行过介绍，以下重点介绍如何根据信息需求确定自动化制造系统的通信网络（拓扑）结构和总体方案。

（一）网络选择的基本步骤

单元控制器底层网络方案选择的一般步骤如图 4-17 所示。主要包括信息传输需求分析、网络功能模型设计、网络体系结构选择、网络物理配置设计等内容。

（二）信息传输需求分析

单元运行过程中所涉及的信息可以分成三类，即基本信息、控制信息和系统状态信息。

（1）基本信息 是在制造单元开始运行时建立的，并在运行中逐渐补充的信息，它包括：①制造单元系统配置信息，如加工、清洗或检测设备编号、类型、数量等；②物料流等系统资源基本信息，如刀具几何尺寸、类型、寿命数据，托盘的基本规格，相匹配的夹具类型、尺寸等。

（2）控制信息 控制系统运行状态，特别是有关零件加工的数据，包括：①工程控制数据，如零件的工艺路线、NC 加工程序代码等；②计划控制数据，如零件的班次计划、加工批量、交货期等。

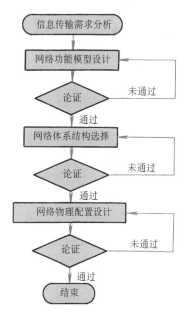

图 4-17 单元控制器底层网络
方案选择

（3）系统状态信息 反映系统资源的利用情况，包括：①设备的状态数据，如机床、装卸系统、物料传输系统等装置的运行时间、停机时间、故障时间及故障原因等；②物料的状态数据，如刀具剩余寿命，破损断裂情况及地址识别，零件实际加工进度等。

上述信息将由各级控制器分别进行处理，并通过计算机网络在各层之间进行传输。一般情况下，各层之间数据传输频率如下。

1. 单元控制器与工作站控制器之间的信息传输

1）下达零件加工任务（信息包括基本信息和控制信息），传输频率为 1~2 次/天；

2）工作站反馈的状态信息，传输频率为：数次/天。

2. 工作站控制器与设备控制器之间的信息传输

1）下达的 NC 程序，传输频率为：数次/天；

2）向设备层发出的控制命令，传输频率为：数次/天；

3）设备层状态信息反馈，传输频率为：数次/天。

（三）网络功能设计

根据上述信息传输的要求，可设计网络功能。为了满足单元控制器系统中信息递阶控制的分层结构，单元控制系统中的通信网络可以划分为两个层次，一是单元控制器与工作站之间的网络，二是工作站控制器与设备控制器之间的网络，两者在功能及性能上的要求不完全相同。

1. 单元控制器与工作站之间的网络功能和性能要求

1）网络体系结构应具有下列特点：①支持异种机及异种操作系统（如 VMS、UNIX、LINUX）；②网络协议符合国际标准或工业标准；③能与异构网连接。

2）网络功能包括：①文件传递；②报文传送；③电子邮件；④虚拟终端；⑤进程间通信；⑥分布式数据处理与查询。

3）网络性能：①传输速率：$1 \sim 100$Mbit/s；②误码率：10^{-7}以下；③响应时间：秒级；④传输距离：$100 \sim 1000$m。

4）网络管理保障功能：①网络管理服务；②计算机及网络安全；③网络平均无故障时间至少一年以上。

2. 工作站控制器与设备层网络的功能和性能要求

1）传送 NC 程序，控制命令，应答状态反馈信息；

2）进程间通信；

3）误码率：10^{-7}以下；

4）响应时间：毫秒级；

5）传输距离：50m 以内。

（四）网络的物理结构

1. 自动化制造系统单元的网络结构

对于中、大型自动化制造系统单元，其网络物理结构如图 4-18 所示。

对物理结构的说明如下：

1）单元控制器与工作站控制器之间一般用 LAN 连接，选择的 LAN 应符合 ISO/OSI 参考模型，网络协议最好选用 MAP3.0。如条件不具备，也可以选用 TCP/IP 与其他软件相结合的方式，如 Ethernet 标准。

2）工作站控制器与设备层之间的连接可采用几种方式，一是采用现场总线；二是使用集线器将几台设备连接在一起，再连接到工作站控制器上。

2. DNC 型单元网络结构

DNC 型单元是组成制造单元的另一种形式，在这种结构的制造单元中，由于系统内没有物料自动传输系统，因此设备间的信息交换要少得多。

DNC 型制造单元的通信结构主要指数控系统的接口通信能力和数控系统与计算机间的物理连接、通信协议、数据结构、系统作业时序及联网能力等。从现在的情况看，计算机与机床控制器之间互连的拓扑结构主要有两种型式，即：现场总线型和局域网型。

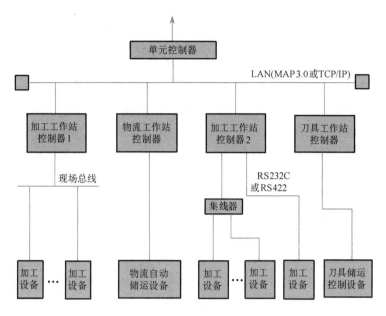

图 4-18　自动化制造系统单元网络物理配置示意

（1）现场总线型　现场总线相当于"底层"工业数据总线，常用于分布式控制系统和实时数据采集系统中。它有以下特点：①该连接方式造价较低，可用于组合成中小型 DNC系统；②与 LAN 连接方式相比，现场总线只发送或接收规模较小的数据报文，并且以这种数据报文作为与较高一级的控制系统实现设备数据往返传送的有效手段。

（2）局域网型　图 4-19 是 CIMS/ERC（国家 CIMS 工程研究中心，设在清华大学）工程研究中心的 DNC 互连结构，互连的介质为 LAN。该结构中，各站点（DNC 系统）通过一条公用的通信介质（如双绞线、同轴电缆或光缆）连接在一起。图中连接到 LAN 上的有DNC 中心计算机（HP9000）和终端服务器两种。

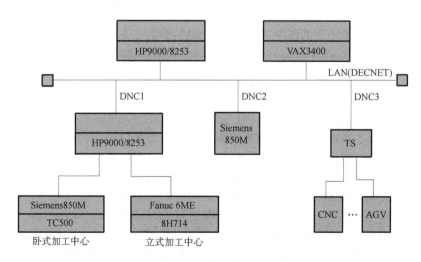

图 4-19　DNC 单元的 LAN 连接

六、自动化制造系统控制系统的设计

自动化制造系统的控制系统本质上也是一种信息处理系统，与一般的信息系统一样，它是由计算机硬件和软件组成的，其设计与实施过程与一般信息系统是相同的。

自动化制造系统控制系统一般的是递阶控制结构，各控制层之间及与上级控制系统之间存在着大量的信息交换。以柔性制造系统的控制系统为例，控制系统由单元控制器、工作站控制器和设备控制器三级控制器组成，且可有多个工作站控制器和设备控制器。

单元控制器承担了整个控制系统最主要的控制工作，其工作负担较重，一般要求处理能力较强，要有较高的处理速度，且应有多用户、多进程的处理能力。系统的主要信息也是存放在单元控制器内，所以对计算机的存储容量、数据库的信息处理能力均有较高的要求。单元控制器还要负责全部对外的通信功能，所以对计算机的网络与通信能力也有较高的要求。单元控制器可安放于专门的机房内，所以可以选用通用的小型机、图形工作站或高档微机。

工作站控制器负责对设备进行控制，并执行与分解单元控制器的调度指令。通常工作站控制器放置于车间工作现场，对防尘、防振、防磁、防电压波动的要求较高，常选用工控机级别的计算机。

设备控制器可以是通用计算机、专用数控设备（CNC）、可编程序控制器（PLC）、单片机控制器、键盘显示终端甚至按钮、开关等，很多时候设备控制器都是在购买设备时随设备带来的，如数控机床的 CNC 系统。

由于自动化制造系统内是多级分布式处理，各控制器间存在大量的信息交换。而各控制器多采用不同的计算机，其操作系统也不尽相同，特别是设备控制器很多时候并不是通用的计算机或通用的操作系统，甚至不是计算机，各控制器的通信接口和通信协议也不统一。通常系统与外界的联系都是由单元控制器承担，单元控制器大多数是通用计算机和通用操作系统，可以通过企业局域网来实现。单元控制器与工作站控制器和工作站控制器与设备控制器之间的通信也可用局域网实现，但考虑到控制器类型与通信协议的多样性、车间现场的工作环境和加工过程中对信息通信的实时性要求，在实际实施的系统中也常采用现场总线或串口通信等技术实现信息通信。

 复习思考题

4-1 用户决定建造自动化制造系统前为什么要进行需求分析和可行性论证？可行性论证的基本内容有哪些？论证中应注意什么问题？

4-2 选择自动化制造系统的类型时应注意什么问题？什么情况下选择刚性的自动化生产线？什么情况下选择柔性较高的自动化生产线？

4-3 建造自动化制造系统时为什么要进行总体设计？总体设计的目的和地位怎样？

4-4 自动化制造系统总体设计的主要内容有哪些？如何进行总体设计？

4-5 为什么说确定自动化制造系统加工零件族对自动化制造系统的设计和运行有十分重要的意义？

4-6 简要说明影响零件族选择的因素并简要说明确定零件族的基本方法。如何进行零件的工艺分析？

4-7 典型自动化制造系统（如 AMS）有哪几个主要组成部分？各部分的主要功能是什么？

4-8 为什么要进行自动化制造系统的平面布局设计？平面布局设计的依据是什么？

4-9 柔性制造系统生产管理的主要内容有哪些？为什么要进行零件生产的静态调度？

4-10 柔性制造系统实时动态调度的主要内容有哪些？各承担什么主要工作？

第五章

自动化制造系统各分系统的设计

本章在自动化制造系统总体设计和人机系统设计的基础上，以高柔性的自动化制造系统（即柔性制造系统）为例，讨论各主要分系统的方案设计，包括加工设备选择、工件储运及其管理系统方案设计、刀具储运及其管理系统方案设计、作业计划与调度系统设计、检测与监控系统设计等内容。

第一节　加工设备选择

由于购买一台现代化的加工设备通常需要很大一笔资金，因此，合理选择设备是自动化制造系统设计中的一项重要内容。合理地选择加工设备，可以使企业在满足使用要求的前提下，减少购买投资、维护和运行费用、满足加工要求以及提高设备的利用率。通常可以按照加工设备选择的内容与原则进行技术可行性分析，进一步地可以把加工设备选择作为一个综合决策问题，通过分析与建模，对其进行多目标优化（参见本书第八章）。

一、自动化制造系统对加工设备的要求

一般来说，对纳入自动化制造系统的加工设备应在以下几个方面提出基本要求。

1. 工序集中

工序集中是自动化制造系统中加工过程最重要的特点之一。由于自动化制造系统是高度自动化的制造系统，价格昂贵，因此要求加工工位的数目尽量少，并能接近满负荷运转。此外，加工工位少可以减轻物流系统的输送负担，还可以更有效地保证零件的加工质量，所以工序集中是最基本的要求。

2. 质量

在选择设备时所涉及的质量是一种广义的质量，它包括：①所制造的产品在性能指标方面满足用户期望值的程度；②满足设备使用者对设备功能的基本要求。纳入柔性制造系统的加工设备应当是可靠的，并能满足加工精度的要求。当然，高质量并不等于性能上的高档次，后者将使投资增加、成本提高。

3. 生产率

生产率是根据自动化制造系统的设计产量、利润和市场等因素决定的。高生产率是设备选择的目标之一。高的生产率一般都会使生产成本降低，但有时也会使产品质量下降，甚至使系统的柔性降低。因此，确定合理的生产率指标非常重要。

4. 柔性

当环境条件（生产的产品、技术条件、零件制造工艺等）发生变化时，如果系统不需要进行太多的调整，不需要很长的时间就可以适应这种变化，仍然可以以较低的成本高效率地生产出高质量的产品，则系统的柔性好。为了使系统具有良好的柔性，通常是要付出代价的，例如，如果环境条件的变化不频繁，则会造成浪费。相反，柔性差的系统，一旦环境条件变化，就需要投入大量的资金和时间来调整或改造系统，也要为此付出很大的代价。因此，根据实际情况制定合适的柔性指标来指导加工设备的选择是十分重要的。

5. 成本

在满足其他要求的前提下，应按成本最低的原则选择设备。在考虑成本问题时，不仅要

考虑设备的购置成本，还需综合考虑运行、维护、培训等方面的成本。

6. 易控制性

自动化制造系统中的所有设备都要受到本身数控系统和整个计算机控制系统的调度和指挥，要能实现动态调度、资源共享、提高效率，就必须在各机床之间建立必要的接口和标准，以便准确及时地实现数据通信与交换，使整个系统能协调地工作。

二、选择加工设备的内容和原则

自动化制造系统的加工设备通常为数控机床，下面重点讨论数控机床选择的内容与原则。

1. 选择加工设备的类型

加工设备的类型通常在总体设计中确定，主要考虑解决生产"瓶颈"的问题，其次考虑被加工对象的加工工艺、设备的最佳加工对象和范围、生产率、价格、机床配置形式等多种影响因素。

2. 选择加工设备的规格

数控机床最主要的规格为工作台尺寸与承载能力、工件的最大回转和加工直径、行程范围和主轴电动机功率等，主要根据选定零件族的典型零件或零件尺寸范围进行选择。

（1）工作台 一般应选择比典型零件稍大一些的工作台面，以便留出安装夹具所需的空间，同时工件小于工作台时，一般不会发生工件与机床换刀空间干涉及其在工作台回转时与护罩件干涉等问题。当然，当零件形状特殊时，仍需校核。此外，还应考虑工作台的允许承载能力，承载能力不足时应考虑加大工作台尺寸。

（2）3 个直线坐标的行程范围 加工中心的工作台面尺寸和 3 个直线坐标行程都有一定的比例关系。例如工作台为 500mm×500mm 的机床，X 轴行程一般为 700～800mm，Y 轴为 550～700mm，Z 轴为 500～600mm 左右。因此，工作台面的尺寸基本上确定了加工空间的大小。个别情况下，工件的尺寸也可以大于机床坐标行程，这时必须要求零件的加工区处在机床的行程范围之内。

（3）主轴电动机功率与转矩 它反映了数控机床的切削效率，也从一个侧面反映了机床在切削时的刚性。同一规格的不同机床，电动机功率可以相差很大，应根据典型零件毛坯余量的大小，所要求的切削力，要求达到的加工精度，能配置什么样的刀具等因素综合考虑。当需要低速加工大直径工件或大余量工件时，还应校核低速时的主轴转矩。

（4）转速范围 当需要高速切削或超低速切削时，还应关注主轴的转速范围是否满足要求。

（5）最大工件直径 对于回转类零件，应考虑最大直径和长度，通常受到主轴孔径、床身长度、床身上最大工件回转直径和最大加工直径的限制。

（6）其他技术参数 包括切削进给速度、数控轴数和联动轴数等均应满足典型工件加工要求。但增加坐标数，机床的价格会大幅度增加。

3. 选择加工设备的精度

机床的精度等级主要根据典型零件关键部位加工精度的要求来确定，以加工中心为例，应考虑以下问题：

（1）定位精度与重复定位精度 数控机床的精度项目很多，主要项目见表 5-1。定位精度与重复定位精度是最主要的指标，它们综合反映了各运动零部件的综合精度。尤其是重复定位精度，它反映了该控制轴在行程内任意定位点的定位稳定性。这是衡量该控制轴能否稳定可靠工作的基本指标。

表 5-1　机床精度主要项目

精 度 项 目	普 通 型	精 密 型
单轴定位精度/mm	±0.01/300 或全长	0.005/全长
单轴重复定位精度/mm	±0.006	±0.003
铣圆精度/mm	0.03 ~ 0.04	0.02

（2）铣圆精度　在加工中等精度的工件时，一些大孔径、圆柱面和大圆弧可以采用高切削性能的立铣刀铣削。不论典型工件是否有此需要，为了将来可能的需要及更好地控制机床的精度，应关注这一精度指标，因为它是综合评价数控机床有关数控轴的伺服跟随运动特性和数控系统插补功能的主要指标之一。

（3）其他精度指标　根据实际需要还应考虑其他精度指标，一般其他精度与表 5-1 中所列的数据都有一定的对应关系。从机床的定位精度可估算出该机床在加工时的相应有关精度。如在单轴上移动加工两孔的孔距精度约为单轴定位精度的 1.5 ~ 2 倍（具体误差值与工艺因素有关）。因此，普通型加工中心可以批量加工出 8 级精度零件，精密型加工中心可以批量加工出 6 ~ 7 级精度零件。

（4）应注意有关验收的问题　机床精度与别的项目选择不同，必须特别注意有关验收的问题。首先应注意验收采用的标准，供货方提供的技术资料上通常会给出出厂检验标准，它一般会高于国际标准或国家标准，但验收采用的又是国际标准或某个国家的标准（如 ISO 标准、中国国家标准、美国 NMTBA 标准、德国 DIN 标准、日本 JIS 标准等）。同时，不同标准的评定方法测出的精度数值会不同，其允差指标也就不同。其次，应根据需要选择验收时应检测的精度项目，以保证机床的实际精度。

（5）工步间（在线）检测装置　现代数控机床或加工中心一般都配有工步间检测装置，可以实现加工过程的在线检测。在精加工工步前，首先检测工件的尺寸，再自动对机床进行调整，以保证最终加工精度。在机床选择时，应考虑此项要求。

4. 选择数控系统

选择数控系统时应遵循以下基本原则：

1）选择数控系统时应考虑与外部支持软件相适应。有些数控机床可以在供货方专用的数控系统与较通用的数控系统（如 FANUC 等）之间选择，这时应考虑与准备采用的外部支持软件（如自动数控编程软件、数控系统检测软件等）相适应。

2）根据数控机床的使用指标选择数控系统。在可供选择的数控系统中，它们的性能高低差别很大。如日本 FANUC 公司生产的 15 系统，它的最高切削进给速度可达 240m/min，而该公司的 0 系统，它的最高切削速度只有 24m/min。它们的价格也可相差数倍。所以应根据需要选择，不能片面追求高指标，以免造成浪费。

3）根据性能要求选择数控系统功能。一个数控系统具有许多功能，通常分为基本功能与选择功能。基本功能是必然提供的，其价格包含在数控系统的报价中。而选择功能只有当用户确定选择了这些功能之后，厂家才会提供，通常需另行加价，且定价一般较高。所以，对数控系统的功能一定要根据机床性能需要来选择，既要避免使用率不高造成浪费，也要注意订购时把需要的选择功能一次订全，不要遗漏，以免由于不能补增这些功能而造成数控机床性能降级。此外，还需注意选择功能之间的关联性，有时选择了某个功能，必须同时选相

关的其他功能，才能更好地发挥作用。

4）同一个自动化制造系统中各台加工设备的控制系统尽可能一致，以方便使用与维护。

5. 选择刀具型式、自动换刀装置及机床刀具库

自动换刀装置（Automated Tool Changer，ATC）及机床刀具库是加工中心的基本特征，ATC 的工作质量及机床刀具库的容量会直接影响机床的使用性能、质量及价格。

（1）尽量选用结构简单和可靠性高的 ATC　选择 ATC 主要考虑的是换刀时间与故障率。换刀时间短可提高生产率，但过分强调换刀时间会使价格大幅度上升并使故障率提高。加工中心机械故障中约有 50% 以上与 ATC 有关，因此用户应在满足使用要求的前提下，尽量选用结构简单且可靠性高的 ATC，以降低故障率和整机成本。

（2）机床刀库的容量以满足一个独立的复杂加工程序对刀具的需要为原则　一般应根据典型工件的工艺分析算出各次装夹分别所需的全部刀具数，由此来确定刀具库的容量。当要求的容量太大时，可适当插入一些工序，将一个复杂工件分为两个或三个加工程序进行加工，以减少刀库容量。根据使用经验，立式加工中心上选用 20 把左右刀具容量的刀具库，在卧式加工中心上选用 40 把左右刀具容量的刀库基本上能满足需要。刀具库容量太大的缺点是成本高，结构复杂，故障率高，刀具管理困难，易出现人为的差错，以及编程困难和调试工作量大问题。

（3）选用刀具预调仪　利用刀具预调仪事先测定刀具径向尺寸和轴向尺寸，做好刀具的准备工作，使这部分工作不占用机床工时，以提高机床使用率。应尽量采用计算机管理的预调仪，以便自动进行修正，提高效率。

（4）慎重选择刀柄、刀具及附件　没有足够的刀柄、刀具及附件将直接影响机床性能的发挥。但刀柄、刀具及附件的需要量大，占设备投资的比例很大，有时甚至超过设备本身的投资。因此，最佳的选择办法还是根据典型工件确定所需的品种和数量，并在使用中陆续添置。考虑不同机床之间刀具的通用性，对降低在刀具方面的投资有十分重要的作用。

6. 选择特殊订货项目

在选用数控机床时，除了认真考虑它应具备的基本功能及基本备件外，还应选用一些选择件、选择功能及附件，例如主轴冷却装置、排屑装置、数控回转工作台、自动交换工作台、测量装置、全密封防护罩及其他配件等。选择时应注意以下问题：

（1）注意配套性　主轴冷却装置、排屑装置等均是必须具备的，对一些尽管不是必须的选择件，但如果价格不高，对使用带来很多方便的，也应尽量选用。尤其应注意，不能因为缺少一个价值很低的附件而使昂贵的机床长期不能正常运行。

（2）自动交换工作台选择　是否选择自动交换工作台主要取决于该机床是否进入自动物料流系统。但有时尽管上、下料是人工的，为了避免停机进行费时的工件安装与找正，亦可选择交换工作台，使得机床正常工作时仍可在交换工作台上装卸工件，以提高机床利用率。

（3）回转工作台的联动　通常卧式加工中心均配置数控回转工作台，以便在一次装卡下就能进行多面加工。数控回转工作台是否作为第四个坐标轴与其他三轴联动，应根据实际需要确定。仅仅为了多面加工，联动是不必要的。

（4）在不同机床上通用的附件，应从全局的角度考虑，以实用、经济为目的。

7. 技术服务

为了使自动化制造系统得到合理使用，充分发挥其技术和经济效益，选择系统所用的各种设备时，还应注意供货商是否具有良好的技术服务能力，通常应考虑如下问题：

1）一定期限的免费保修。

2）供货方应能提供长期迅速的维修服务，最好就近有培训和售后服务点。

3）在现场进行程序编制人员和操作人员的操作培训以及机械和电气维修人员的保养与维修培训。

4）在供货方培训中心对程序编制人员、操作人员、维修人员进一步的技术培训。

5）供货方协助对典型工件做工艺分析，进行加工可行性工艺实验以及承担成套技术服务，包括工艺装备设计、程序编制、安装调试、试切工件，直至全面投入生产。

第二节　工件储运及其管理系统方案设计

自动化制造系统，特别是柔性制造系统的工件储运及管理系统对制造系统的生产效率、复杂程度、投资大小、系统运行可靠性等影响很大，方案设计时应进行多方案分析论证。下面讨论其中的几个主要问题。

一、工件输送系统

通常工件输送系统主要完成零件在制造系统内部的搬运。零件的毛坯和原材料由外界搬运进系统以及将加工好的成品从系统中搬走，一般需人工完成。在大多数情况下，系统所需的工装（夹具等）也由工件输送系统输运。

自动化制造系统，特别是柔性制造系统，一般采用自动化物流系统。但值得注意的是，近年来允许大量人工介入的简单物流系统应用越来越多，这是因为其投资少、见效快、可靠性也相对较高的缘故，在我国现阶段使用比较合适。

1. 输送系统型式选择

常用的输送型式如图5-1所示。选择输送型式时主要考虑自动化制造系统的规模、输送功能的柔性、易控制性和投资等因素。直线型一般适用于小型的自动化制造系统。直线型和环型输送方式的柔性是有限的，输送柔性最大的是网型和树型，但它们的控制系统比较复杂。此外，在直线型、网型和树型的输送方式下因工件储存能力很小，一般要设置中央仓库或具有储存功能的缓冲站及装卸站，而环型因工件线内储存能力较大，很少设置中央仓库。从投资角度来说，需用自动导向车的网型和树型，输送系统的投资相对较大。

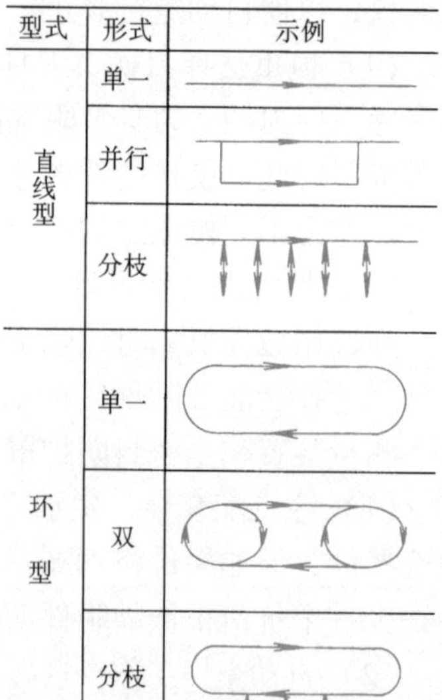

从已运行的自动化制造系统如柔性制造系统来看，环型输送型式应用最多，其次是直线型。从发展情况看，随着各种自动导向小车的广泛应用，网型和树型的应用会逐

型式	形式	示例
直线型	单一	
	并行	
	分枝	
环型	单一	
	双	
	分枝	
网型		
树型		

图5-1　柔性制造系统输送型式

渐增多，这种型式特别适合于中、小批量多品种生产的自动化制造系统。

2. 工件输送设备的选择

几种常用工件输送设备的特点及适用范围见表 5-2。

表 5-2　常用工件输送设备的特点及适用范围

输 送 设 备	适用范围及特点
步伐式输送带	1. 适用于 FML 2. 有方向性的刚性输送 3. 输送节拍固定
空中或地面 有轨运输车	1. 适用于由 2~7 个机械加工工作站组成直线布局的小型 FMS 2. 适用于 FMC 3. 承载能力可达 10t，运行速度 30~60m/min
自动导向小车	1. 适用于非直线布局的较大规模的 FMS 2. 承载能力一般在 2t 以下 3. 对车间地面及周围环境要求较高
驱动辊道	1. 适用于加工批量较大的 FML 或 FMS 2. 承载能力大，集运输储存于一体 3. 敞开性差，多为环形布局
地链式有轨车	1. 适用于非直线布局的大型 FMS 2. 灵活性介于有轨运输车与无轨运输车之间 3. 控制简单，但地下工程量较大，早期的 FMS 有应用

除了表中所列的设备外，搬运机器人常用于转运工件及输送回转体工件和刀具。同时由于搬运机器人工作的灵活性强，具有视觉和触觉能力，以及工作精度高等一系列优点，近年来在自动化制造系统中应用越来越广。

值得指出的是，近年来自动导向小车开始广泛应用于自动化制造系统的实际工作中，它具有以下几个方面的优点：

1）较高的柔性。很容易改变、修正和扩充移动路线。

2）实时监视和控制。控制计算机可以实时地对 AGV 进行监视与控制。当作业计划改变时，可以很方便地重新安排小车路线或为紧急需要服务。

3）安全可靠。AGV 通常由微处理器控制，能与控制器通信，防止碰撞，能低速运行，定位精度高，具有安全保护装置等。

4）维护方便。

选用 AGV 时主要考虑以下指标：①外形尺寸（一般长度从 750~2500mm，宽 450~1500mm，高 550~650mm）；②载重量（50~2000kg，选择载重量时除了工件重量外还应考虑托盘和夹具的重量）；③运行速度（10~70m/min）；④转弯半径；⑤蓄电池的电压以及每两次充电之间的平均寿命；⑥安全性（是否有安全杠、警报扬声器及警告灯，全速行驶时的紧急刹车距离）；⑦载物平台的结构；⑧控制方式；⑨定位方式；⑩兼容的控制计算机类型等。

二、自动化仓库

自动化仓库在自动化制造系统中占有非常重要的地位，以它为中心组成了一个毛坯、半成品、配套件和成品（有时也包括工艺装备）的自动存储和自动检索系统。国内外经验表明，尽管以自动化仓库为中心的物流管理自动化系统耗资较大，但它在实现物料的自动化管理、加速资金周转、减少库房面积、保证生产均衡诸方面所带来的效益也是巨大的。因此在自动化制造系统规划时，可以根据实际需求和投资规模考虑采用自动化仓库。

1. 仓库形式的选择

自动化仓库一般分为立体库和平面库两类。除了大型工件往往采用平面库外，一般工件常用立体库。

平面库采用的是在车间输送平面内的布局形式，通常有直线型和环型两种。

立体仓库由存放货架、自动存取的搬运设备和输入输出站组成。所使用的自动存取搬运设备为堆垛起重机。

当自动化制造系统规模较小，而又不要求无人化运行时，也可以利用缓冲存储，即利用物流系统内各环节（装卸站，输送系统、物料交换站、缓冲存储器等）的储存能力来满足系统运行的需要，而不专门设置自动化仓库。

2. 立体仓库布局形式的选择

立体仓库布局形式的选择主要与仓库的存储数量、进出库频率、系统的总体布局、外部设备以及存放物料的规格等有关。

立体仓库的几种布局及适用范围见图 5-2。

布局形式	说明	布局形式	说明
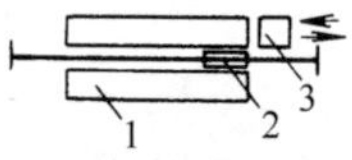	1. 一个进出库站 2. 适于进出库频率低的场合	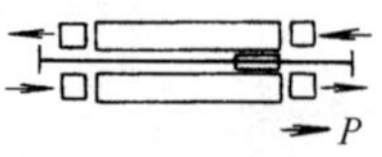	1. 四个进出库站 2. 进出库频率高需批进批出的场合
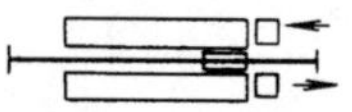	1. 两个进出库站 2. 适于进出库频率较高的场合	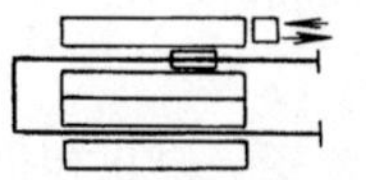	1. U形多道式 2. 适于储存量多，进出库频率低的场合
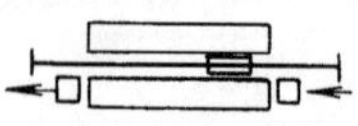	1. 两个进出库站 2. 分进库侧和出库侧	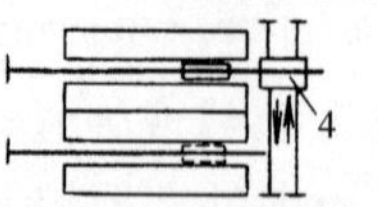	1. 转车台式 2. 适于储存量多，进出库频率低的场合
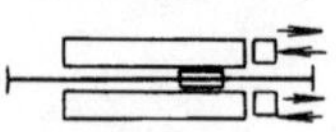	1. 两个进出库站 2. 进出库频率高	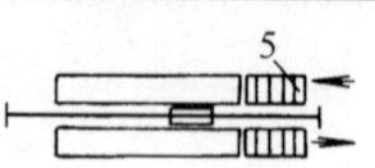	1. 进出站与外围装置连接 2. 进出频率高且与外围设备联动

图 5-2　立体仓库的布局形式

1—货架　2—堆垛起重机　3—进出库站　4—转车台　5—输送机

仓库的存储数量可由下式计算：

$$N \geqslant Tn/t + a + b \tag{5-1}$$

式中　N 为中央仓库存储数量，N 的单位为个；T 为无人化生产时间，T 的单位为 h，若系统每天运转24h，且8h由工人备料，则 $T = 16h$，若要考虑周末（五天工作制）无人化生产，则 $T = 64h$；n 为系统中机床台数，n 的单位为台；t 为托盘上所装工件的平均加工时间，t 的单位为 h/个；a 为待用托盘数，a 的单位为个；b 为储存刀具所用托盘数，b 的单位为个，若系统具有中央刀库，刀具不在立体库储存，则 $b = 0$。

如果考虑系统内缓冲存储的存放数量，中央仓库的库存数可适量减少。

出入库频率 P（个/h）可由下式估算：

$$P = n/t \tag{5-2}$$

以上的计算是很粗略的，应根据自动化制造系统的生产纲领、合理库存量、工艺规划及系统总体情况综合考虑确定。当零件对象明确且相对稳定时，可用仿真计算的方法加以确定。

三、工件储运管理系统功能

自动化制造系统的工件储运管理系统的功能主要包括：对工件物流系统各部分的控制，控制信息的处理和对 AGV 及自动化仓库的管理。作为管理系统，应具备信息存储和处理等方面的功能，如与上层的信息交换，数据库的维护、统计、查询及报表处理等功能。下面仅讨论主要的功能。

（一）物流系统的控制

一般来说，工件物流系统由自动化仓库、物料识别装置、物料运输系统和上下料站等组成。其中主要部分是自动化仓库和运输系统，它们通常由专业厂提供。相应的控制装置不需用户设计，用户只需通过通信接口，对其动作进行控制并接收反馈信息。

物流系统的控制功能体系如图 5-3 所示。

（二）AGV 的管理

AGV 系统管理的目的，就是确保系统可靠运行，最大限度地提高物料通过量，使系统生产效率达到最高水平。

（1）交通管制　在多车系统中，为了避免车辆之间的碰撞，系统必须具备交通管制功能。当前最广泛流行的 AGV 交通管制与火车运行相似，采用区间控制法。它将导引回路划分为若干个区间，由软件进行控制，使任何时刻只允许一辆车位于给定的区间内。

（2）车辆调度　车辆调度的目的就是使 AGV 系统实现最大物料通过量的目标。在工件储运管理系统调度时需遵循一定的调度法则。

（3）系统监控　为了保证系统的正常运行，避免因故障等原因造成损坏，需对 AGV 系统进行监控。目前实现监视可有两个途径：定位器面板和工业摄像机。

（三）自动化仓库的管理

自动化仓库的管理除了实现图 5-3 所示的控制功能以及有关信息的输入与预处理外，还应具备下列主要功能：

1. 台账管理

对仓库中货物的品种、数量、价格等大量的数据进行管理，使管理人员掌握库存货物的全貌。

2. 库存管理

为了满足生产的需要，仓库库存货物应有一定的数量，库存量太多，会造成资金积压及

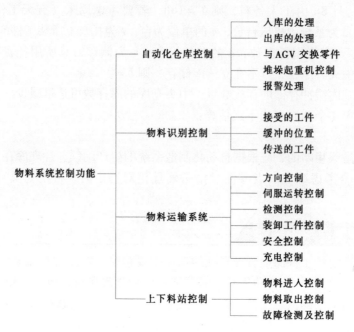

图 5-3　物料系统控制功能

管理费用增加；库存量太少，则会影响正常生产。不同的物料要求的储存量不同，其最佳值的选择要通过优化设计来确定。也可以通过对各物料的存放时间、最大和最小数量、生产缺件统计等方式来控制库存数量。

3. 货位管理

货位管理是计算机管理系统的一个重要功能。出入库的货位应按照一定的原则来分配。货物的存放方式有：

（1）固定货位存放方式　对每个品种的货物分配固定的货位。一旦计算机有了故障，管理人员对货物的存放地址仍很清楚，不会造成混乱。但由于对每种货物都要按最大进货量来分配货位，所以要求的货位较多，使货位利用率降低。

（2）自由货位存放方式　各种货物并无固定的存放货位。出入库货物的存放地址是按照一定的出入库原则确定的。

入库原则一般是先近后远，先用的近、后用的远，常用的近、不常用的远，均匀分配，先存放低层，后存放高层，上轻下重等；出库原则是先进先出，先出零散货物，尽量腾出货位。除了遵循上述原则外，货物的存放还与工艺要求密切相关。

此种存放方式节约储存空间，是用得较多的货位管理方式。但当计算机出故障时，则可能引起数据混乱。所以必须做好数据备份。

（3）划分区域随机存放方式　对于品种较多或每个品种要求存放货物规格大小不同时可用这种方式。这是前面两种存放方式的混合应用。

（4）信息跟踪的数据管理　由于同一物品在原料、半成品、成品状态有不同的要求，应按不同品种处理。因此必须将每一物品在每一工艺流程中的技术数据记录在案。计算机对物品的技术数据进行管理时，要跟踪每一物品在每一生产环节中的数据变化、存放地址以及目前的工艺状况等，作为进一步加工时区分不同品种和技术分析的依据。

第三节 刀具储运及其管理系统方案设计

刀具储运及管理系统是自动化制造系统的一个重要组成部分。它完成加工单元所需刀具的自动运输、储存和管理任务。其中刀具的运输和储存系统及其设备组成及功能已在第三章进行了介绍，本节主要从刀具管理的角度讨论刀具储运及管理系统方案设计。

通过对各种自动化制造系统的分析，人们发现刀具系统的投资和可靠性应是自动化制造系统规划和设计时应充分考虑的两个因素。在自动化制造系统中，以每台加工中心配备 60 把刀具计算，若每把刀具平均有三把备用刀，那么一台加工中心就可能需要 180 把刀具和相应数量的刀柄，再加上刀具准备和交换等费用，刀具系统方面的投资非常大。另外，在典型的加工系统中，安装刀具、更换刀具和装夹工件的非生产性时间通常大于实际切削时间。因此，最优管理自动化制造系统中的刀具对提高系统总体效率起着不可忽视的重要作用。

一、刀具储存策略

自动化制造系统的刀具储运和管理系统的设计逐渐形成了两种主流形式。一种是只在机床上配置一定容量的刀库，这种配置形式的缺点是每台机床的刀库容量有限，当自动化制造系统加工的工件种类增加时，加工机床经常不得不停下来更换刀具，因而不能有效并长时间地连续生产。另一种形式是除了机床刀库外设置独立的中央刀库，采用换刀机器人或刀具输送系统（有时，刀具输送、工件输送和工具输送可以公用一套输送系统），为若干台加工机床进行刀具交换服务。采用这种形式的设计，中央刀库容量可以增大。不同的机床，可以共享中央刀库的资源，以保证加工机床连续加工，提高了系统的柔性程度。

不论采用哪种形式，刀库中除了配置至少一把所需刀具外，还要考虑为了保证连续加工所需的替换刀具。这就存在刀具储存策略问题。为了不失一般性，下面以三台相同加工中心组成的柔性制造单元为例，分析四种不同的刀具储存策略。这三台加工中心由一台 AGV 完成刀具的输送。假设每台加工中心有一个固定式刀库，容量为 MC $=6$。

1. 刀具储存策略一

每台机床的刀库装有 6 把不同的刀具（图5-4），分别以 t_1，t_2，$\cdots$，t_6 表示。

在这种刀具储存策略下，不论加工任务在三台机床上如何分配，在这个加工单元上完成的加工任务所需的刀具在三台机床上均拥有。

优点：

1）有备用刀具组（其他机床上有相同的刀具组，可作为备用）。

2）有备用机床（某机床发生故障时，它的任务可直接由其他机床承担）。

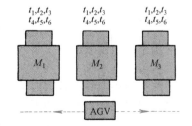

图5-4 刀具储存策略一

3）刀具传送系统简单（无中央刀库，只需将刀具输送并装入机床刀库即可）。

缺点：

1）需要有一组以上的相同刀具，刀具需求量大。

2）同样的 NC 程序存储在一台以上的机床中，重复存储，占用存储单元多。

3）要求机床刀库的容量大。

2. 刀具储存策略二

如图 5-5 所示，每台机床刀库中装有两把不同类型的刀具。此外，这些刀具每一把都要有一把备用刀。

在这种策略下，各台机床上的刀具是按加工任务分配情况配置的，备用刀具在同一台机床上。

优点：

1）有备用刀具。

2）每个 NC 程序只存储在一台机床中（不具备相应刀具的 NC 程序显然没必要存储）。

3）刀具传送系统简单。

缺点：

1）需要有一组以上的相同刀具。

2）没有备用机床。

3. 刀具储存策略三

每台机床的刀库如图 5-6 所示，即每台机床刀库中只装两把不同的刀具，所有备用刀具与一些别的刀具储存在刀具储存和输送系统中。

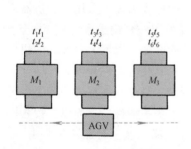

图 5-5　刀具储存策略二

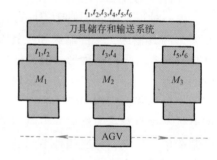

图 5-6　刀具储存策略三

在这种策略下，各台机床上的刀具也是按加工任务分配情况配置的，但备用刀具放在中央刀库中。

优点：

1）有备用刀具组。

2）每个 NC 程序只储存在一台机床中。

3）对机床刀具库容量的要求低。

4）更换机床刀库中的刀具就可形成备用机床。

缺点：

需要有较复杂的刀具储存和管理系统。

4. 刀具储存策略四

每台机床的刀库只装两把刀具，在中央刀库中不储存所有的备用刀具，而只储存下面两组备用刀具（图 5-7）：

1）易于断裂的刀具（存在各刀库中的刀具的备用组）。

2）为零件的替代加工路线（替代的工艺计划）提供的刀具。

这种储存策略的其他优缺点与策略 3 相同，它的特点是减少了存放在刀具储运系统中的刀具数量。事实上，前面三种储存策略中，假定在给定的规划范围内，至少应有两个相同的刀具组。不过，这个假定在实践中常常是不成立的，因为：

1）刀具成本高。

2）刀具维护有延误。

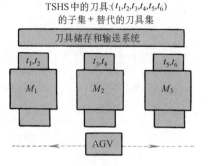

图5-7 刀具储存策略四

因此，在复杂的刀具系统中，刀具存储策略 4 对减少刀具数量的作用最为明显。

二、刀具管理系统构成

1. 刀具管理系统的设备构成

一个典型的、具有自动刀具供给系统的刀具管理系统的设备构成如图 5-8 所示。它由刀具准备车间（室）、刀具供给系统和刀具输送系统三部分组成。

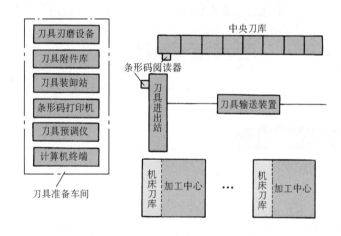

图5-8 刀具管理系统设备构成

刀具准备车间（室）：包括存放暂时不用的刀具、刀柄及附件的部件库、条形码打印机、刀具装卸站、刀具刃磨设备、刀具预调仪等。

刀具供给系统：包括条形码阅读器、刀具进出站和中央刀库等部分。

刀具运输系统：包括装卸刀具机械手、传送链（或运送小车）等刀具输送装置。

2. 刀具管理系统的功能构成

刀具管理系统的功能可分为四个部分，如图 5-9 所示。

3. 刀具管理系统软件构成

刀具管理系统软件构成如图 5-10 所示，它主要描述软件模块的组成及与外部软件的关系。

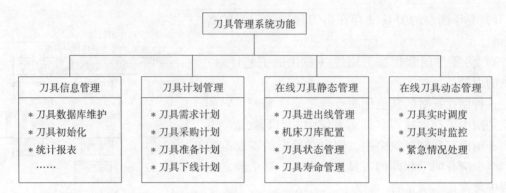

图 5-9　刀具管理系统功能构成

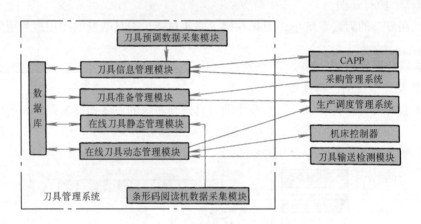

图 5-10　刀具管理系统软件构成

三、刀具管理系统功能设计

（一）刀具信息管理

1. 刀具信息

刀具信息主要有以下几类：

（1）刀具编码信息　包括刀具分类编码、刀具组件编码、在线刀具编码等。其中在线刀具编码必须与刀具一一对应，即不论刀具是否相同，每个刀具都应有一个自己的在线刀具编码。通常在刀具组装后，粘贴由条形码打印机打印的条形码，作为刀具的唯一标识，以便对刀具进行管理。

（2）刀具基本属性　包括几何参数（例如铣刀的长度、直径）、刀具寿命、刀具材料等。

（3）刀具组件结构参数　包括刀柄、刀具或刀杆、附件三部分及其组装成的刀具组件的结构描述。

（4）刀具切削参数　包括刀具进给量、切削速度等。

（5）刀具补偿信息　这是由刀具预调仪在预调后产生的刀具补偿信息，如长度补偿、刀具直径补偿等。

（6）刀具实时位置信息　它描述每一把在线刀具当前所处的位置，例如中央刀库库位号或机床刀库库位或运输途中标识。

（7）刀具实时状态信息　包括累计使用时间、磨损状态、破损状态等。

刀具信息除了为刀具管理服务外，还要作为信息源向实时过程控制系统、生产调度系统、CAPP系统、刀具供应系统等提供服务。

2. 刀具信息管理功能

由于自动化制造系统需要的刀具品种和数量非常之多，每一刀具的信息量又很大，只有采用刀具数据库来管理。根据刀具管理系统的功能划分，除了动态的实时信息由其他模块生成并存入刀具数据库外，其余信息的采集、维护和使用主要由刀具信息管理功能实现，其主要功能如下：

（1）刀具数据库维护

1）数据库字段权限管理。对使用数据库的人员按其职责，设置各人员对各字段的使用权限，权限分为有权读取，有权修改等，以保证数据库的安全。

2）数据库备份。

3）数据库修改。

4）数据库维护。

（2）刀具初始化　对组装完毕准备上线的刀具，根据其性质（新刀具、重磨刀具、重装配刀具）对刀具编码信息、刀具基本属性、刀具组件结构参数等进行相应的初始化（输入、修改、确认、置初值等）。

（3）刀具预调数据采集与处理　刀具预调仪（对刀仪）用来对组装好的刀具进行预调（对刀），所测得的刀具尺寸通过通信接口，处理后记录到刀具数据库。当机床刀库装上一把刀后，计算机将相应的刀具补偿程序送至机床控制器。

（4）统计、查询、报表生成　可根据需要进行各种统计、查询并生成相应的报表，如刀具实时状态、刀具剩余寿命、刀具交换次数、各机床刀库配置等。

（二）刀具计划管理

刀具计划管理的目的是保证刀具的正常供应。

1. 刀具需求计划

与生产作业计划相对应通过查询工艺数据库，建立班次、单日、双日、周等的刀具需求计划。

2. 刀具采购计划

为了加工新零件而制订刀具采购计划并采购需求刀具是生产准备部门的任务。这里的刀具采购计划主要包括：

1）现有刀具的寿命将到期，且已列入刀具需求计划的刀具。

2）因刀具破损需补充。

3）列入近期需求计划的刀具缺件。

3. 刀具准备计划

根据下班次的刀具需求计划，考虑当前在线刀具及预测可继续使用的情况，列出需组装、预调刀具的清单，并安排时间计划。

4. 刀具下线计划

统计损坏的刀具或到寿命期的刀具，做退出生产线的计划。当根据刀具准备计划确定的需要上线的刀具数量大于中央刀库中的空余位时，需将暂时不用的刀具退出生产线，这时需按照刀具储存策略，生产计划等做出决策，完成刀具下线计划。

（三）在线刀具静态管理

1. 刀具上下线管理

根据刀具准备（上线）计划和刀具下线计划，控制刀具的上线与下线，包括进出站的控制、刀具识别等，并将因上下线引起的刀具信息的变化，记录到刀具数据库。

2. 机床刀库配置

根据机床加工作业计划，对机床刀库配置做出决策。一般可认为所需刀具数量大于机床刀库容量的问题在生产调度决策时已通过分解加工任务得到解决。这里需解决的问题是，当刀库容量大于所需刀具情况下，保留机床刀库中哪些能使换刀次数最少的刀具（考虑后续加工）。

3. 刀具状态管理

对中央刀库、机床刀库及刀具交换进行管理控制，并对计算机内记录的刀具实时状态表、机床及工件实时状态表进行维护，保证其与系统的实际状态相一致。

4. 刀具寿命管理

接收机床发送来的刀具使用时间累计数据，修改刀具数据库中的刀具寿命值，当到达寿命极限时报警。同时具有刀具剩余寿命统计等功能。注意，这里的寿命是指刀具两次刃磨之间可正常使用的时间。

（四）在线刀具动态管理

1. 刀具实时调度

在加工作业计划中插入临时性作业时，要求同时提供加工该零件所需的刀具，完成加工过程中刀具信息的处理。

2. 刀具实时监控

刀具实时监控主要有刀具破损监控、磨损监控和刀具寿命监控。实现刀具寿命监控的必要条件是 CNC 系统应具有刀具使用时间累计的功能，并作为刀具数据记录中的一项内容。

3. 紧急情况处理

保证机床在出现刀具破损等突发事件时，能最快地恢复正常加工。

第四节　作业计划与调度系统设计

对于复杂的、高柔性的自动化制造系统，生产作业计划与调度技术是系统能否取得预期经济效益的关键技术之一。它的目标是通过对物流的合理规划、调度与控制，达到提高生产效率、缩短制造周期、减少在制品、降低库存，提高生产资源利用率的目的，以保证生产任务的完成。

自动化制造系统的生产计划与调度技术与制造系统的生产类型和生产过程的组织控制形式密切相关，也就是说不同的生产类型和组织控制形式需要不同结构的管理系统来实现。本节主要针对多品种中小批量的生产类型，讨论自动化制造系统作为单元层的生产作业计划、调度与控制问题。

一、上层的生产作业计划

制订单元层生产作业计划的依据是工厂层的生产计划和车间层的生产作业计划。

1. 工厂层生产计划

在多品种中小批量生产的情况下，工厂层的生产计划通常采用企业资源计划（Enterprise Resources Planning，ERP）的方法编制。它具有以下特点：

1）它是零件级的生产计划，规定了整个零件的开工期、完工期及数量。

2）计划是按时段编制的，时段可以是日、周、旬、月等。作为工厂层计划一般没有必要安排太细，但是执行期的计划时段也不能太长，否则无法发挥其特点。

3）计划的编制体现了在需要的时间加工所需数量零件的思想，具有减少在制品数量、减少库存和流动资金占用的作用。

4）已经以工作中心为单位（通常自动化制造系统作为一个工作中心），初步考虑了能力的平衡。

2. 车间生产作业计划

车间生产作业计划的任务是根据本车间的资源、实际生产作业完成情况、毛坯准备情况等，为落实工厂层生产计划而进行的规划。车间生产作业计划的内容为：

1）核实 ERP 下达的任务。如果任务是按月计划形式下达的，还需分解出周或旬计划。

2）综合各种计划（订单），明确本周的任务。以 ERP 下达的本周作业任务为主体，同时应考虑拖期订单（例如因毛坯未到而未安排的上周应安排的部分任务）、紧急订单（如因用户的紧急订货引起的加工订单或装配缺件）、未列入 ERP 的配件订单等。

3）检查毛坯及半成品（多个车间协作完成的零件或有工序外协的零件，以半成品供应给本车间继续加工）的供应情况。首先是检查毛坯或半成品入库情况，对于尚未入库的则继续检查其加工、采购或外协的情况，判断及时入库的可能性。对于不能保证及时入库的毛坯或半成品应对相应的加工任务在周计划中做出标记，并发出催件单。

4）计算与确定各零件在本车间的开工与完工时间，由于 ERP 已确定了零件的开工与完工时段，因此对于全部工序在本车间加工的零件，不需重新计算，但对部分工序在本车间加工或已拖期的零件需重新计算。

5）确定各零件的优先级，以确保交货期。

6）根据计算机辅助工艺规程设计（Computer Aided Process Planning，CAPP）的要求，将任务分配给各单元，对于需要几个单元协作完成的零件，还需对工序进行划分，并分别确定该零件在各单元的开工与完工期。

7）进行能力平衡与调整，对于能力与负荷之间关系，应考虑下面几个方面：本周与以后若干周之间的平衡，各单元自身能力与负荷之间的平衡以及各单元之间的平衡。必要时进行调整，包括各单元之间任务分配的调整，能力过剩时从下周计划中提取部分有毛坯的加工任务（为了确保交货期，一般只提前不推后），以及对能力做短期调整（如加班）等。

8）完成车间周作业计划，并下达订单。

二、自动化制造系统的生产作业计划

自动化制造系统单元层的生产作业计划主要是接受车间订单（周计划），制订系统每日

（或班次）的作业计划，并将每日或班次作业计划细化，完成工件分组、工件组的组间排序、加工设备负荷分配、工件静态排序及生成资源需求计划等。生产作业计划的内容因为涉及零件和设备资源的具体分配，所以也有人将它分为作业计划与静态调度两个部分。

在制订自动化制造系统生产作业计划时，首先应根据不同的实际情况，选择优化的目标。常见的优化目标有：

1）在一定的时间周期内系统的产出最高。

2）尽量满足任务的优先级或交货期。

3）关键（瓶颈）设备的利用率最高。

4）生产所花费的成本最少。

5）系统内的在制品最少。

6）系统内设备的平均利用率最高。

7）加工一组工件时系统的通过时间最短。

8）加工单个零件时通过系统的时间最短等。

上述优化目标实质上主要是考虑生产率、交货期、成本和负荷均衡等。它们之间通常是相互联系的，例如为了确保交货期，首先应通过负荷均衡减轻关键设备的负荷，同时尽量提高关键设备的利用率。因此可以同时采用多个优化目标，或者采用单目标并将与该目标关系紧密的其他目标作为优化问题的约束条件。一般来说，采用不同的优化目标时，计划模型和算法也要发生相应的变化。

优化目标应根据实际情况选择，但关键设备的利用率在许多场合都是很重要的优化目标。当负荷（生产任务）很重时，要追求高生产率，追求系统内设备的利用率最高，使系统能力充分发挥，但是如果关键设备问题未得到解决，关键零件的产出不能同步，则系统的能力虽然被充分利用，但加工出的零件无法配套成产品，造成零件积压，无法达到高产出的目的；当负荷较轻时，关键零件的按时交货更成为主要问题，只要这一问题得到解决，计划就变得容易了。

生产作业计划的一般步骤在第四章已进行了简单介绍，这里不再赘述。下面以关键（瓶颈）设备的利用率最高为主要目标，讨论自动化制造系统单元层生产计划制订的过程。

1. 订单确认与零件分批

接收到车间发出的订单，并经合法性验证后，加入系统内部的拖期订单，即上一个计划中未完成的部分。拖期订单的产生原因主要有两类：一是由于某种原因（如设备故障、毛坯未按时到达等）造成延误；另一类是某些加工工作量大的零件，需跨越计划周期才能完成。

然后对零件进行初步分批。这里的零件分批是指对同一零件进行分批，因为不同的零件在车间订单上本身就是分列的。零件分批的主要操作有：按零件的交货期分批；按毛坯的供应批量及时间分批；为满足系统资源（如托盘、夹具、刀库容量）而进行分批。

2. 计算零件的工序交货期及提前期

车间订单只给出零件的交货期，当零件在系统内加工多道工序时就需计算各道工序的工序交货期：

$$T_{oij} = T_{oj} - \sum_{i+1}^{m} Q_{ij} t_{ij} - \sum_{t}^{m} t_{\Delta i}$$

式中 T_{oij} 为 j 零件 i 工序的工序交货期（计划完工日期）；T_{oj} 为 j 零件的计划完工日期；t_{ij} 为 j 零件 i 工序的加工时间定额；Q_{ij} 为 j 零件 i 工序的生产批量；$t_{\Delta i}$ 为 i 工序至 $i+1$ 工序之间的工序间隔时间（包括工序间运输、检验和计划容许的工序等待时间等）；m 为 j 零件在本系统加工 m 道工序，$i=1$，2，$\cdots$，m。j 零件 i 工序的出产提前期 t_{olij}（对零件交货期而言）

$$t_{olij} = T_{oj} - T_{oij} \tag{5-3}$$

确定了零件工序的出产提前期，也就确定了零件工序的优先级。

3. 核算各类加工设备的负荷，确定关键设备

在 CAPP 工艺文件中已规定了零件各工序所用的设备类型及加工时间定额（包括辅助时间）。在此按正常的工艺路线，将各零件按工序核算设备类型累加负荷，求出各设备类型的负荷。并将负荷与各设备（类型）的能力比较，凡负荷率接近或超过 100% 的设备就定义为该计划中的关键设备。在此将在关键设备上加工的工序定义为关键工序，凡是含关键工序的零件定义为关键零件。

如果在 CAPP 工艺文件中规定了某些关键零件的替代工艺路线，其关键工序可以在非关键设备上加工，则按替代工艺路线重新进行任务分配及计算各相关设备的负荷率，并定义关键设备。如果调整后不存在关键设备，则可以简单地按零件工序优先级制定每日（或班次）生产作业计划，或按其他优化目标进行计划。当不存在替代工艺路线或调整后仍存在负荷率超过 100% 的关键设备时，则应采取措施，将超负荷部分用加班、组织厂内协作、外协等方式解决。

4. 落实拖期订单

首先将拖期订单中的任务作为已定的任务，按原定的设备顺序向后排，以保证尽快完成已拖期的任务或保证跨周期任务作业的连续性。

5. 安排关键工序的作业计划

首先在全部关键工序中选出工序交货期最晚的工序，并按交货期的要求规定它在关键设备上的开工和完工日期。并以此为基准，在关键设备上按各零件关键工序交货期的先后，采用有限能力计划法由后向前倒排，初步确定各零件关键工序的计划进度。在上述安排中同一批次的零件可能会跨日完成。

当两个零件的关键工序交货期相同时，为了减少生产中的在制品，应将工序时间短的零件先排。当同一零件含有两个以上关键工序时，应把两关键工序之间的非关键工序与关键工序按工艺顺序要求，在有关设备上一次排定。

关键工序的作业计划排定后，关键设备的负荷均已安排好。由于计划是倒排的，有可能新任务与已定任务（拖期订单）不衔接，则做适当调整使其衔接，将空余时间留在最后作为保险期。此外还应检查毛坯或半成品的到达时间，并做必要的调整。

6. 安排关键零件非关键工序的作业计划

对于关键工序之前的一般工序，按拉动式计划原则，以关键工序为基准由后向前倒排。

对于关键工序之后的一般工序，按推动式计划原则，以关键工序为基准由前往后顺排。

当关键工序前的一般工序无足够的时间加工时，可将关键工序的作业计划适当调整，但其完工时间不能晚于关键工序的交货期。出现这一问题的原因是，在上一步中曾将整个关键工序作业计划向前平移，以便将空余时间放到最后。

7. 非关键零件的作业计划

非关键零件的作业计划主要考虑满足其交货期，并使同时进入系统的零件分组最优，也

就是使分配给不同机床的工作量所需的加工时间差别最小。由于非关键设备的负荷率是不满的，因此要求同组零件在非关键设备上的加工时间不大于关键设备的加工时间，即不让关键设备处于等待状态。

具体的做法是，计算关键设备上各零件组（不同的零件或同一零件的不同批次）的加工时间，从关键设备最后加工的零件组开始，从非关键零件中挑选满足交货期要求的各零件，从中挑选1个或若干个零件，使非关键设备的利用率尽可能高，并满足前述的各设备上加工时间差最小的要求。被选中的零件就与在关键设备上最后加工的零件组成同时在系统内加工的零件组。然后依次向前排。

8. 非关键设备任务调整

通常只要保证生产计划的完成，不强求非关键设备的利用率最高。因为生产能力的不平衡是绝对的，如果一定要实现能力平衡，那么系统的生产能力虽然被充分利用，但生产出的零件无法配套成产品，还是毫无意义的。但是为了避免本计划周期是非关键的设备，在下一周期成为关键设备，当非关键设备的能力剩余较多时，应检查下周期的生产计划。如果其下周期任务较重时，可从下周期计划加工的零件中挑选已备好毛坯的零件补充到本周期来加工，前提是不能妨碍本周期计划的完成。

9. 零件排序

根据前面排定的计划，进一步确定零件组内排序，即确定零件引入系统的顺序及在系统内流转的顺序。

10. 生产日作业计划

根据车间日历及各工序开工和完工的时间生成每日作业计划，并列出工序优先级。

11. 生成资源需求计划。

根据前面生成的各种计划，进一步确定对各种制造资源的需求，如对原材料的需求，对加工设备的需求，对刀具的需求，对工装夹具的需求，对测量设备的需求等。

三、自动化制造系统的调度

自动化制造系统的调度是一种实时的动态调度，它是在系统加工过程中根据系统当前的实时状态和资源状况，对生产活动进行的动态优化控制。

自动化制造系统的生产作业计划（含静态调度）虽然已对生产活动进行了规划和安排，且这种规划在一定程度上保证了自动化制造系统运行达到规划的最优目标。但这是在系统开始运行之前进行的。开始运行后，实际状况与做生产计划时所假定的情况不一定完全吻合，因而需要进行实时动态调度。

此外，前面所述的生产作业计划主要是针对工件在系统中的流动而做的。而零件在系统中的流动和加工必须依靠系统资源的活动来实现，这些资源包括机床、物料输送装置、缓冲存储站、刀具、夹具、机器人以及操作人员等。因此需要在加工过程中对系统资源进行实时动态调度。

1. 调度决策

自动化制造系统的实时动态调度是个非常复杂的任务。首先，在进行调度之前必须搜集相对完整的系统实时状态数据，并对数据进行分析；在数据分析的基础上才能做出适当的决策，并尽可能选择最优的决策方案。

自动化制造系统（以柔性制造系统为例）通常有如下的决策点：

（1）工件进入系统的决策点　在此决策点，根据系统的作业计划，决定应向系统输入哪类工件。决策规则包括工件优先级、工件混合比、工件交货期、托盘应匹配哪种工件、先来先服务等。

（2）工件选择加工设备的决策点　在此决策点，根据加工设备的负荷和工件加工计划，决定在能够完成工序的各加工设备中选择一台合适的加工设备。决策规则包括确定设备、最短加工时间、最短队长、最早开始时间、加工设备优先级等。

（3）加工设备选择工件的决策点　在此决策点，根据系统的加工负荷分配，决定某时刻加工设备应该从其队列中选择哪个工件，它可以决定各工件在加工设备上的加工顺序。决策规则包括先到先加工、后到后加工、最短加工时间、最长加工时间、宽裕时间最短、宽裕时间最长、剩余工序最少、剩余工序最多、最早交货期、最短剩余加工时间、最长剩余加工时间、最高优先级等。

（4）小车运输方式的决策点　在此决策点，根据申请小车服务对象的优先级或小车与服务对象的距离等因素，决定在所有申请小车服务信号中响应哪个信号。决策规则包括先申请先响应、就近响应、最高优先级响应、加工设备空闲者响应等。

（5）工件选择缓冲站的决策点　在此决策点，根据工件下一加工设备与缓冲站的位置以及缓冲站空闲情况，决定工件（装夹在托盘上）选择哪一个缓冲站。决策规则包括：固定存放位置规则、就近存放、先空的位置先放等。

（6）选择运输小车的决策点　在此决策点，根据小车的空闲情况和其当前位置，决定在多辆小车中选择哪一辆小车。决策规则包括固定小车运输范围的规则、最早空闲的小车、最低利用率的小车、最短达到时间的小车、最高优先级的小车等。

（7）加工设备选择刀具的决策点　在此决策点，根据刀具的使用情况和刀具的当前位置等，决定在能够完成工序加工的刀具中选择哪一把刀具。决策规则包括刀具的利用率最低、刀具的距离最近、刀具的使用寿命最长等。

（8）刀具选择加工设备的决策点　在此决策点，根据机床上加工零件的情况和机床本身情况，决定有几台机床争用同一把刀具时，刀具去哪一台机床。决策规则包括最早申请刀具的加工设备优先、加工设备利用率最低的优先、加工设备上零件加工时间最短的优先、加工时间最长的优先、剩余工序数最少的优先、剩余工序数最多的优先、剩余加工时间最短的优先、剩余加工时间最长的优先、优先级最高的优先、工件交货期最早的优先等。

（9）刀具选择中央刀库中刀位的决策点　在此决策点，根据刀具从当前位置到中央刀库的距离或该刀具下一步应在哪台机床上使用等情况，决定刀具从进出站或加工设备上运送到中央刀库的哪一刀位。决策规则包括固定位置规则、随机存放、就近存放等。

（10）刀具机器人运刀的决策点　在此决策点，根据申请服务对象的情况，决定在所有申请刀具机器人服务信号中响应哪个信号。决策规则包括先申请先响应、最高优先级先响应、加工设备利用率最高先响应、加工设备利用率最低先响应、最早交货期先响应、就近响应等。

2. 调度规则

由于动态调度实时性的要求，难以用运筹学或其他决策方法在满足生产实时性要求的情况下求得问题的最优解。因而在动态调度中人们广泛研究和采用从具体生产管理实践中抽象提炼出来的若干经验方法和规则进行调度，即解决前面提出的需决策的问题。常见的调度规则有：

（1）处理时间最短（Shortest Processing Time，SPT） 该规则使得服务台在申请服务的顾客队列里选择处理时间最短的顾客进行服务。例如，加工设备选择工件时，首先选择所需加工时间最短的工件进行加工，小车、机器人在响应服务申请时，首先响应运行时间最短的服务申请等。

（2）处理时间最长（Longest Processing Time，LPT） 该规则使得服务台在申请服务的顾客队列里选择处理时间最长的顾客进行服务。例如，加工设备首先选择加工时间最长的工件进行加工，小车、机器人响应运行时间最长的服务对象等。

（3）剩余工序加工时间最短（Shortest Remaining Processing Time，SR） 该规则使得服务台在申请服务的顾客队列里选择剩余工序加工时间最短的顾客进行服务。例如，加工设备首先选择剩余工序加工时间最短的工件加工。

（4）剩余工序加工时间最长（Longest Remaining Processing Time，LR） 该规则使得服务台在申请服务的顾客队列里选择剩余工序加工时间最长的顾客进行服务。例如，加工设备首先选择剩余工序加工时间最长的工件处理。

（5）下道工序加工时间最长（Longest Subsequent Operation，LSOPN） 该规则选择下一道工序加工时间最长的工件首先接受服务，其目的是使该工件尽早完成当前工序，以使留有充足的时间给下道工序。

（6）交付期最早（Earliest Due Date，EDD） 该规则确定交付日期最早的工件最先接受服务，以便该工件尽早完成整个生产过程。

（7）剩余工序数最少（Fewest Operation Remaining，FOPNR） 该规则选择剩余工序数最少的工件首先接受服务，以便该工件尽早完成加工过程，使系统的在制品数减少。

（8）剩余工序数最多（Most Operation Remaining，MOPNR） 该规则选择剩余工序数最多的工件首先接受服务，以便该工件能有足够的时间完成这些剩余工序的加工，从而尽量避免工件完成期的延误。

（9）先进先出（First In First Out，FIFO） 该规则规定先到达队列的顾客先接受服务。例如，先到达加工设备队列的工件先接受加工，先申请小车、机器人服务的设备（或工件、刀具）先接受服务等。

（10）随机选择 该规则在服务队列中随机地选择某一顾客。

（11）松弛量最小（Least Amount of Slack，SLACK） 该规则选择松弛量最小的工件首先接受服务，工件松弛量 = 交付期 - 当前时刻 - 剩余加工时间。显然，若工件的松弛量为负，则肯定该工件已不能按期交货。

（12）单位剩余工序数的松弛时间最短（Least Ratio of Slack to Operation，SLOPN） 该规则选择每单位剩余工序数的松弛时间最短的工件首先接受服务。单位剩余工序数的松弛时间 = 松弛时间 ÷ 剩余工序数。显然，SLOPN 的比率越低，则工件需完成剩余工序加工的紧迫感越强。

（13）下道工序服务队列最短 该规则优先选择这样的工件，即完成该工件下道工序的设备请求服务的队列最短。

（14）下道工序服务台工作量最少 该规则优先选择这样的工件，即完成该工件下道工序的设备的工作量最小。

（15）组合规则 该规则的目标是利用 SPT 规则，但优先加工那些具有负松弛量的工件。

（16）优先权规则 优先权规则设定每一工件、设备或刀具的优先等级，优先响应优先权等级高的申请对象。

（17）确定性规则 确定性规则指选择的对象是指定的。例如，工件按指定的顺序引入系统，工件送到指定的加工设备、缓冲区中的托盘站，以及选择指定刀具等。

（18）利用率最低 利用率最低规则首先选择队列中利用率最低的对象进行服务。例如，利用率最低的加工设备优先选择工件进行加工，利用率最低的刀具首先被选用等。

（19）启发式规则 启发式规则是人们从长期的调度实践中抽象提炼出来的经验方法和规则，它是取得可行或较好解的一种常用方法，常用于无法用运筹学方法求得最优解时的情况。

 复习思考题

5-1 自动化制造系统对加工设备的主要要求是什么？

5-2 选择加工设备时应主要考虑哪些方面的问题？

5-3 为什么近年来自动导向小车（AGV）较广泛地应用于 FMS 中？

5-4 刀具管理系统的作用是什么，它应具备哪几方面的功能？

5-5 试讨论如何通过对刀具的管理减少刀具的交换次数。

5-6 试从内容与作用上分析工厂、车间与自动化制造系统单元层三个层次的生产作业计划的联系与区别。

5-7 为什么自动化制造系统需要进行实时动态调度，它的主要内容有哪些？

第六章

自动化制造系统的可靠性分析与设计

在第四章和第五章中，我们分别对自动化制造系统的总体设计和各分系统设计进行了介绍。考虑到可靠性是机电设备最重要的质量特性，对产品的使用成本、生产率、所制造零部件的质量等都具有很大的影响，本章专门讨论自动化制造系统及其设备的可靠性问题。本章的内容主要包括：可靠性分析的目的和意义、可靠性相关概念、可靠性分析的特点与一般要求、系统可靠性分析设计的主要内容、系统可靠性分析的指标、系统可靠性分析的流程、可靠性分析的基本方法、提高自动化制造系统可靠性的一般措施和途径等。

第一节 可靠性分析的目的和意义

如前几章所述，自动化制造系统是一个高度复杂的大系统，它一般包括机械加工设备、物料搬运设备、物料存储设备、刀具准备设备、刀具储运设备、工业机器人、质量检测与控制设备、各种辅助设备、控制与通信系统等，有些自动化制造系统还包括热处理设备、毛坯制备设备等。系统的组成复杂，包含的设备种类和数量繁多，这些设备要通过控制和通信系统实现高度集成，才能完成产品和零部件的加工制造。为了柔性、高效、自动地进行加工，一般的自动化制造系统至少应具备以下功能：

1）自动变换加工程序。
2）自动完成多品种零件族的加工。
3）自动改变作业计划和加工顺序。
4）高效率自动换刀。
5）自动交换待加工零部件。
6）自动实现零部件的输送和存储。
7）自动监测系统的运行状态。
8）自动进行质量检测和控制。
9）自动排屑。
10）故障自动诊断等。

这些功能是否能得到可靠保证，与自动化制造系统的设计、建造和运行质量都有极大的关系。自动化制造系统的设计是保证可靠地实现其功能的前提，只有良好的设计才能确保系统的高可靠性；各种设备的制造质量及集成控制水平是实现系统可靠性的基础，只有高可靠性的设备和运行可靠的控制系统才能保证整个自动化制造系统的可靠运行；运行过程的可靠性是实现功能的保证，只有可靠的运行过程才能保证系统各项功能的实现。因此，为了提高制造系统的可靠性，应该从系统的设计、建造和运行三个方面去着手。

长期以来，由于我国工业基础较差，缺乏可靠的保证手段，造成产品的可靠性不高，在使用过程中故障频出，极大地影响了我国产品的竞争力。因此，提高产品可靠性已经成为政府部门、专家和企业界的共识。通过对自动化制造系统的可靠性进行分析和设计，可以为系统的可靠运行提供保障。换句话说，可靠性分析的目的就在于计算所设计的自动化制造系统所能达到的可靠度、可用度、平均无故障间隔时间（MTBF）等可靠性指标，对系统的建造和可靠运行提出要求，这是保证系统可靠性不可缺少的重要环节。

第二节 可靠性的相关概念

1. 可靠性和故障

一个产品或系统的可靠性（Reliability）定义如下：在规定的条件下、在规定的时间内完成规定功能的能力。

对自动化制造系统而言，规定的条件指的是系统的运行条件，如温度、湿度、灰尘、振动等环境条件，以及加工范围、加工材料、规定的维护保养等运行条件。规定的时间指的是系统设计时确定的使用寿命（包括班次和每班的工作时间），如可以考查系统在一段时间内的可靠性，也可以考查系统在服役寿命周期中的可靠性。规定的功能指的是系统应该完成的工作任务，如工件的自动上下料、加工的自动工作循环、自动交换刀具、工件的自动存储和输送、自动排屑、加工精度的自动检测等，但一般情况下指的是系统的整体功能。如果系统在应用过程中故障很少，系统处于随时可用状态，就说系统的可靠性高；反之，如果系统故障频出，经常需要停机、停线维修，则称系统的可靠性低。

自动化制造系统的可靠性一般与故障（Failures）相关，故障可分为功能性故障和非功能性故障。功能性故障指的是设备的故障是致命性的（严重影响设备的使用功能），一旦出现故障，系统就必须停止运行进行维修，如不能进行换刀、机床的运动部件不动作、排屑系统堵塞等；非功能性故障指的是系统中的设备出现一些不影响系统使用的故障，如漏油、异响、轻微振动、安全门开关费力等，这些故障的存在并不影响系统功能的发挥，即设备可以"带病工作"。尽管非功能性故障不影响系统的使用，但它们的存在会降低设备的整体质量水平，在设备选用时也是不能忽略的。除了故障之外，自动化制造系统的可靠性还应包括维修性（Maintainability）、维修保障性（Maintenance support performance）和精度保持性等。

2. 可靠度

一个产品或系统可靠性的高低通常用可靠度来表征。可靠度指的是产品在规定的条件下和规定的时间内，完成规定功能的概率，记为 R，它是时间 t 的函数，故也记为 $R(t)$，称为可靠度函数。如果用随机变量 T 表示系统从开始工作到发生失效或故障的时间，其分布密度是 $f(t)$，若用 t 表示某一指定时刻，则该系统在 t 时刻的可靠度可用式（6-1）来表示：

$$R(t) = P(T > t) = \int_t^\infty f(t)\,\mathrm{d}t \tag{6-1}$$

通常情况下，$R(t)$ 的值越大，则表明系统的可靠性越高。

3. 平均故障间隔时间

对于自动化制造系统而言，其中大部分是机电一体化设备即可维修设备，机电一体化设备的可靠性通常可用平均故障间隔时间来描述，记为 MTBF（Mean Time Between Failures），可用式（6-2）进行计算：

$$\mathrm{MTBF} = \frac{1}{N_0}\sum_{i=1}^n t_i = \frac{\sum_{i=1}^n t_i}{\sum_{i=1}^n r_i} \tag{6-2}$$

式中 N_0 为在评定周期内设备累计故障频数；n 为设备抽样台数；t_i 为在评定周期内第 i 台设备的实际工作时间，单位为 h；r_i 为在评定周期内第 i 台设备出现的故障频数。

4. 可用性

自动化制造系统可靠性高就意味着系统的故障少，系统可随时提供使用的概率就高，我们称之为系统的可用性。可用性是可靠性、维修性和维修保障性的综合反映。可用性的特征量有固有可用度 A_i 和使用可用度 A_0 等，目前自动化制造系统的可用性考核仅考虑固有可用度 A_i。

固有可用度是综合了可靠度和维修度的广义可靠性特征量，其表达式为

$$A_i = \text{MTBF}/(\text{MTBF} + \text{MTTR}) \tag{6-3}$$

可见 A_i 越大，表示系统的有效工作程度就越高。提高固有可用度的方法是使平均故障间隔时间 MTBF 增长和使平均修复时间（Mean Time To Repai，MTTR）缩短。

5. 维修度

一个产品或系统从维修性的角度可以分成两类：可修复产品或系统，不可修复产品或系统。可修复产品或系统在规定的条件下使用，在规定时间内按照规定的程序和方法进行维修时，保持和恢复到能完成规定状态的概率，记为 M。它是维修时间 τ 的函数，故也记为 $M(\tau)$，称为维修度函数。如果维修时间用随机变量 T 表示，系统从发生故障后开始维修，到某一时刻 τ 时能完成维修的概率为

$$P(T \leqslant \tau) = M(\tau) \tag{6-4}$$

6. 失效模式

在 GB/T 3178—1994 中规定，失效就是产品丧失规定的功能，对可修复产品通常也称故障，即可修复的失效。失效模式就是故障的表现形式，出现故障就意味着产品或系统出现了某种形式的失效。失效模式的表现形式可以通过人的感官或测量仪器、仪表观测到。例如，机床的漏油、异响、液压系统堵塞、掉刀、转台转动不到位等都是失效模式。任何失效模式都会对产品或系统产生一定的影响，有些影响产品正常功能的发挥，有些影响机床的使用环境，失效模式的影响可以用 FMECA（Failure Mode Effects and Criticality Analysis）工具去分析。

7. 故障模式、影响及危害性分析（FMECA）

FMECA 是一种分析可靠性的方法和工具，利用它对可能发生故障的自动化制造系统进行分析，其任务是找出系统可能发生的失效模式，鉴别或推断其故障机理，研究该失效模式对系统可能产生什么影响，以及分析这些影响的危害程度（即影响和后果分析）。FMECA 是可靠性工程中最常用的工具之一，对提高产品或系统可靠性具有重要作用。FMECA 可分为设计 FMECA（即 DFMECA）和工艺 FMECA（即 PFMECA）。

8. 故障树分析（FTA）

故障树分析（Failure Tree Analysis）是一种用于进行可靠性分析的工具，故障树分析用各种逻辑符号代表所发生的事件，用树状结构描述事件间的逻辑关系。因此，故障树事实上是一种由逻辑符号组成的倒立树状逻辑关系图。故障树分析的结果事件为顶事件，导致该事件发生的原事件称为底事件，位于顶事件和底事件中间的结果事件为中间事件。

9. 可靠性分配

在产品或系统设计的初期，需要根据用户需求和技术的发展现状确定系统的整体可靠性。

整体可靠性表示了系统在其服役周期中的性能稳定程度，一般可用 MTBF 表示。整体可靠性是由组成系统的各部分（硬件设备、软件系统等）来保证的。为了保证系统的稳定可靠运行，必须保证系统组成部分的高可靠性。于是，就需要把整体可靠性指标分解到各个组成部分，在保证各个组成部分高可靠性的前提下，整个系统的可靠性才能得到保证，这一过程称为可靠性分配，需要解决的主要问题是如何把系统规定的整体可靠性指标合理地分配给各个组成单元。

10. 可靠性预计

可靠性预计是可靠性分配的逆过程，即根据组成系统的各部分的失效概率去预计整个系统的可靠度。

11. 可靠性管理体系

实践表明，可靠性既是个技术问题，同时也是个管理问题，因此，除了从技术方面采取措施外，还必须加强管理。类似于质量管理体系，为了提高自动化制造系统的可靠性，企业也应该建立可靠性管理体系，从管理的标准化入手，从产品寿命周期各个阶段进行可靠性的精细化管理和控制，包括各种可靠性实施规范、可靠性工作流程、可靠性评审体系的建立、可靠性检核表等。

第三节　自动化制造系统可靠性分析的特点与一般要求

一、自动化制造系统可靠性分析的特点

与一般的产品或系统不同，自动化制造系统设计、建造与运行过程的可靠性分析具有以下特点：

1）自动化制造系统是一种多功能系统，在应用中各功能起着不同的作用，因此，对各种功能就有着不同的可靠性要求。例如，对加工回转零件为主的自动化制造系统，设备的大部分工作是进行车削加工，其他工序（如钻削、镗削、铰削等）都是辅助功能，出现概率较低，因此对完成车削功能的可靠性要求就高得多。

2）在自动化制造系统运行中可能会发生各种异常情况，这些异常情况是系统运行故障或错误的产物，它们可导致系统功能和性能的严重破坏（发生事故）。例如，由于电气干扰可能会使控制程序改变，从而使部件出现不期望的动作。再如，如果机床的位置定位不准确（可能是由于位置检测系统出现故障），就会发生部件之间的"撞机"事件。

3）参与自动化制造系统工作的有各种保障机构的人员，他们对自动化制造系统的可靠性都可能有不同程度的影响。例如，由于操作者的责任心不强会出现"误操作"，操作者不按规定保养机床，也会影响机床的可靠性。

4）每一套自动化制造系统的组成中都包括有大量各种不同的组元（硬件、软件和人员），同时，在完成自动化制造系统的某一功能中，一般都有多种不同的组元参与工作，而同一个组元也可能同时参与完成几种功能。

二、自动化制造系统可靠性分析的一般要求

分析自动化制造系统设计和运行的可靠性时，应按照自动化制造系统的每种功能，采用

适当的方法单独地对可靠性基础数据进行统计处理，求得系统的可靠性指标数值，如可靠度、失效率和平均寿命等，从而对整个系统的可靠性进行评估。必要时，还应进行系统发生紧急情况的可靠性分析。

1）由于自动化制造系统是一个复杂的大系统，在描述系统的失效模式时，要尽量以零部件的故障模式来表征，只有在难以用零部件故障模式进行描述或无法确认是哪一零部件发生故障时，才可以用子系统或系统本身的故障模式进行描述。这就意味着，在进行自动化制造系统可靠性分析时，一般应该对系统进行分解，在零部件层次研究可靠性。

2）故障模式、影响及危害性分析（FMECA）是自动化制造系统可靠性分析最常用的方法之一。自动化制造系统用户应根据与系统设计方所达成的协议编制自动化制造系统功能一览表，由合同承包商（设计方和生产厂）提供详细的故障失效模式、影响及危害性分析一览表（根据此表对具体的自动化制造系统提出可靠性要求以及失效模式判别准则），并列入自动化制造系统技术任务书。

3）自动化制造系统设计方必须向用户提供详细的故障树分析，以此作为管理人员和维修人员的应用指南。

4）为了合理地、科学地分析自动化制造系统设计与运行可靠性，必须对自动化制造系统所有的基本单元逐一完成下列工作：

①每一基本单元的可靠性数据收集，进行可靠性指标的确定、维修性评价、人机工程设计、安全性设计等，以期达到基本单元的高可靠性，在此基础上完成可靠性分配；②每个基本单元的可靠性均应单独进行定量描述、分析和评估；③分析、确定每个基本单元的失效模式；④给出每个基本单元的故障树，并考虑基本单元中所有零件对异常状态具有互相补偿的功能，可以防止异常状态在完成相应功能时变成故障，或将其不良后果降低到最低限度。

5）在自动化制造系统设计、建造和运行的各个阶段对其可靠性进行分析，应做以下基本工作：

① 在研制自动化制造系统过程中应对系统可靠性进行设计分析；在自动化制造系统建造过程中应对可靠性进行控制并进行相关实验；在系统运行阶段应对系统进行正常的维护和保养，并对可靠性进行评估；②在自动化制造系统设计与运行的各阶段对其可靠性进行分析时，不应该仅对硬件进行分析，还必须考虑系统中软件和人员工作可靠性，并应在系统技术任务书中予以规定。

6）在编写自动化制造系统技术任务书时，应指出为保证系统规定的可靠性必须做的一系列工作，并把这些工作编制成《自动化制造系统可靠性保障计划》。

第四节 系统可靠性分析与设计的主要内容

本章前几节提到，要保证系统的可靠性，必须从设计、建造和运行三个方面着手，分别为系统可靠性设计、建造可靠性保证和运行可靠性保证。

一、系统可靠性设计的主要内容

1. 分析系统的功能和性能是否满足用户的要求

有功能才有可靠性，因此一般情况下，首先要满足用户对功能和性能的要求，这是建造自动化制造系统的主要目的。例如，对于加工一组箱体零件的自动化制造系统，所建系统就要提供铣削、镗削、钻削、螺纹加工等功能，要能够对零件的主要工序进行加工。在性能方面，系统的加工精度、生产率、加工成本等性能要求也要得到满足。

2. 分析系统可靠性的目标、指标和可实现性

对于用户而言，当然希望所建造的系统越可靠越好。但任何系统都不是无限可靠的，可靠性只是个相对概念。因此，在进行系统设计时，要分析用户使用该系统的场合，根据使用要求提出比较切合实际的系统可靠性目标。对于一个产品或系统，衡量其可靠性的指标可以有多种（例如可靠度、可用度），一般情况下可以采用平均无故障工作时间来衡量。国产设备的可靠性一般较差，往往只有国外设备的一半左右，因此，对于可靠性要求高的系统，最好选用国外知名厂商的设备。随着我国机械制造技术水平的不断提高，科技实力的不断增强，产品的可靠性也在不断改进和提高，自动化制造系统中使用的国产设备会越来越多。

3. 分析工作环境对系统可靠性的要求和影响

自动化制造系统的设备精度普遍较高，系统非常复杂，这就对运行环境提出了较高的要求。例如，温度和湿度要保持在某一水平，空气清洁度要达到一定的标准，附近不应有冲压、锻造等会产生剧烈振动的加工设备。一般情况下，各种设备都具有自己要求的工作环境，在设计时要分析温度、湿度、灰尘和振动等对设备运行的影响，如果影响超过某一限度，则应采取措施进行控制。

4. 分析是否考虑了系统的安全性要求

系统的安全性与可靠性密切相关，例如，如果高速回转的零件夹持不牢固，而系统的安全防护装置又不起作用，就可能飞出伤人；再如，如果电气系统的接地不可靠，操作者就可能受到高压电的电击而受伤。因此在进行系统设计时，必须对安全性进行分析和评估，预测可能发生的各种安全隐患，以便在设计中将其消除。

5. 分析对系统各组成部分的可靠性要求

自动化制造系统的功能比较多，不同的功能会用到不同的设备或功能部件，因此，系统中各设备和功能部件的使用频率、承受的载荷都不相同，对设备和功能部件的可靠性要求也必然不同。因此，要根据设备的载荷谱、功能谱、零件谱等进行分析，确定系统中各种设备或设备中各个功能部件的可靠性要求。

6. 分析系统对安装工艺和系统调试的可靠性要求

自动化制造系统的安装和调试过程对系统的可靠性会产生影响，例如，安装工艺与装配工艺不同，就会产生不同的结果，最典型的例子是机床的垫铁，如果在装配时的调整基准与安装时的调整基准不一致，机床大件的变形就不相同，这会影响机床的精度和精度保持性。因此在设计时就必须制定统一的基准。

7. 分析系统试运行与可靠性的关系

在系统建造完毕后，需要对系统进行试运行，以考验系统的性能并发现早期故障。试运行采用什么工作条件？需要试运行多长时间？这些内容在设计阶段都必须明确。

8. 分析系统可靠性的薄弱环节和改进措施

在系统的设计工作完成后，一定要确切掌握系统运行中潜在的可靠性状况：系统可能发生哪些故障？哪些故障发生的频率较高？哪些是功能性故障？哪些是非功能性故障？哪些故障对用户的影响大？要了解这些问题，可以使用故障树分析和故障模式、影响及危害性分析等工具。在发现可靠性的薄弱环节后，还应提出具体的改进措施，从结构改进、结构受力和变形分析、加工工艺改进、使用条件调整、元器件质量的提高等方面提高和保证系统的可靠性。

9. 对系统进行可靠性建模、预计和分配

在设计方案基本确定后，就可以使用工具对系统的可靠性进行建模和分析，主要内容是可靠性预计和可靠性分配。可靠性预计就是根据系统的可靠性模型和各个组成部分的失效概率预测系统整体的可靠性，看其是否可以满足设计目标；可靠性分配就是将系统的可靠性指标按一定的规则分解到各个组成部分。在实践中，可靠性预计和可靠性分配往往是交互进行的，并且需要大量的可靠性基础数据作为支撑。

二、制造可靠性保证的主要内容

1. 零部件加工一致性保证

零部件加工一致性对可靠性的影响非常大，因为现代机电产品都是按照互换性原则进行设计制造的，在互换的情况下，即使零部件的公差在设计规定的范围内，两个相互配合的零部件如果都处于极限配合状态（如上极限尺寸的轴和下极限尺寸的孔配合）或相反的极限配合状态（如下极限尺寸的轴和上极限尺寸的孔配合），不同零件所得到的配合状态相差是非常大的。如果公差设计得不合理或加工质量控制不严，带来的后果将会更加严重。因此，为了保证产品的可靠性，就必须严格控制零部件加工的一致性。另外，加工零件会产生毛刺，毛刺对装配的影响很大，会增加设备的磨损，因此在加工完成后，必须将零件的毛刺去干净。

2. 装配过程可靠性保证

有些企业的产品大部分零部件使用的都是国际顶级品牌，但整机的可靠性仍然很低，这除了设计分析不够造成匹配性不佳外，主要原因还是装配过程控制不佳造成的。据统计，产品故障的40%以上是由于装配不佳造成的，因此，保证装配过程的可靠性具有非常重要的意义。我国制造企业长期以来将装配过程的注意力放在精度保证上，装配工艺都是针对精度设计的，对可靠性和精度保持性则很少涉及，造成产品的可靠性很差。此外，装配对环境的要求很高，必须实现清洁（环境）装配，装配时还应保证零部件的清洁度和油液的清洁度。装配过程可靠性保证包括可靠性驱动的装配工艺设计和现场工艺纪律保证两项主要内容。

3. 配套件可靠性保证

由于自动化制造系统的设备大部分都是由各种配套件组成的，因此设备或系统的可靠性与配套件的可靠性具有非常密切的关系，为了提高设备或系统的可靠性，就必须首先提高配套件的可靠性。调查数据显示，由于我国机床行业配套件企业技术实力一般很弱，对产品质量控制重视不够，所制造的配套件的可靠性往往非常差，这就极大地影响了整机或系统的可靠性。因此，为了提高整机或系统的可靠性，就必须从配套件入手，采取各种手段提高配套件的可靠性。

4. 功能部件可靠性实验

一个复杂的整机设备一般都是由各种功能部件组成的，只有功能部件的可靠性达到规定的要求（经过整机可靠性分配得到），整机的可靠性才有保证。因此必须对功能部件的可靠性进行实验，发现并消除早期故障，找到可靠性的薄弱环节，并进行改进。功能部件的可靠性实验一般情况下应该进行加速加载实验，这样可缩短实验时间，尽可能发现更多的故障。在进行功能部件可靠性实验前，必须首先制定实验规范，实验过程要做好记录，实验完成后要对实验数据进行分析，并提供实验报告。

5. 整机可靠性实验

在设备装配调试完成后，也要进行可靠性实验，其目的也是为了发现并消除早期故障，找到可靠性的薄弱环节，并进行改进。早期可靠性实验包括空运转实验和加载实验，前者主要是考查设备的功能和性能，后者用来发现故障。与功能部件可靠性实验相同，在进行整机可靠性实验前，必须首先制定实验规范，实验过程要做好记录，实验完成后要对实验数据进行分析，并提供实验报告。

6. 包装可靠性保证

产品制造的最后环节是包装，包装对可靠性的影响往往会容易被忽视。但对于大型机械加工设备，在装配调试完成后必须将产品进行分解包装，在产品分解过程中，要小心拆卸，小心吊装，相配套的零部件必须编号，以免安装时出错。在包装时，固定要牢靠，要有很好的防碰撞、防潮、防雨水等措施。

三、运行可靠性保证的主要内容

1. 运输过程可靠性控制

产品从制造企业到用户的第一道工序是运输，大型机电产品的运输主要有铁路运输、轮船运输和公路运输。运输过程中由于野蛮装卸、运输过程发生碰撞、重物砸在包装上、包装坠落水中等原因造成产品的质量和可靠性发生问题，主要会造成产品的锈蚀和结构变形。因此，要对运输过程进行可靠性控制，主要是与运输企业签订质量保证书，杜绝野蛮装卸等。

2. 安装过程可靠性控制

安装是将拆分包装的产品组装恢复到拆卸前的状态，并进行产品的试运行验收。安装过程包括准备地基、底座调水平、组装等，其中，地基的质量对机床床身的变形影响很大，必须对其进行严格控制。另外，安装时需要按照与装配时相同的规范调整地脚螺钉，如果规范不一致，也会使床身产生很大的变形。最后，在进行机床的组装时，要严格按照零部件的编号来组装，如果发生混装现象，设备在运行时就会产生故障，特别是管接头的漏油和管线的布置问题，很多都是由于混装造成的。

3. 运行环境控制

自动化制造系统中的各种软硬件设备（包括操作人员）都对运行环境有较高的要求，例如，温度、湿度、空气清洁度、噪声、震动等都会对可靠性产生影响。温度太高和太低会影响设备液压油的粘度，从而影响液压系统的正常运行；温差过大还会使设备的变形加大，影响加工精度；空气中的湿度太大会使金属零件发生锈蚀现象，尤其是海边企业，空气中的盐分含量太大，会加速零部件的锈蚀；空气清洁度不高，会使微粒进入轴承、导轨等运动表面，增加设备的磨损，很快会丧失精度；由地基传来的震动会影响设备的加工精度，特别是精密设备。此外，空气清洁度、温度、湿度、噪声等都会对操作者产生影响，从而造成人为故障。因此，必须对运行环境进行严格控制。

4. 运行条件控制

运行条件包括：切削用量、切削力、最高运行速度、最低运行速度、电动机最大功率、供电系统的电压波动、轴承的发热量等，如果这些项目的量值超出设计允许值或设备长期在临界值运行，都会对设备的可靠性产生很大影响，必须在控制软件和加工工艺中进行控制，或通过在线检测进行实时控制。

5. 维护保养控制

调查数据表明，设备的可靠性与维护保养关系非常大，如果不按规定的要求进行设备的维护和保养，就会大大增加故障发生的可能性。维护保养包括：定时清洁机床、定时润滑、使用规定的润滑油（脂）、定时更换液压油、定时清洗过滤设备、定时检修（包括定时复查紧固螺钉的拧紧情况）等。通过良好的维护保养可以使设备保持良好状态。需要注意的是，在设备停用一段时间后（如经过长假），设备可能会由于水分而生锈，运动表面会粘接在一起使得运动不灵活。在脂润滑的情况下，长期不使用润滑脂会凝固而堵塞管道，影响运动表面之间的润滑，造成干摩擦而损坏表面。液压系统的油液如果不够清洁或变质，也会影响液压系统的正常工作。

第五节　自动化制造系统的可靠性分析指标

一、分析指标的选择

分析指标影响分析的结果，因此必须正确选择，以下四项是最基本的可靠性分析指标：

1）完成系统功能的可靠程度。

2）发生故障后的系统仍然能够"带病工作"的可能性（可靠性柔性）。

3）发生故障后系统的修复时间和修复率。

4）系统的可靠性寿命。

二、指标的分析类型

自动化制造系统的可靠性分析可分为以下两类型：

1. 按单一指标分析

单一指标是指把系统看成一个整体，并认为系统只有两种状态：正常状态 e_1，故障状态 e_2。假定其失效及维修均服从指数分布，即失效率 λ 为常数，修复率 μ 也为常数，则其有效度 $A(t)$ 和无效度 $\overline{A}(t)$ 方程如下：

$$A(t) = u + de^{-(\lambda+\mu)t} \tag{6-5}$$

$$\overline{A}(t) = d - de^{-(\lambda+\mu)t} \tag{6-6}$$

式中　u 为可工作时间比，$u = \mu/(\lambda+\mu)$；d 为不可工作时间比，$d = \lambda/(\lambda+\mu)$。

当出现故障后，$\mu = 0$，可求得可靠度 $R(t)$，不可靠度 $F(t)$ 及平均无故障工作时间 $\overline{t}$

$$R(t) = e^{-\lambda t} \tag{6-7}$$

$$F(t) = 1 - e^{-\lambda t} \tag{6-8}$$

$$\bar{t} = \int_0^\infty R(t)\,dt = \frac{1}{\lambda} \tag{6-9}$$

2. 按综合指标分析

综合指标分析是从系统的无故障性、维修性、易操作性和安全性等方面来综合描述的，它是对自动化制造系统运行可靠性的综合考虑，主要考虑可靠度 R 和维修度 M 这两个广义可靠性指标。本节主要介绍按单一指标的分析，对综合指标分析不再赘述。

三、可靠性的单一指标分析

1. 分析无故障性的主要指标

（1）平均无故障工作时间　在完成某一功能 i 中，自动化制造系统的平均无故障工作时间，一般记为 MTBF。它表示为无故障工作时间 T 的数学期望 $E(T)$，简记为 $\bar{t}$

$$\bar{t} = E(t) = \int_0^\infty t f(t)\,dt \tag{6-10}$$

（2）可靠度　在规定的时间 t 内系统无故障完成第 i 个功能的概率，它是时间 t 的函数，记为 $R(t)$，称为可靠度函数。若用 t 表示某一指定时刻，则系统在 t 时刻的可靠度按式（6-1）计算。

（3）失效率　系统工作到某时刻 t 尚未失效，在该时刻后单位时间内发生失效的概率，它是时间 t 的函数，记为 $\lambda(t)$

$$\lambda(t) = \lim_{\Delta t \to 0} \frac{1}{\Delta t} P \quad (t < T \leqslant t + \Delta t) \tag{6-11}$$

在规定时间 (t_1, t_2) 内平均失效率为

$$\bar{\lambda}(t) = \frac{1}{t_2 - t_1} \int_{t_1}^{t_2} \lambda(t)\,dt \tag{6-12}$$

2. 分析维修性的主要指标

（1）平均修复时间　系统发生故障后恢复原功能 i 的能力的平均时间，称为平均修复时间，它是维修时间 T 的数学期望 $E(T)$，简记为 $\bar{\tau}$

$$\bar{\tau} = E(t) = \int_0^\infty \tau m(\tau)\,d\tau \tag{6-13}$$

式中　$m(\tau)$ 为平均维修密度函数。

（2）维修度　在规定时间 τ 内恢复故障后，系统完成功能 i 的能力的概率，它是维修时间 τ 的函数，记为 $M(\tau)$

$$M(\tau) = P \quad (T \leqslant \tau) \tag{6-14}$$

显然 $0 \leqslant M(\tau) \leqslant 1$。若同一时刻 τ 的维修度 $M(\tau)$ 值越大，说明系统越容易维修。

（3）修复率　系统发生故障后修复时间达到某个时刻 τ，但尚未完成修复，在该时刻后的单位时间完成修复的概率，它是维修时间 τ 的函数，记为 $\mu(\tau)$，称为修复率。在某一规定时间间隔 (τ_1, τ_2) 内平均修复率为

$$\bar{\mu}(\tau) = \frac{1}{\tau_2 - \tau_1} \int_{\tau_1}^{\tau_2} \mu(\tau)\,d\tau \tag{6-15}$$

3. 分析系统可靠性柔性的主要指标

自动化制造系统的某一组成单元 j 在发生故障的情况下，系统继续完成 i 功能的概率，称为柔性可靠度，它是时间 t 的函数，记为 $N(t)$

$$N(t) = P(T > t) = \int_0^\infty f(t)\,\mathrm{d}t \tag{6-16}$$

4. 分析系统可靠性寿命的指标

（1）平均寿命　平均寿命是指系统寿命的平均值，一般记为 MTTF（Mean Time To Failures）。自动化制造系统的平均寿命常用平均无故障工作时间 MTBF 表示

$$\overline{t_0} = \int_0^\infty R(t)\,\mathrm{d}t \tag{6-17}$$

式中　$R(t)$ 为系统可靠度。

（2）可靠性寿命　自动化制造系统的可靠性寿命是给定的可靠度所对应的时间，记为 $t(R)$。

$$t(R) = R^{-1}(t) \tag{6-18}$$

式中　$R^{-1}(t)$ 为 $R(t)$ 的反函数。

第六节　系统可靠性分析与设计的流程

在进行自动化制造系统的可靠性分析及设计时，可以按照图 6-1 所示的流程来进行。

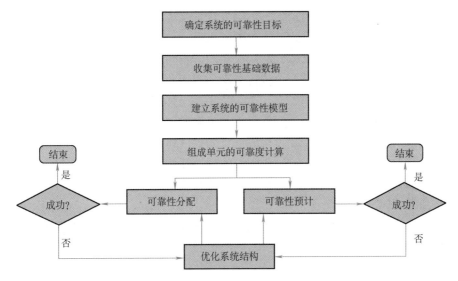

图 6-1　自动化制造系统的可靠性分析及设计流程

1. 确定系统的可靠性目标

在进行自动化制造系统的可靠性分析和设计之前，首先要确定系统的可靠性目标，这个目标应该是可以量化考核的，例如平均故障间隔时间 MTBF。所确定的目标一定要满足用户的使用要求，但也不能太高，因为太高可能实现不了，太高的目标也会使建造和运行系统的费用大幅度提高。

2. 收集可靠性基础数据

自动化制造系统的可靠性分析和设计离不开基础数据的支撑，可以说，没有大量的基础数据积累，就无法开展可靠性分析与设计。因此，在进行系统的分析和设计之前，首先要围绕所设计的系统收集数据，例如系统中各种设备的可靠度、各种设备曾经出现的故障模式、各个故障模式出现的条件、各个故障模式出现的频率、故障可能带来的危害、系统设计的输入条件（载荷谱、功率谱、零件谱、功能谱、故障谱）等。数据的收集方法可以采用可靠性实验来得到，也可以通过对各个单元的历史数据分析来得到。

3. 建立系统的可靠性模型

从可能发生故障的观点出发，按一定规则将自动化制造系统分解为若干单元，并依据故障发生的可能性确定各单元之间的逻辑关系，组合建立系统的故障模型，即系统的可靠性模型。可靠性模型是进行系统计算（包括预计和分配）的基础。可靠性模型可以是常规的可靠性框图，也可以是 GO 图（一种可靠性分析方法）。各单元之间的逻辑关系可以是串联、并联、串并联、并串联等各种形式。

4. 组成单元的可靠度计算

首先按照设备的组成结构分解各单元，建立各单元的可靠性模型，依据所收集的可靠性基础数据计算各单元的可靠度或故障概率，作为可靠性预计和分配的输入。

5. 可靠性分配

按照系统的可靠性模型将系统的可靠性指标（MTBF）分配给各个单元，分配的准则主要有等分配法、比例组合法、评分分配法、AGREE 分配法、成本函数法等，这些准则综合考虑了各种影响因素，并将这些因素通过不同方法量化为一组权重值，然后通过权重分配的方式把可靠性目标值分配给各个单元。在分配完成后，如果各个单元所得的可靠度小于或等于计算所得的可靠度，就可以认为分配是成功的。否则，就应该对系统进行优化，改进系统的结构或提高薄弱单元的可靠度，再进行分配，直至分配成功。

6. 可靠性预计

根据组成单元的可靠度计算得到的各单元的可靠度，按照可靠性模型进行综合，计算得到系统的可靠度，并与系统的可靠度目标值进行比较，如果计算结果得到的可靠度大于目标值，则可认为系统的可靠性得到保证。否则，就应该对系统进行优化，改进系统的结构或提高薄弱单元的可靠度，再进行预计，直至得到满意的结果。

7. 优化系统结构

在可靠性预计和分配过程中，经常会遇到结果不满足目标的情况，这时就必须对系统的结构进行优化。系统结构优化包括：改变系统的布局结构、采用冗余布局、提高薄弱单元的可靠性等。在进行结构优化时，需要使用 FTA、FMECA 等工具对系统进行分析，找出薄弱环节，并提出改进措施。

第七节　系统可靠性分析与设计的基本方法

在分析和设计自动化制造系统的可靠性时，用得最多的四种方法是故障树分析（FTA）和故障模式、影响及危害性分析（FMECA）、可靠性预计和可靠性分配，本节简单介绍这四种方法。

一、故障树分析

1. 故障树分析的基本概念

故障树分析技术最早应用于产品的安全性分析，它是美国贝尔电报公司的电话实验室于1962年开发的，它采用逻辑的方法，形象地对潜在的安全风险进行分析，特点是直观、明了，思路清晰，逻辑性强，可以做定性分析，也可以做定量分析。FTA方法从系统工程的角度研究产品的安全问题，FTA方法的分析结果准确，还可以对潜在故障和可靠度进行预测。

2. 故障树图

故障树分析是一种图形化分析方法，常用的工具是故障树图，故障树图是一种逻辑因果关系图，它根据组成产品的零部件的状态（基本事件）来显示系统的状态（顶事件）。一个故障树图的建立是个从上到下逐层细化的过程，它利用树形结构将各种事件联系起来，树的交叉处的事件和状态，用标准的逻辑符号（与、或等）表示。

3. 故障树分析中常用的符号

故障树分析中常用的事件符号见表6-1，逻辑符号见表6-2。

表6-1 故障树分析中常用的事件符号

符号名称		定义
事件符号	底事件	底事件是故障树分析中仅导致其他事件的原因事件
	基本事件	圆形符号是故障树中的基本事件，是分析中无需探明其发生原因的事件
	未探明事件	菱形符号是故障树分析中的未探明事件，即原则上应进一步探明其原因但暂时不必或暂时不能探明其原因的事件。它又代表省略事件，一般表示那些可能发生，但概率值微小的事件；或者对此系统到此为止不需要再进一步分析的故障事件，这些故障事件在定性分析中或定量计算中一般都可以忽略不计
	结果事件	矩形符号，是故障树分析中的结果事件，可以是顶事件。由其他事件或事件组合所导致的中间事件。矩形符号的下端与逻辑门连接，表示该事件是逻辑门的一个输入
	顶事件	顶事件是故障树分析中所关心的结果事件
	中间事件	中间事件是位于顶事件和底事件之间的结果事件

（续）

符 号 名 称		定　　义
事件符号	特殊事件	特殊事件指在故障树分析中需用特殊符号表明其特殊性或引起注意的事件
	开关事件	房形符号是开关事件，在正常工作条件下必然发生或必然不发生的事件，当房形中所给定的条件满足时，房形所在门的其他输入保留，否则除去。根据故障要求，可以是正常事件，也可以是故障事件
	条件事件	扁圆形符号是条件事件，是描述逻辑门起作用的具体限制的事件

表 6-2　故障树分析中常用的逻辑符号

符 号 名 称		定　　义
逻辑符号	与门	与门表示仅当所有输入事件发生时，输出事件才发生
	或门	或门表示只要有一个输入事件发生时，输出事件就发生
	非门	非门表示输出事件是输入事件的对立事件
	表决门	表决门表示仅当 n 个输入事件中有 r 个或 r 个以上的事件发生时，输出事件才发生
	顺序与门	顺序与门表示仅当输入事件按规定的顺序发生时，输出事件才发生
	异或门	异或门表示仅当单个输入事件发生时，输出事件才发生

（续）

符号名称		定 义
逻辑符号	禁门（禁门打开的条件）	禁门表示仅当条件发生时输入事件的发生方导致输出事件的发生
	转向符号（子树代号字母） 转此符号（子树代号字母）	相同转移符号用以指明子树的位置，转向和转此字母代号相同
	相似转向（相似的子树代号）不同的事件标号 ××-×× 相似转此 子树代号	相似转移符号用以指明相似子树的位置，转向和转此字母代号相同，事件的标号不同

4. 故障树分析的基本程序

（1）**熟悉系统** 要详细了解系统组成、状态及各种设备的参数，绘出结构图。

（2）**调查历史数据** 收集类似系统和设备的故障案例，进行故障统计分析，根据历史数据分析系统可能发生的故障模式，结果表示在 FMEA 中。

（3）**确定顶事件** 所分析的对象即为顶事件。要对曾经发生的所有故障进行全面分析，从中找出后果严重且较易发生的故障作为顶事件。

（4）**确定目标值** 对历史数据进行统计分析，得到故障发生的频率，以此作为要控制的故障的目标值。

（5）**调查原因事件** 调查与故障有关的所有原因事件和各种因素。

（6）**画出故障树** 从顶事件起，逐级分解找出直接原因的事件，直至达到所要分析的深度，按其逻辑关系，画出故障树。

（7）**确定重要度** 对故障树结构进行分析，确定各基本事件的重要度。

（8）**故障发生概率** 确定所有故障发生的概率，标在故障树上，并进而求出顶事件（故障）的发生概率。

（9）**比较** 根据系统的性质（可维修系统和不可维修系统），对可维修系统要对维修可能性、维修费用、维修后达到的效果等进行对比。对于不可维修系统，只要求出顶事件发生的概率即可。

原则上是上述 9 个步骤，在分析时可视具体问题灵活掌握，如果故障树规模很大，可借助计算机进行分析。

5. 铸造缺陷的故障树分析案例

铸件错型是常见的铸件缺陷，造成铸件错型的原因有设备、工装、操作等多种因素。下面将铸件错型作为系统故障树的顶事件，以某厂水平分型脱箱造型生产线为对象，建立铸件错型系统的故障树，如图6-2所示。

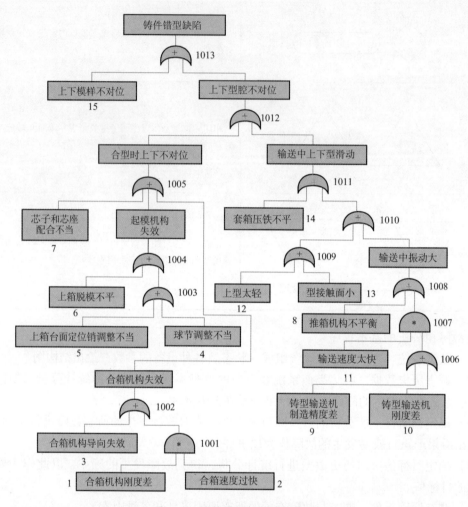

图6-2　铸件错型系统的故障树

图中用"＊"表示逻辑与门，用"＋"表示逻辑或门；用大于1000的序号如1001，1002等表示逻辑门号，用小于1000的序号如1，2数字等表示基本事件号。

（1）定性分析　表6-3是图6-2故障树的定性分析结果。因为顶事件是错型缺陷，故其全体最小割集就是该设备上铸件错型缺陷产生的全部途径，共有14种可能。

表中的每一行都是一个最小割集。根据故障树最小割集的定义，表中的任一行都是铸件错型缺陷产生的途径。当出现铸件错型时，就可以按表6-3逐项检查并加以排除。

（2）定量分析

顶事件发生的概率取决于故障树的结构和各基本事件的发生概率。对图6-2的故障树进行定量分析，若各基本事件的发生概率均为0.01，则铸件错型缺陷产生的概率为6.8%；若将各基本事件的发生概率降为0.001，则铸件错型缺陷产生的概率降为0.7%，基本上可消除错型缺陷。

表 6-3 错型缺陷的全部失效模式

	最 小 割 集	失 效 模 式
1	（15）	模板的上、下模样不对位
2	（7）	芯子与芯座配合不当
3	（3）	合箱机构导向失效
4	（6）	上箱脱模不平
5	（4）	球节调整不当
6	（5）	上箱台面定位销调整不当
7	（14）	套箱压铁不平
8	（1，2）	合箱机构刚度不足且合箱速度过快
9	（8，12）	上型太轻且推箱机构不平衡
10	（8，13）	上、下型接触面太小且推箱机构不平衡
11	（9，11，12）	铸型输送机制造精度差，输送速度快且上型太轻
12	（9，11，13）	输送机制造精度差，输送速度快且上下型接触面小
13	（10，11，12）	输送机刚度差，输送速度快且上型太轻
14	（10，11，13）	输送机刚度差，输送速度快且上下型接触面小

表 6-4 是图 6-2 故障树各基本事件概率重要度和关键重要度的计算结果（计算过程略）。

表 6-4 概率重要度和关键重要度

基 本 事 件	概率重要度	关键重要度
1	$9.318\,76e^{-3}$	$1.366\,05e^{-3}$
2	$9.318\,76e^{-3}$	$1.366\,05e^{-3}$
3	$0.941\,195$	$0.137\,971$
4	$0.941\,195$	$0.137\,971$
5	$0.941\,195$	$0.137\,971$
6	$0.941\,195$	$0.137\,971$
7	$0.941\,195$	$0.137\,971$
8	$1.854\,26e^{-2}$	$2.718\,17e^{-3}$
9	$1.817\,72e^{-4}$	$2.664\,61e^{-5}$
10	$1.817\,72e^{-4}$	$2.664\,61e^{-5}$
11	$3.653\,8e^{-4}$	$5.356\,14e^{-5}$
12	$9.408\,3e^{-3}$	$1.379\,17e^{-3}$
13	$9.408\,3e^{-3}$	$1.379\,171e^{-3}$
14	$0.941\,195$	$0.137\,971$
15	$0.941\,195$	$0.137\,971$

按概率重要度的大小顺序排序，各基本事件对铸件错型缺陷的影响大小为：（3，4，5，6，7，14，15）>（8）>（12，13）>（1，2）>（11）>（10，9）（同括号中事件重要度相同）。概率重要度值越大，说明它对顶事件的影响也越大。因此，要减少铸件错型缺陷，应从提高

具有较大概率重要度的基本事件可靠度入手。同时，当系统故障出现时，也应按其大小顺序寻找并排除故障原因。

二、故障模式、影响及危害分析

1. 故障模式、影响及危害分析的基本概念

故障模式、影响及危害性分析是针对产品所有可能的故障，并根据对故障模式的分析，确定每种故障模式对产品功能的影响，找出单点故障，并按故障模式的严重度及其发生概率确定其危害性。此处所谓的单点故障指的是引起的没有冗余或替代的设备和软件作为补救的局部生产故障（也可以称为功能性故障）。故障模式、影响及危害分析包括两部分内容：故障模式及影响分析（FMEA）和危害性分析（CA）。

故障模式是指零部件、产品或系统故障的一种表现形式，如材料的弯曲和断裂，零件的不正常变形，电器的接触不良、短路，设备的安装不当、腐蚀、漏油等。

故障影响是指该故障模式对安全性、产品功能会造成的影响。故障影响一般可分为：对局部影响、上层影响及最终影响三个等级。如分析机床液压系统中的一个液压泵，它发生了轻微漏油的故障模式，局部影响即对泵本身的影响可能是降低效率；对上层影响即对液压系统的影响，可能是压力有所降低；最终影响即对机床的影响，可能是动作不到位或不灵敏。

将故障模式出现的概率及影响的严重度结合起来称为危害性。

故障模式和影响分析是在产品设计过程中，通过对产品各组成单元潜在的各种故障模式及其对系统功能的影响进行分析，提出可能采取的预防改进措施，以提高系统可靠性的一种设计分析方法。它是一种预防性技术，是事先的行为，属于科学合理评价的阶段。FMEA 的作用是检验系统设计的正确性、确定故障模式的原因及对系统可靠性和安全性进行评价等。

危害性分析是把 FMEA 中确定的每一种故障模式按其影响的严重程度、类别及发生概率综合加以分析，以便全面地评价各种可能出现的故障模式的影响。CA 是 FMEA 的继续，根据系统的结构及可靠性数据的获得情况，CA 可以是定性分析也可以是定量分析。

归纳起来，故障模式、影响及危害分析是通过确定系统中各个零件的名称，以及失效型式的风险衡量因子（包括可能发生失效的型式、失效发生后的后果危害性、失效本身的严重性，以及失效发生的概率和频率等内容），判断出零件的失效状态并采取措施加以改善，以达到提高系统可靠性的目的。

2. 故障模式、影响及危害分析的简要发展历程

故障模式、影响及危害分析方法最早在 20 世纪 50 年代应用在航空器主操控系统的失效分析上，60 年代美国航天局则成功地将该方法应用在航天计划上。到 70 年代，美国汽车工业受到日本高质量汽车产品的强大竞争压力，开始在汽车行业引入可靠性工程技术，以提高产品质量与可靠度，其中故障模式、影响及危害分析即为当时所引入的系统分析方法之一。经过一段时间的推广应用，到 80 年代，许多汽车制造企业都开始使用该方法，在企业内部制定了适用的故障模式、影响及危害分析技术手册，其后更将故障模式、影响及危害分析引入工艺流程的潜在失效模式分析与改进作业中。

3. 故障概率等级、严重度和风险优先数

（1）故障概率等级　一个产品或系统运行中各种故障发生的概率是不同的，故障发生的概率等级一般可分为五级：

A 级（经常发生），产品在工作期间发生故障的概率很高，即一种故障模式发生的概率大于总故障概率的 20%。

B 级（很可能发生），产品在工作期间发生故障的概率为中等，即一种故障模式发生的概率为总故障概率的 10% ~ 20%。

C 级（偶然发生），产品在工作期间发生故障的概率是偶然性的，即一种故障模式发生的概率为总故障概率的 1% ~ 10%。

D 级（很少发生），产品在工作期间发生故障的概率很小，即一种故障模式发生的概率为总故障概率的 0.1% ~ 1%。

E 级（极不可能发生），产品在工作期间发生故障的概率接近于零，即一种故障模式发生的概率小于总故障概率的 0.1%。

（2）故障严重度 一般情况下，各种故障模式造成的影响是不同的，用严重度来区分影响的不同程度，一般将故障的严重度分为四类：

Ⅰ类故障（灾难性故障）：这是一种会造成人员死亡或系统毁坏的故障（如机床着火烧毁）。

Ⅱ类故障（致命性故障）：这是一种会导致人员严重受伤，产品或系统严重损坏，从而使功能丧失的故障。

Ⅲ类故障（严重故障）：这类故障将使人员轻度受伤，产品及系统轻度损坏，从而导致停工、停线损失。

Ⅳ类故障（轻度故障），这类故障的严重程度不足以造成人员受伤或系统功能的丧失，设备可以"带病工作"，如机器的漏油、异响、轻微振动等。

（3）风险优先数 故障模式、影响及危害分析中常用的风险衡量因子称为风险优先数（Risk Priority Number，RPN）。RPN 由三项指标相乘构成，分别是发生度、严重度以及侦测度，即 RPN = 发生度评分 × 严重度评分 × 侦测度评分。发生度是指某项失效原因发生的概率；严重度是指当失效发生时对整个系统或对使用者产生影响的严重程度；侦测度指的是当一个零部件已经完成，在离开制造现场或装配现场之前，能否检测出有可能会发生失效模式的能力，这三个风险优先数的评分范围均在 1 ~ 10 分之间。

4. 故障模式、影响及危害分析的步骤

故障模式、影响及危害分析的实施步骤可以分为 12 步：

1）系统分析，全面了解产品的结构和功能。

2）阅读产品的使用说明书，了解起动、运行、操作、维修等资料。

3）了解产品的工作环境条件。

上述资料在设计的初始阶段往往不能全部掌握。开始时，只能作些假设，用来确定一些很明显的故障模式。即使是初步 FMECA，也能指出许多单点失效部位，且其中有些可通过结构的重新设计而消除。随着设计工作的进展，可利用的信息不断增多，FMECA 工作应重复进行，根据需要和可能应把分析扩展到更为具体的层次。

4）定义产品及其功能和最低工作要求。一个系统的完整定义包括它的主要和次要功能、用途、预期的性能、环境要求、系统约束条件和产生故障的条件等。由于任何给定的产品都有一个或多个工作模式（或功能），因此，系统的定义还包括每种工作模式及其持续工作期内的功能说明。每个系统均应建立其功能框图，表示功能及各功能单元之间的相互关系。

5）按照系统功能框图画出其可靠性框图。

6）规定分解的层次粒度。原则上，FMECA 分析方法可用于整个系统到零部件的任何一级。

7）确定故障的检测方法。

8）参照历史数据确定潜在的故障模式，分析其发生原因及影响。

9）确定各种故障模式对产品产生危害的严重程度。

10）确定各种故障模式的发生概率等级。

11）确定设计时可能采取的预防措施。

12）填写 FMEA 表，并绘制危害性矩阵，如果需要进行定量 FMECA，则需填写 CA 表。如果仅进行 FMEA，则不必确定设计时可能采取的预防措施和绘制危害性矩阵。

5. 实施故障模式、影响及危害分析应注意的问题

（1）明确分析对象　找出零部件所发生的故障与系统整体故障之间的因果关系是 FMECA 的主要工作思路，所以明确 FMECA 的分析对象，并针对其应有的功能，找出各部件可能存在的所有故障模式，是提高 FMECA 方法有效性的前提条件。

（2）时间性　FMECA 方法应与自动化制造系统的设计工作交叉进行，在可靠性工程师的协助下，由系统的设计人员来完成。要贯彻"谁设计、谁分析"的原则，并且分析（设计）人员必须有公正客观的态度，包括客观评价与自己的设计工作有关的缺陷，理性分析产生缺陷的原因。同时 FMECA 必须与设计工作保持同步，尤其应在设计的早期阶段就开始进行 FMECA 分析，这将有助于及时发现设计中的薄弱环节并为安排改进措施的先后顺序提供依据。如果在系统设计已经完成并且已经投产以后再进行 FMECA 分析，一方面对设计的指导意义不大，另一方面会大幅度地增加改进成本。另外，一旦利用 FMECA 分析找出原因，就要迅速果断地采取措施，使 FMECA 分析的成果落到实处，而不是流于形式。

（3）层次性　在进行 FMECA 分析时，合理地确定分析的层次粒度（即细化到哪一级），能够为分析工作提供明确的分析范围、目标或工作量。此外，分析的层次粒度还会直接影响到分析结果严重度的确定。一般情况下，应按以下原则确定分析的层次粒度：

1）根据可获得的分析数据来确定粒度。

2）粒度的确定要能够进行 I 类故障或 II 类故障的分析。

3）根据设定的维修周期确定粒度，能够实现 III 类故障或 IV 类故障的分析。

（4）团队性　很多企业在进行 FMECA 分析时都采用个人形式进行，但是单独工作无法克服个人知识、思维缺陷或者缺乏客观性。因此，需要从相关领域重选出具有代表性的个人，共同组成 FMECA 团队，通过运用集体的智慧，达到相互启发和信息共享，就能够较完整和全面地进行 FMECA 分析，且可以大大提高分析效率。

（5）改进性　FMECA 分析特别强调程序化和文件化，并应对 FMECA 的结果进行跟踪与分析，以验证其正确性和改进措施的有效性，将好的经验写进企业的 FMECA 分析文件中，积少成多，最终形成一套完整、有效的 FMECA 资料，使一次次 FMECA 改进的量变汇集成企业整体设计制造水平的质变，最终形成独特的企业技术特色。

6. FMECA 在供应链可靠性分析中的应用案例

利用 FMECA 方法进行供应链可靠性分析（风险管理），可以按以下步骤进行：

（1）风险识别　供应链运行过程中可能遇到的风险可以分为五类：环境风险、需求风险、供应风险、机制风险以及运行控制风险。环境风险指的是企业内、外部环境可能的变化，分为四类：政治环境、法律环境、自然环境以及宏观经济环境，四者合称为"总体环境"；需求风险指的是供应链需求方可能产生的风险，例如供方由于产能不足会不能满足需方的数量需求，供方的产品质量下滑达不到需方的要求，供方突然转向竞争对手而撕毁合同等；供应风险指的是供应链中供方可能产生的风险，例如，汽车产品在畅销和滞销时供方的风险会产生很大变化，畅销时供方会发生产能不足的风险，滞销时又可能给供方带来产能过剩的风险；机制风险指的是供应链中各个企业的管理机制落后、人员素质低下、管理流程复杂、各企业之间的管理流程不匹配等带来的供应链整体运行风险；运行控制风险指的是供应链各企业之间缺乏合作诚信，互相之间缺乏制约而带来的风险。风险识别可以采用问卷调查，针对整个供应链确定五类风险发生的可能性。

（2）风险分析　与传统风险分析只采用风险发生概率与潜在损失大小两个指标不同，FMECA 方法采用发生可能性、影响程度、侦测难度以及控制难度四个因子来衡量风险。四个因子的分析可以采用 5 分制专家打分的方法，见表 6-5。

表 6-5　风险分析因子评分方法

分 析 因 子	衡 量 标 准
发生可能性	极小 1 分；小 2 分；中 3 分；较大 4 分；很大 5 分
影响程度	轻微 1 分；影响小 2 分；中等 3 分；较严重 4 分；严重 5 分
侦测难度	容易侦测 1 分；难度较小 2 分；中等 3 分；比较难 4 分；不易侦测 5 分
控制难度	容易控制 1 分；难度较小 2 分；中等 3 分；比较难 4 分；不易控制 5 分

（3）风险评估　根据四个风险分析因子，可以计算出各个风险时间的风险优先系数，对这些系数进行排序，可以确定供应链的主要风险及重点关注对象。当然，风险评估是一个动态的过程，因为环境的变化会导致各个风险衡量因子随时间变化，从而影响各风险优先系数的计算。例如，环境变化可能导致某些风险事件发生可能性提高或影响程度提高，从而提高该风险事件的优先级；再如，技术进步可能降低某些风险事件的控制难度，从而降低该风险事件的优先级。

（4）风险控制　传统风险控制方法强调降低风险发生的可能性，以及减轻风险负面影响应采取的措施。FMECA 分析将侦测难度和控制难度两个因子引入风险分析中，扩展了风险控制的手段，以便于采用更为先进及时的风险检测手段及改善风险的控制手段。

三、可靠性分配

1. 可靠性分配的基本概念

自动化制造系统的可靠性分配就是将由供需双方共同确定的，并在系统设计任务书中规定的可靠性指标（一般是 MTBF），从整体到局部，逐步分解、分配到各组成单元上。系统的可靠性首先是由设计过程决定的，可靠性分配是可靠性设计的重要内容，对保证产品或系统的可靠性具有重要意义。

2. 可靠性分配的基本原则

可靠性分配应该遵循以下原则：

1）可靠性分配的要求值应是成熟期的规定值。这意味着，在确定可靠性目标值时，不应当无限提高要求，应该根据以前经验确定一个合理且可行的值。

2）在大多数情况下，可靠性分配不是一蹴而就的，要经过反复多次的综合和调整，为了减少分配的反复次数，在可靠性分配时应该留出 15% ~ 20% 的余量，而不是正好将零部件可靠度完全使用完。

3）产品的组成单元中，可靠性并不是完全相同的，如果某些零部件的故障率很低时，可以不直接参加可靠性分配，而归并在其他因素项目中一并考虑。

4）可靠性分配应在产品的研制阶段早期即开始进行。在早期阶段就进行可靠性分配，可以尽早发现设计中存在的问题，尽早进行改进，可以节省很多成本。

5）在产品研制的不同阶段，应该选择不同的分配方法。可靠性分配的方法很多，它们分别适合不同的阶段。

6）对于复杂度高的组成单元，应分配较低的可靠性指标，因为产品越复杂，其组成零部件就越多，要达到高可靠性就越困难并且更为费钱。

7）对于技术上不成熟的产品，其可靠性一般较差，因此应该分配较低的可靠性指标。对于这种产品提出高可靠性要求会延长研制时间，增加研制费用。

8）对于处于恶劣环境条件下工作的产品，应分配较低的可靠性指标，因为恶劣的环境会增加产品的故障率。

9）对于需要长期工作的产品，应该分配较低的可靠性指标，因为产品的可靠性随着工作时间的增加而降低。

10）对于重要度高的产品，应分配较高的可靠性指标，因为重要度高的产品的故障会影响人身安全或功能的实现。

11）在进行可靠性分配时，还应充分考虑产品的维修性和维修保障性，如维修性差的产品，应该分配较高的可靠性指标，以减少维修时间。

12）对于已确定可靠性指标的单元，不再进行可靠性分配，同时，在进行可靠性分配时，要从总指标中按一定规则剔除这些单元的可靠性值。

3. 可靠性分配方法

从整体上看，可靠性分配方法可以分为两大类：无约束分配法和有约束分配法。

（1）无约束分配法

1）等分配法。对于串联的相同所有组成单元都分配同样的可靠度。

2）评分分配法。在可靠性数据非常缺乏的情况下，通过有经验的设计人员或专家对影响可靠性的几种因素进行评分，对评分进行综合分析而获得各单元之间的可靠性相对比值，根据评分情况给每个单元分配可靠性指标。在评分时要考虑单元的复杂度，技术发展水平，工作时间和环境条件等。

3）比例组合法。在有相似且成熟的参考系统的情况下，可以根据参考系统中各单元的故障率，按待设计系统可靠性的要求，给系统中的各单元分配可靠性。

4）考虑重要度和复杂度的分配方法。在进行可靠性分配时，将各个单元的重要度和复杂度作为重要的考虑因素，分配给第 i 个单元的可靠性指标与该单元的重要度成正比，与它的复杂度成反比。

（2）有约束分配法

有约束分配法是一种数学优化方法，需要首先建立优化模型，然后利用数学优化方法去求解，可以直接得到最优解。常用的有约束分配法包括以下三种方法：

1）拉格朗日乘数法。

2）动态规划法。

3）直接寻优法。

4. 可靠性分配步骤

可靠性分配可以按照以下 7 步进行。

1）明确系统可靠性参数指标要求。在进行分配之前，首先要研究技术协议书中确定的系统整体可靠性指标。

2）分析系统特点。对系统的组成和结构进行分析，了解系统的特点，在可靠性分配时才能做到心中有数。

3）系统建模。结合系统的结构，建立系统的可靠性模型（可靠性框图）。

4）选取分配方法。在前面所介绍的分配方法中，根据系统的特点、各单元的技术状况和设计的不同阶段选择适当的分配方法，可以多种方法轮流使用。

5）收集基础数据。收集相似且正常运行的系统的可靠性数据和待设计系统的数据，作为可靠性分配的输入数据。

6）进行可靠性分配。按照选定的分配方法，结合系统的可靠性模型，对系统的整体可靠性指标进行分配，在分配时要考虑各个单元可达到的可靠度。

7）验算可靠性指标要求。在一轮分配完成后，按照可靠性预计的算法对结果进行分析，如果满足预定的可靠性目标则结束，否则就要重新进行分配。在无法达到预定目标值的情况下，就需要进行结构优化。

5. 可靠性分配应注意的问题

（1）可靠性分配应在研制阶段早期就进行　主要目的是：

1）使设计人员尽早明确其设计要求，研究实现可靠性要求的可能性。

2）为外购件及外协件提出可靠性指标初步依据。

3）根据所分配的可靠性要求估算所需的人力和物资等内容。

（2）可靠性分配应反复多次进行　主要原因是：

1）在方案论证和初步设计工作中，分配是较粗略的，经粗略分配后，应与经验数据进行比较、权衡。

2）与不依赖于最初分配的可靠性预计结果相比较，确定分配的合理性，并根据需要重新进行分配。

3）随着设计工作的不断深入，可靠性模型会逐步细化，可靠性分配工作也必须反复进行。

4）为了尽量减少可靠性分配的重复次数，在规定的可靠性指标基础上，可考虑留出一定的余量。

5）为在设计过程中增加新的功能单元留下余地，可以避免为适应附加的设计而进行的反复分配。

（3）选择依据

1）进行分配前，首先必须明确设计目标、限制条件、系统下层各级定义的清晰程度及有关类似系统的可靠性数据等信息。随着研制阶段的进展，系统定义越来越清晰，则可靠性分配的方法和结果也有所不同。

2）在方案论证阶段，一般可采用等分配法。

3）在初步设计阶段，可以采用评分分配法和比例组合法。

4）在详细设计阶段，可以采用评分分配法、考虑重要度和复杂度分配法等。

四、可靠性预计

1. 可靠性预计的基本概念

所谓的可靠性预计就是在已知各个单元可靠度的情况下，按照一定的算法计算系统整体的可靠度，并与预定的可靠性指标进行比较，如果达不到预定的目标，就应该对系统进行优化改进。可靠性预计是可靠性设计的重要内容，对经济地实现系统的可靠性具有非常重要的意义。归纳起来，可靠性预计具有以下目的：

1）评估系统的可靠性，审查是否能达到要求的可靠性指标。

2）在方案论证阶段，通过可靠性预计，比较不同方案的可靠性水平，为最优方案的选择及方案优化提供依据。

3）在设计过程中，通过可靠性预计，发现影响系统可靠性的主要因素，找出薄弱环节，采取改进措施，提高系统的可靠性。

4）在可靠性分配中评估可靠性分配结果的合理性和可靠性。

2. 可靠性预计的步骤

可靠性预计可以按照以下 8 步来进行。

1）明确系统定义。对系统进行分析，了解系统的功能、组成和结构，明确设定的可靠性目标。

2）明确系统的故障。对系统的组成进行分解，利用 FMECA 方法分析系统的潜在故障，包括故障模式、故障类型等。利用历史和实验数据分析各种故障可能发生的概率。

3）明确系统的工作条件。对系统的工作环境、载荷等进行分析。

4）绘制系统的可靠性框图。根据系统的分解结果明确各单元的连接方式（串联、并联、串并联、并串联等），按照规定的方法建立系统的可靠性框图。

5）建立系统的可靠性数学模型。根据系统的可靠性框图，用数学模型表示系统结构。

6）预计各单元的可靠性。根据实验结果和历史数据，计算系统中各单元的可靠度。

7）可靠性预计。利用数学模型和各单元的可靠度数据，计算系统整体的可靠度。

8）验算可靠性指标要求。将计算可靠度与预定可靠度进行对比，如果满足预定的可靠性目标则结束，否则就要对结构进行优化（包括系统的整体结构布局和各单元的结构），改进可靠性薄弱环节，然后再重新进行预计。

3. 单元可靠性预计

自动化制造系统是个异常复杂的大系统，系统的组成单元往往也非常复杂。由于系统的可靠性是组成单元可靠性概率的综合，因此，只有首先对单元的可靠性进行预计，才能得到系统的可靠性。

对单元的可靠性预计可以采用以下几种方法。

1）相似产品法。相似产品法的基本原理就是利用与该产品相似的现有成熟产品的可靠性数据来估计该产品的可靠性。成熟产品的可靠性数据主要来源于现场统计和实验室的实验结果。所谓的相似一般包括：产品结构和性能的相似性；设计方案的相似性；材料和制造工艺的相似性；使用剖面（保障、使用和环境条件）的相似性。该方法的步骤一般包括：确定相似产品、分析相似因素对可靠性的影响、确定相似系数、新产品（单元）的可靠性预计等。

2）评分预计法。在可靠性数据非常缺乏的情况下（仅可以得到个别产品的可靠性数据），通过有经验的设计人员或专家对影响可靠性的几种因素进行评分，对评分结果进行综合分析而获得各单元产品之间的可靠性相对比值，再以某一个已知可靠性数据的产品为基准，预计新产品的可靠性。评分因素一般包括复杂度、技术发展水平、工作时间和环境条件等。

3）应力分析法。该方法用于产品详细设计阶段对电子元器件的失效率进行预计。对某种电子元器件，在实验室的标准应力与环境条件下，通过大量的实验，并对其结果进行统计而得出该种元器件的基本失效率，在预计电子元器件工作失效率时，应根据元器件的质量等级、应力水平、环境条件等因素对基本失效率进行修正。当前，电子元器件的应力分析法已有成熟的预计标准和手册可供参考。

4）故障率预计法。该方法主要用于非电子产品的可靠性预计，其原理与电子元器件的应力分析法基本相同，目前尚无可供查阅的正式数据手册。

4. 机械产品可靠性预计法

机械产品或自动化制造系统中的机械部分与电子产品的可靠性特性具有很大的不同，主要原因如下：

1）看起来很相似的机械部件，其故障模式和发生概率往往是非常不同的。

2）用数据库中已有的统计数据进行预计，其精度往往是无法保证的。

3）目前预计机械产品可靠性尚没有相当于电子产品那样通用的、成熟的、可接受的方法。但在进行机械产品的可靠性预计时，可以参考《机械设备可靠性预计程序手册》（草案）和《非电子零部件可靠性数据》。

对机械产品的可靠性进行预计，可以采用修正系数法和相似产品类比论证法。后者可以参照电子产品可靠性预计中的相似产品法。修正系数法的基本思路是：将机械产品分解到零部件级，有许多基础零部件是通用的；将机械零件分成密封件、弹簧、电磁铁、阀门、轴承、齿轮和花键、作动器、泵、过滤器、制动器和离合器等十大类。对这十大类零件进行失效模式及影响分析，找出其主要失效模式及影响这些模式的主要设计使用参数，通过数据收集、处理及回归分析，可以建立各零件失效率与上述参数的数学函数关系，在此基础上进行可靠性预计。

5. 可靠性预计的特点及注意事项

1）并行性。可靠性预计应该与功能设计并行进行，以降低设计方案大修改的风险。

2）相关性。可靠性预计与系统的载荷谱、零件谱、工况谱、故障谱等密切相关，必须首先研究并确定这些输入条件。

3）在产品研制的各个阶段，可靠性预计应反复迭代进行多次，才能得到比较理想的结果。

4）由于自动化制造系统的高度复杂性和基础数据的缺乏，要得到可靠性的绝对值并且使之可信是非常困难的，因此，可靠性预计结果的相对值比绝对值更为重要，至少可以发现可靠性的薄弱环节，为可靠性改进提供依据。

5）可靠性预计必须与 FEMCA 分析结合起来，以得到系统故障的明确定义。

6）在进行可靠性预计前，必须首先明确系统的功能。

7）由于自动化制造系统非常复杂，包括多种组成单元，因此，必须注意可靠性模型的正确性。

8）在进行可靠性预计时，必须注意各组成单元实际工作时间的精确性，因为在不同的时间段，单元的可靠性是不同的。

9）要注意对可靠性基础数据的积累。

10）在系统（产品）研制的不同阶段，应该采用不同的可靠性预计方法，根据实际情况来选取。

第八节　提高自动化制造系统可靠性的途径

1. 可靠性设计是提高固有可靠性的核心

据有关资料分析，设计是决定系统固有可靠性的重要环节，由设计原因引发的故障率会占到总体故障率的一半以上。所以，设计方案的好坏，将在很大程度上决定一个系统的固有可靠性。也可以说，系统能否可靠运行，首先是设计出来的。系统的总体设计应以满足可靠性指标为前提，建立科学的可靠性框图，将系统的可靠性指标合理地分配给各功能单元。在各功能单元的设计方案确定之后，采用预测方法估计在该设计方案下单元所能达到的可靠性水平，并与所要求的可靠性指标进行比较。当单元的设计方案难以满足所分配的可靠性指标时，则需优化单元设计方案，甚至优化整个系统的设计方案。为了提高整个系统的可靠性，可以采用以下可靠性设计方法：储备设计、降额设计、热设计、防振设计、裕度设计、耦合解耦设计、可使用性设计、安全性设计、可维修性设计等。在进行可靠性设计时，必须用好FTA、FMECA 等工具。

对于已经投入运行的系统，如果确诊某种故障的原因是由于设计而引发的先天不足，则应及时地进行改进设计或者采取相应的补救措施，以保证系统的可靠运行。

2. 制造过程是系统固有可靠性的保障

能否保证达到系统设计要求的可靠性指标，制造过程是关键。为此，在零件的加工制造中，要保证零件精度、热处理、材料的一致性。在装配过程中，要在装配工艺文件中融入可靠性内容，要制定可靠性工作计划，通过工艺纪律执行，严格把好质量关。对于机械类零部件，严格按照设计要求进行检验考核，必要时需进行可靠性验证实验（可在设计技术要求中明确规定）。对于电子类器件，必须运行百分之百的可靠性筛选实验，以保证系统在投入运行之前就剔除那些属于早期失效的元器件，虽然为此需付出一定代价（如成本增加、生产周期延长等），但相对于在装机调试中及使用现场发现并更换失效件所带来的损失来说就微不足道了。

而对于系统软件的设计，则应严格按照有关软件工程规范进行，以提高软件的可靠性及维护性。

3. 合理使用与正常维护才能体现出固有的可靠性

前面已经指出，系统的合理使用和正常维护保养对系统的可靠性影响极大。系统的合理使用包括：使用工况不能超出设计极限、环境条件保持在设计要求的范围内。维护保养包括：定期对系统进行清洁、定期检查紧固螺栓的紧固情况、定期更换油液（特别是液压油）、定期润滑、定期清洗过滤件、按规定更换零部件等。此外，还应以可靠性思想为指导，建立健全系统的操作运行条例，提出对操作人员的要求，制定系统运行操作的步骤及注意事项等。这样就可以做到在整个使用、维护、保养的过程中有章可循，以尽量减少人为故障。在使用过程中，操作人员的素质至关重要，因此，应采取各种措施提高操作人员的整体素质，不只是业务素质，更重要的还有思想素质。操作人员应该有计划地对系统进行消化吸收，以熟悉系统的每一个环节，从而提高操作系统的主动性。同时还应注意总结经验教训，通过提高系统维护的技术熟练程度，减少系统的平均维修时间，以达到提高系统可用性的目的。

4. 可靠性管理体系不容忽视

为了提高系统的可靠性，制造企业应该建立可靠性管理体系，采取措施提高自己的可靠性保证能力。可靠性保证能力包括：人员能力、管理能力、技术能力和硬件能力。人员能力主要是指员工对可靠性的意识、员工工作的严谨性和精细性、员工的技术水平等。管理能力包括管理制度的制定和完善、管理流程的合理化、管理过程的精细化、供应商的质量控制、用户信息的反馈及处理等。技术能力包括可靠性应用软件的配置、可靠性设计技术的掌握、工序能力控制、装配可靠性保证技术的应用、清洁装配环境的建立等。可靠性硬件能力包括实验条件的建立、制造设备的维护及更新等。

最后，还应注意实际运行数据和可靠性数据的收集、整理和归档。即在正常运行情况下，要有系统运行总结记录，以便通过长期的信息积累摸索出一套实用的操作技巧。在系统发生故障之后，要及时记录故障前系统的运行状态，特别是故障发生前的一些特殊征兆，这样的信息有利于预防在以后运行中同样事故的再度发生。做好故障现象的记录，包括故障的部位、故障次数，这样的信息有利于在以后的故障处理中迅速找到故障原因。还应认真分析故障原因，统计出正常运行时间、故障前工作时间、故障停工时间、故障分析检查时间和故障造成的经济损失。在此基础上，尽快建立故障诊断和快速排除故障的计算机辅助管理系统，以提高系统的维修速度，保证系统的可靠运行。另外，还应该按照系统的故障率对关键部件的关键元器件以及高故障率的元器件建立系统备件目录，合理完善元器件的备份。

 复习思考题

6-1 为什么要进行自动化制造系统的可靠性分析？

6-2 有人说，可靠性是技术问题又是数学问题，与管理的关系不大，你怎么看？

6-3 企业实施可靠性需要投入资源，这些投入是否值得？请说明原因。

6-4 到企业去仔细观察一下，国产机床的漏油问题是否非常严重？为什么解决不了？

6-5 说明什么是功能性故障？什么是非功能性故障？两者的区别主要是什么？

6-6 平均故障间隔时间 MTBF 的基本涵义是什么？

6-7 在评估 MTBF 时，一般应该抽取若干台机床，考验若干时间，为什么？

6-8 为什么说可靠性是用过去预测未来、用样本预测整体？如果一台设备只生产了一件，如何评价其可靠性？

6-9 大批量生产、单件生产和多品种小批量生产的可靠性控制各有什么特点？

6-10 什么叫 FTA？它在可靠性设计中的作用是什么？

6-11 什么叫 FMECA？简单归纳它的工作流程。

6-12 什么叫可靠度？它与可靠性是什么关系？

6-13 国外产品可靠性高，国内产品可靠性差，你认为主要原因是什么？

6-14 你认为应该如何提高产品的可靠性？

6-15 自动化制造系统的可靠性分析包括哪些内容？

6-16 归纳可靠性评价指标，并利用层次分析法对指标进行排序。

6-17 可靠性分配时，将系统的整体目标分解到多个零部件，会出现多解的问题，如何进行分配才合理？

6-18 什么叫可靠性框图？它在可靠性设计中的意义是什么？

6-19 提高系统的可靠性可以采取哪些措施？

第七章

自动化制造系统的计算机仿真及优化

自动化制造系统的投资强度大，建造周期长，风险性也比较大，因此在设计和规划阶段的可行性研究就显得非常重要。计算机仿真是一种省时、省力、省钱的系统分析研究工具，对分析研究自动化制造系统的设计和运行性能具有非常巨大的优势，所得到的结论对投资决策能够起到非常重要的支撑作用。

本章将简要地介绍自动化制造系统设计分析过程中计算机仿真的作用及基本概念、仿真的基本理论、仿真建模技术及仿真研究的内容和仿真实例。

第一节　计算机仿真的基本概念及意义

一、仿真的基本概念

现代科学研究、生产开发、社会工程、经济运营中涉及的许多项目，都具有较大的规模和较高的复杂度。在进行项目的设计和规划时，往往需要对项目的合理性、经济性加以评价。在项目实际运营前，也希望对项目的实施结果加以预测，以便选择正确、高效的运行策略或提前消除该项目设计中的缺陷，最大限度地提高实际系统的运行水平。采用仿真技术可以省时、省力、省钱地达到上述目的。

仿真应用很广。例如，在进行军事战役之前，进行沙盘演练和实地军事演习就是对该战役的一种仿真研究。设计飞机时，用风洞对机翼进行空气动力学特性研究，就是在飞机上天实际飞行前，对其机翼在空中高速气体流场中受力状态和运行状态的一种仿真。在制造系统的设计阶段，可以通过某一种模型来研究该系统在不同物理配置情况下不同物流路径和不同运行控制策略的特性，从而预先对系统进行分析和评价，以获得较佳的配置和较优的控制策略。在制造系统建成后，通过仿真，可以研究系统在不同作业计划输入下的运行情况，以便比较和选择较优的作业计划，达到提高系统运行效率的目的。这些都是仿真的应用案例。

仿真一词源于英文术语 Simulation，早期也译为模拟。仿真就是通过对系统模型的实验去研究一个实际存在或设计中的系统。这里的系统是指由相互联系和相互制约的各个部分组成的具有一定功能的整体。

根据仿真与实际系统配置的接近程度，将其分为计算机仿真、半物理仿真和全物理仿真。在计算机上对系统的计算机模型进行实验研究的仿真称为计算机仿真。用已研制出来的系统中的实际部件或子系统去代替部分计算机模型所构成的仿真称为半物理仿真。采用与实际系统相同或等效的部件或子系统来实现对系统的实验研究，称为全物理仿真。一般说来，计算机仿真较之半物理、全物理仿真在时间、费用和方便性等方面都具有明显的优点。而半物理仿真、全物理仿真具有较高的可信度，但费用昂贵且准备时间长。

图7-1给出了计算机仿真、半物理仿真和全物理仿真的关系及其在工程系统研究各阶段的应用。由于计算机仿真具有省时、省力、省钱的优点，除了必须采用半物理或全物理仿真才能满足系统研究要求的情况外，一般来说都应尽量采用计算机仿真。因此，计算机仿真得到越来越广泛的应用。

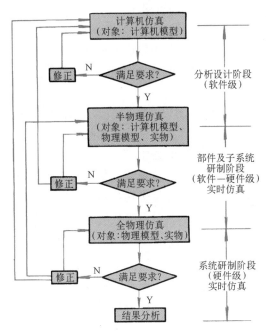

图 7-1 计算机仿真、半物理仿真与全物理仿真的关系及应用阶段

二、计算机仿真的发展情况

计算机仿真是随着电子计算机的出现而发展起来的。1947 年第一台通用电子模拟计算机研制成功，计算机仿真也随之崭露头角。20 世纪 40 年代末期和 50 年代的工作主要是利用电子模拟计算机对连续系统进行仿真，涉及自动控制、航天等领域。1958 年出现了第一台混合仿真计算机并成功地用于洲际导弹的仿真。70 年代以来，由于电子数字计算机的发展和普及，电子数字计算机已广泛地用于连续系统和离散系统的仿真。60 年代和 70 年代是仿真理论飞速发展的时期。在此期间，仿真建模理论、仿真方法、仿真通用语言及仿真工具的研究都有很大的发展。例如，用于连续系统仿真的欧拉法、龙格-库塔法、阿达姆斯法、离散相似法等，并开发了一些用于连续系统的仿真软件包，如：MIMIC、CSSL、DYNAMO 等。用于离散事件系统的以活动循环和事件调度为基础的建模仿真理论也有了长足的发展，并出现了用于离散事件系统仿真的通用语言 GPSS、SIMSCRIPT、SIMULA 以及 ECSL 等。

三、计算机仿真的意义

在科学研究、生产组织、工程开发、经济发展及社会调控方面采用计算机仿真技术具有十分重要的意义。概括地说，主要有以下几点：

（1）可以替代许多难以开展或无法实现的实验　在实际问题中，有许多是无法通过实际运作来加以研究的。若想采用实验，也是十分困难甚至是无法实现的。例如，要研究某一地区发生一定震级的地震对建筑物或人员的损坏程度，是不可能通过实际地震实验来获取结果的。又如，要预测未来一段时间地球气候变化趋势，是不可能在当前让今后一段时期的地球气候进行预演的。采用计算机仿真却可以在计算机上对抽象的仿真模型进行反复的实验，从而解决这种难以采用实际运作或真实实验的问题。

（2）可以解决一般理论方法难以求解的大型系统问题　有一些大而复杂的系统，例如柔性制造系统、计算机集成制造系统，采用理论分析或从数学上求解的方法来加以分析研究是十分困难的，有时甚至是不可能的。但是，通过计算机仿真，却可以用仿真实验的方法加以研究。

（3）可以经济快速地比较不同方案以降低投资风险并节省研究开发费用　越是大型复杂的系统和高技术项目，其不可预见性越大，相应的投资风险和人力、物力浪费的潜在可能性也越大。如港口、铁路、机场和大型制造工厂，一旦建成后发现设计不合理，要改动或重建，就需要大量人力和物力。如果预先通过计算机仿真对系统或项目的设计、规划方案加以研究比较和优选并对系统建成后的运行效果进行仿真，可以预先获得许多宝贵的认识，从而增加决策的科学性，减少失误。这样，就可以降低投资风险，节省人力和物力。

（4）可以避免实际实验对生命和财产的危害　有些实际实验对人员和装备都有潜在的危险性。例如，在核电站已建成后才去实施控制系统的可靠性与应急处理能力实验，显然是十分危险的。再如，电力调度系统对新的调度方案的实验或人员的培训，如果在真实系统上加以实施，也是相当有风险的。然而，计算机仿真却可以较好地达到预期的实验目的，又可避免对人员和财产的危害。

（5）可以缩短实验时间，并不拘于时空限制　一个需要几十小时加工过程的制造系统，采用计算机仿真实验则仅需几十分钟至几小时。一项需时5年的社会经济发展计划，计算机仿真仅需十几小时，这就可以大大节省实验时间。此外，有些系统的实际实验由于时间和经费的限制，难以反复进行。计算机仿真则不受这种限制，可以多次重复进行。另一方面，有些实验需要相当大的场地，如军事演习等，不得不受客观环境的限制。而计算机仿真对时空的要求则不严格。

四、计算机仿真的特点

计算机仿真有别于其他方法的显著特点之一是：它是一种在计算机上进行实验的方法，实验所依赖的是由实际系统抽象出来的仿真模型。由于这一特点，计算机仿真给出的是由实验选出的较优解，而不像数学分析方法那样给出问题的确定性的最优解。

计算机仿真结果的价值和可信度，与仿真模型、仿真方法及仿真实验输入数据有关。如果仿真模型偏离真实系统，或者仿真方法选择不当，或者仿真实验输入的数据不充分、不典型，则将降低仿真结果的价值。但是，仿真模型对原系统描述得越细、越真实，仿真输入数据集越大，仿真建模的复杂度和仿真时间都会增加。因此，需要在可信度、真实度与复杂度之间加以权衡。

在解决具体问题时，是否选择计算机仿真方法，应该从上述几个特点来加以考虑。一般可以按图7-2给出的流程加以考虑。从图7-2中的流程可以看出：对一个实际问题，当可以用数学分析的解析方法来求得解时就首选数学分析方法；当数学分析方法无能为力时就考虑物理实验方法，如果物理实验方法可以解决，则采用物理实验方法；当物理实验方法在时间、费用、可行性等方面难以满足要求时就要考虑计算机仿真的方法；如果连计算机仿真方法也无法实现，则只好采用直观决策的办法了。

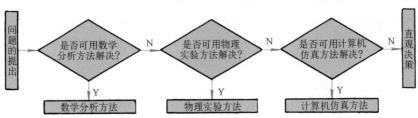

图 7-2 研究方法的选择流程

五、自动化制造系统仿真的作用

计算机仿真在自动化制造系统的设计、运行等阶段可以起重要的决策支持作用。在自动化制造系统的设计阶段，通过仿真可以选择系统的最佳结构和配置方案，以保证系统建成后既可以完成预定的生产任务，又具有很好的经济性、柔性和可靠性；在系统建成后，通过仿真可以预测系统在不同调度策略下的性能，从而为系统运行选择较好的调度方案；还可以通过仿真选择合理、高效的作业计划，从而充分发挥自动化制造系统的生产潜力，提高经济效益。

在自动化制造系统的设计和运行阶段，通过计算机仿真能够辅助决策的方面主要有：

1. 确定系统中设备的配置和布局

1）机床的类型、数量及其布局。

2）运输车、机器人、托盘和夹具等设备和装置的类型、数量及布局。

3）刀库、仓库、托盘缓冲站等存储设备容量的大小及布局。

4）评估在现有的系统中引入一台新设备的效果。

2. 性能分析

1）生产率分析。

2）制造周期分析。

3）产品生产成本分析。

4）设备负荷平衡分析。

5）系统瓶颈分析。

3. 调度及作业计划的评价

1）评估和选择较优的调度策略。

2）评估合理和较优的作业计划。

第二节　计算机仿真的基本理论及方法

一、计算机仿真的一般过程

前面已提及，仿真就是通过对系统模型的实验去研究一个真实系统，这个真实系统可以是现实世界中已存在的或正在设计中的系统。因此，要实现仿真，首先得采用某种方法对真实系统进行抽象，得到系统模型，这一过程称为建模。然后对已建成的模型进行实验研究，这个过程称为仿真实验。最后要对仿真的结果进行分析，以便对系统的性能进行评估或对建模进行改进。因此，计算机仿真过程可以概括为以下几个步骤：

1. 建模

建模包含下面几个步骤：

1）收集必要的系统数据，为建模奠定基础。

2）采用文字（自然语言）、公式、图形对系统的功能、结构、行为和约束进行描述。

3）将前一步的描述转化为相应的计算机程序（计算机仿真模型）。

2. 进行仿真实验

输入系统的运行数据，在计算机上运行仿真程序，并记录仿真的结果数据。

3. 结果数据统计及分析

对仿真实验结果数据进行统计分析，以期对系统进行评价。在自动化制造系统中，通常评价的指标有系统效率、生产率、资源利用率、零件的平均加工周期、零件的平均等待时间、零件的平均队列长度等指标。图7-3给出了计算机仿真一般过程的示意。

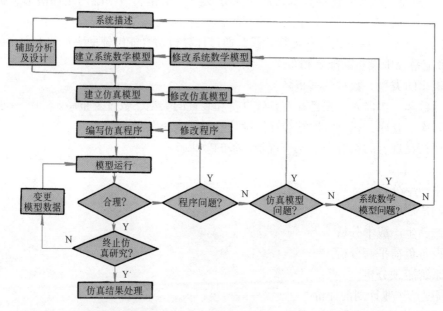

图7-3 计算机仿真的一般过程

二、离散事件系统仿真的基本技术

（一）离散事件系统的基本概念

1. 离散事件系统（Discrete Event System）

离散事件系统是指其活动和状态变化仅在离散时间点上发生的一类系统。这类系统的状态仅与离散的时间点有关，当离散的时间点上有事件发生时，系统状态才会变化。一个简单的例子是加工设备，若把零件是否在工作台上作为一种系统状态，则仅仅当工作台上有零件装卸的情况（事件）发生时，系统状态才会发生变化，这些事件（装卸零件）是在离散时间点（完成装卸的时刻）上发生的。交通运输、库存管理、加工系统、网络通信等均可看成是离散事件系统。如果离散事件系统的活动和状态处于频繁变动的动态过程中，就将其称为离散事件动态系统（Discrete Event Dynamic System）。

2. 实体

构成系统的各种要素称为实体，有些实体在整个仿真过程中始终存在，这种实体称为永久实体，例如系统中的设备、服务站等。有些实体只在一部分仿真过程中存在，有进入系统或退出系统的情况，例如某一具体的零件，这种实体称为流动或临时实体。

3. 属性

实体的特征称为属性。例如，某台加工中心刀库的刀位数量，运输小车的速度等就分别是实体加工中心和运输小车的属性。

4. 集合

一些实体以某种逻辑方式组成的群体称为集合。集合可以是表、链或队列。

5. 事件

离散事件系统中的事件，实际上是改变系统状态的实体的瞬间行为。例如，运输小车的起动是一个事件。因为实体运输小车的瞬间起动，使制造系统中的状态变量之一（即该运输小车的状态变量）发生了变化，由停止变为运动。因此，系统的状态从总体上看已发生了变化。同理，运输小车的停止也是一个事件。

6. 事件点

出现事件的时间点（某一时刻），称为事件点。

7. 活动

任何使系统发生某种变化的过程或行为，称为系统的活动。每一个活动的开始或结束就对应着一个事件的发生。例如，制造系统中加工设备通常有加工活动、工件交换活动、刀具交换活动、运输活动等，这些都对应着系统发生变化的某一个过程。每一个过程就是实体的一项活动。对加工活动来说，它的开始对应着加工开始的事件；加工活动的结束对应着完成加工的事件。其他实体的活动也可以如此划分为两个事件。

8. 忙期

实体在系统中进行活动的时间区段称为活动忙期，简称忙期。例如，设备加工活动从开始加工事件发生到完成加工事件发生的这一段时间间隔就是加工活动的忙期。忙期可以是定长的或随机的，也可以是任一数学函数。在仿真中，一个忙期的长度在忙期一开始就是给定的或可以计算的。

（二）离散事件系统仿真的时间步长与事件步长

在数字计算机上实施仿真时，由于数字计算的特点，系统活动的推进不是完全按真实世界的实时过程进行的，而是采用一定的步长来推进仿真中的系统活动（状态变化）的。常用的有两类，即时间步长和事件步长。

1. 时间步长法

以时间为步长，就是在计算机仿真模型中，以单位时间（如秒、分、小时、天等）为增量，按照时间的进展，一步一步地对系统的活动进行动态模仿。在仿真过程中，时间步长固定不变。其基本步骤是：首先选取系统的一个初始状态，即被仿真系统的初始起点。以它作为仿真时钟的零点，从这一点开始，每推进一个时间步长，就要对系统的活动按照预定的规则和目的进行考察、分析、计算和记录，一直到预定的仿真时间结束为止（见图7-4）。

用时间步长法构造仿真，步长是很重要的。显然，选取的时间步长越小，仿真结果就越精确，但计算机运行的时间就越长。因此，时间步长的选取要根据问题的性质，既保证仿真结果有足够的精度，又考虑节省仿真的时间和费用。

时间步长法适用于连续变化的连续时间模型和连续变化的离散时间模型。

2. 事件步长法

事件步长法是以事件的发生与完成作为系统活动推进准则，每一事件的经历（持续）时间作为系统时间的累计因子，然后按照事件的先后发生过程，一步一步地对系统的行为进行动态模仿，并累计系统仿真时间，直到预定的仿真时间结束为止（见图7-5）。

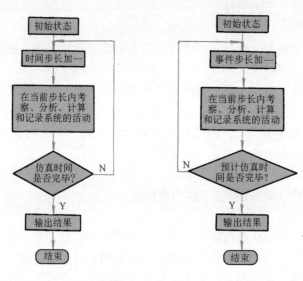

图 7-4　时间步长法　　　　图 7-5　事件步长法

在图7-5中，事件步长加一的含义是按事件发生的先后顺序选择下一事件 E_{i+1} 作为当前发生的时间，并记下 E_{i+1} 发生的时刻 t_{i+1}。同时考察 E_{i+1} 发生后系统的状态变化。到再下一个事件 E_{i+2} 发生后，对应时刻为 t_{i+2}。则（$t_{i+2} - t_{i+1}$）就是上一次事件对应的仿真延续时间。

事件步长法适用于离散事件系统的离散变化的仿真模型。

（三）离散事件系统仿真运行的关键技术方法

当一个离散事件系统的静态结构模型确定以后，要采用计算机对其进行动态运行仿真就必须处理好三个方面的技术问题，即：原系统动态控制逻辑过程的仿真，系统中事件发生的仿真，并发事件的仿真。

在自动化制造系统的运行过程中，系统中的各种不同的活动按照某种规律不断地展开。有些活动与其后续活动的关系是确定的。例如，在正常情况下，设备开始加工的活动后的下一个活动一定是加工结束。然而，有许多活动的后续活动却不是确定的，往往有多个可能的结果。例如，在多台可替换机床的情况下，零件在选择某台机床进行排队时有多种可能性。到底是选择哪台机床，则要根据当时系统的状态（在此情况下是机床的空闲情况、队列长度或负荷平衡情况）和调度规则来确定。这种选择过程称为决策过程，进行这种决策的时间点称为决策点。

要实现对原系统动态控制逻辑的仿真就意味着仿真系统中应有与原系统相同的决策点，每个决策点应有与原系统相应决策点一致的决策规则（即动态调度策略和规则），仿真系统中每个决策点的决策结果应产生与原系统相同决策点同样的活动。

例如，要建立某个柔性制造系统的仿真系统，使仿真系统中的动态控制逻辑与原系统相同。那么，在这个柔性制造系统的仿真系统中也必须具备原系统相同的决策点，而且每个决策点的调度规则必须与原系统相同。要做到这一点，可以分析原系统中的动态控制逻辑，画出原系统中的决策逻辑图。决策逻辑图中每个结点代表一个决策点，决策点具有若干决策规则。而仿真系统中的决策逻辑应与原系统一致。

图 7-6 就是一个 FMS 系统动态控制决策逻辑图的实例。在图 7-6 中，序号代表决策点，各决策点所对应的决策内容分别为：①零件在装卸站进行装卸；②零件选择一台加工设备进行排队；③零件选择一台缓冲站；④加工设备在其队列里选择一个零件；⑤在刀具装卸站进行装卸；⑥刀具在中央刀库选择一个刀位；⑦机床装载刀具到机床刀库；⑧机床从机床刀库上卸刀。

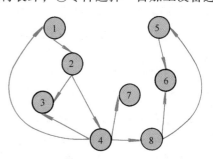

图 7-6 决策逻辑图的实例

现在再来说明怎样实现事件发生的仿真。在一个具体的物理系统中，实体的活动可能需要在总体控制系统的协调下进行，但每一项活动的具体发生和结束却是自主的。例如在制造系统中，对一台数控机床的自动加工来说，什么时候加工什么零件，下载什么 NC 程序是由上一级控制系统（或操纵人员）决定的，但是一旦 NC 程序运行，机床何时结束加工则通常是由 NC 程序指令来控制的，即机床对加工的结束是自主决定的（当然控制系统或操作人员在异常情况下可以提前中止其运行）。这种特点决定了控制系统仅需确定该设备何时开始加工，以及结束加工后下一步再进行何种操作，并不需要关注它的中间运行过程。这就是实际系统中一个实体（或资源）活动（或事件）发生的机理。然而，在离散事件的计算机仿真系统中，是通过软件系统的处理和系统动态数据的变化来实现一个事件或活动的发生的。例如，对于机床加工一个零件这一活动来说，仿真系统要处理机床开始加工和结束加工这两个事件。对开始加工，软件应完成的处理是：在动画画面上表现该机床开始加工（例如用信号灯颜色的动画表示）；在该台机床的状态中将其状态更新为"忙"或"加工"；在该台机床的动态属性表（例如工作台上零件属性）中登录上该零件；从机床的零件排队队列中删去该零件；将该零件的当前状态从"等待"更新为"加工"；记录机床和零件开始加工的时间；累计并记录机床上一个状态（例如"空"）的持续时间；累计零件的等待时间。从这个例子来看，计算机仿真系统中对一个事件的处理主要涉及这几个内容：动画处理、状态数据的更新、动态数据的累计与记录。

从前述内容可以看到，一个实际的制造系统中的实体活动是可以并行进行的。然而，一般的非并行数字计算机的处理在时序上却是串行的。那么，计算机仿真系统中是怎样在串行处理的平台上来实现这种并发事件的处理的呢？

可以通过图 7-7 来说明其原理。在图 7-7 中，系统产生了 A、B、C、D 4 个事件。将其划分为基本的开始子事件 AS、BS、CS、DS 和结束子事件 AE、BE、CE、DE。从图 7-7a 中

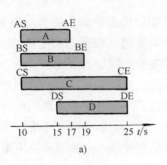

图 7-7 并发事件的处理示意

可以看到，AS、BS 和 CS 为并发事件，其发生时刻为第 10s；而 CE、DE 也是并发事件。对这些并发事件的处理技术是：只有将当前时刻应该发生的事件都处理完毕后，系统仿真时钟才向前拨动一个最小单位；相对于世界物理时间来说，在处理并发事件时，虽然物理时间在增加，但仿真时针却停下在等待，直至最后一个当前时刻的并发事件处理完毕后才向前走动一个时间间隔。将图 7-7a 中事件排成将来事件表，就如图 7-7b 所示。在仿真时钟为第 10s 这一时刻，仿真系统先处理 AS，并将其从事件表中删去；然而再依次类推处理 BS 和 CS，并从事件表中分别删去。那么，在事件表中再无第 10s 时应发生的事件了。假设在第 10s 到第 15s 之间，系统中再无新的事件发生，这样，仿真时钟将很快从第 10s 推进到第 15s，此时应处理 DS，然后当仿真时钟先后推进到第 17s 和第 19s 时，分别处理 AE 和 BE。在第 25s 时，再按前面的方法处理 CE 和 DE。由此可以看到，相对于真实世界的物理时钟来说，仿真时钟的推进有快有慢，不是均匀的（当然在仿真系统本身的时钟系统中，它仍然是均匀的），它的快慢与在同一仿真时刻处理的并发事件的多少，并发事件处理计算量的大小有关。

三、仿真建模的基本理论

（一）模型的基本概念及分类

1. 模型是集中反映系统信息的整体

模型是对真实系统中那些有用的和令人感兴趣的特性的抽象化。模型在所研究的系统的某一侧面具有与系统相似的数学描述和物理描述。

模型具有下述特点：

1）它是客观事物的模仿或抽象。

2）它由与分析问题有关的因素构成。

3）它体现了有关因素之间的联系。

从另一侧面来看，当我们把系统看成是行为数据源时，那么模型就是一组产生行为数据的指令的集合。

2. 模型分类

根据模型与实际系统的一致程度，可概略地把模型分为以下四类：

（1）实物模型 如地球仪、原子核模型、人体模型等。它是实际系统在保持本质特征的条件下经缩小或放大而构成的。

（2）图形模型　如生产流程图、控制系统框图等以图形的形式来表示系统的功能及其相互关系。

（3）数学模型　通过分析系统的相互影响因素的数量关系，采用数学方程式来描述系统的方式。

（4）仿真模型　能够直接转化为计算机仿真程序的系统描述方式。如仿真中用于描述系统的逻辑流程图、活动循环图等。

（二）建模过程中的信息来源

建模就是对真实系统在不同程度上的抽象。这种抽象实际上是对真实系统的信息以某种适当的形式加以概括和描述，从而具体地定出模型的结构和参数。

建模过程有三类主要的信息来源：目标和目的，先验知识，实验数据。

1. 目标和目的

对同一真实系统，由于研究的目的不同，建模目标也不同，由此形成同一系统的不同模型。因此，建模过程中准确地掌握建模目标和目的信息，对建模是至关重要的。

2. 先验知识

建模过程是以过去的知识为基础的。在某项建模工作的初始阶段，所研究的过程常常是前人经历过的，已经总结出了许多定论、原理或模型的过程。这些先验知识可作为建模的信息源加以利用。

3. 实验数据

建模过程的信息，还可通过对现象的实验和观测来获得。这种实验或观测，或者来自于对真实系统的实验，或者来自于在一个仿真器上对模型的实验。由于要用数据为模型提供的信息，故要考虑使数据包含尽可能丰富的信息。并且要注意使实验易于进行，数据采集费用低，实验直截了当。

（三）建模方法

1. 仿真建模的一般方法

（1）数学规划　采用排队论、线性规划等理论方法建立系统模型。

（2）图与网络方法　采用框图、信号流程图来描述控制系统模型。或者用逻辑流程图、活动循环图、关键路径法（CPM）、组合网络（CNT）、随机网络、Petri 网等来描述离散事件系统模型。

（3）随机理论方法　对于随机系统，还必须采用随机理论方法来建立系统模型。值得注意的是，对于较大系统的建模，可能需要同时采用上述几种方法才能达到目的。

（4）通用仿真语言建模方法　通过某种通用仿真语言提供的过程或活动描述方法对系统动态过程进行描述，再将其转为仿真程序。

（5）图形建模方法　通过类似于 CAD 作业那样的方式直接在计算机屏幕上用图标给出某个系统（例如制造系统）的物理配置和布局、活动体的运动轨迹以及控制规则和运行计划。这是一种不必编程序即可运行的建模方式。

2. 模型的可信度

模型的可信度是指模型对真实系统描述的吻合程度。

可信度可从三个方面加以考察：

（1）在行为水平上的可信度　是指模型复现真实系统行为的程度。它体现了模型对真实系统的重复性的好坏。

（2）状态结构水平上的可信度　是指模型能否与真实系统在状态上互相对应，从而通过模型对系统未来行为做唯一的预测。它体现了模型对真实系统的复制程度。

（3）在分解结构水平上的可信度　它反映了模型能否表示出真实系统内部工作情况，而且可唯一地表示出来。它体现了模型对真实系统的重构性的好坏。

3. 建模的一般过程

图7-8给出了建模的一般过程。在建模时，首先要根据研究的目的确定建模的目标。例如，在某个FMS的仿真建模中，目的是要研究某种实用的调度控制策略，则建模的目标就是要建立详细的模型，使仿真系统的动态调度过程与原系统的动态调度过程一致。在建模时，要尽量根据已有的经验，即先验知识，来选取实体的特征以进行系统的简化。然后再通过某种形式化的方法（例如，活动循环图，GPSS的模型结构图）演绎分析以得出仿真模型的框架。在此过程中可能还要根据仿真实验设计的要求，选取必要的数据，以确定模型中属性的数值。必要时，还要对模型进行可信度分析。要注意的是：应仔细选择系统的描述，阐明所

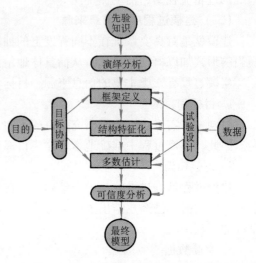

图 7-8　建模的一般过程

研究的真实世界的边界部分，描述清楚输入/输出以及状态集合，并选择一个可接受的模型框架。模型框架实际上就是一种已程式化的、用于概略地描述模型的总体纲要。

第三节　自动化制造系统仿真研究的主要内容

一、总体布局研究

自动化制造系统在规划设计时，必须在明确制造对象和总体生产目标的基础上，首先确定系统的结构，这包括：

1）确定各种设备的类型和数量。

2）确定各种设备的相互位置关系即系统布局。

3）研究系统布局对既定的场地的利用情况。

4）研究系统中最恰当的物流路径。

5）研究系统在动态运行时是否会由于布局本身的不当而发生阻塞和干涉（系统瓶颈）。

通常的方法是在按第四章中的原则确定出系统的配置和布局后，再通过仿真系统，按比较严格的比例关系，在计算机屏幕上设计出系统的平面或立体的布局图形，然后通过不同方位或不同运行情况下的图形变换来观察布局是否合理；最后，通过系统的动态运行来研究是否存在动态干涉或阻塞问题，设计人员再根据仿真结果对设计方案进行修改完善。值得指出

的是，虽然在研究系统布局时涉及图形变换等动画处理，但从原理上来看仅仅是一种静态结构的仿真，不涉及制造系统本身的动态特性。只有研究系统在动态运行时发生干涉或阻塞问题时，才涉及系统的动态特性。然而此时系统的动态特性主要是着眼于移动设备和固定设备之间的关系，以及物料运输路径的合理性。

下面给出的是一个设计实例的两个设想配置方案，其布局已按实际尺寸比例画出了仿真配置图，据此可以考察其场地利用和设备之间的相互关系。

1. 系统方案1

此方案是由精密和通用加工中心混合组成的系统（见图7-9）。每种类型的机床只要有一台就能满足生产的计划要求。另一方面，如果要求生产效率高，也可为每种类型的机床配置一台冗余机床。此方案装备了一条单轨环形托盘自动传送系统。在大型的由许多工作站组成的柔性制造系统中，单轨传送线是最常用的。由于本系统（机床不多，在机床上的停留时间较长）托盘的运输频率不高和运输时间不长，因而没必要采用更为复杂的网络路径。

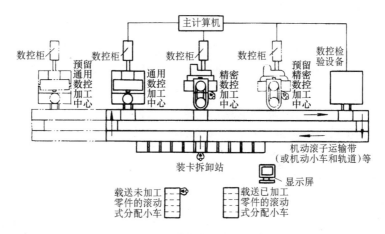

图7-9　系统方案1布局示意

2. 系统方案2

此方案是用两台相同的精密加工中心组成的系统（见图7-10）。它采用一条直线式小车通道，通道的一侧靠近一组托盘装卸站，另一侧靠近机床。这种车道基本上是一种导轨，发生故障的可能性很小。两台自动输送车可以沿导轨运行，即使有一台发生故障也能保证具有冗余能力。一般仅用一台小车就能完成运送托盘的任务。当一台小车工作时，另一台小车可以停放在一端进行检修。

显然对上述系统的布局都必须认真地进行研究，图形仿真对布局修改和方案选择可以起到一定的辅助作用。考虑仿真结果和经济性等综合因素选定的是方案1的设计和布局。

二、动态调度策略的仿真研究

第五章已叙述过，在一个自动化制造系统中通常有许多决策点，在不同的决策点具有相应的多个决策规则。因此，根据系统的具体情况在各个决策点采用某些决策规则，就构成了系统的不同调度方案。

进行动态调度策略的仿真研究是为了研究或验证在实际的制造系统控制过程中的动态调

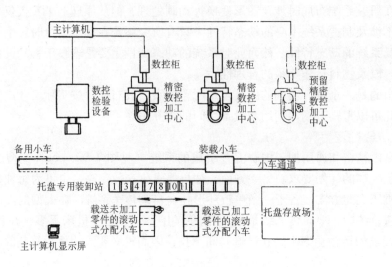

图 7-10　系统方案 2 布局示意

度方案是否合理、高效，或通过实验提前消除原控制系统软件的潜在缺陷，属于对系统的比较详细、深入的仿真。为此，在建立仿真模型时，必须使仿真系统与原制造系统有对应的相同决策点，每个对应的决策点均采用对应的相同决策方法（由决策规则和规则的适用优先顺序等方法来确定），每个对应的决策点在相同的条件下应产生对应的相同活动。换言之，仿真系统中的控制逻辑图应与原来的制造系统的控制逻辑图相同。

三、作业计划的仿真研究

在制造系统建成后，设备配置及调度策略就已经确定了。这时，影响系统运行效率的主要因素就是生产作业计划。由于在生产过程中考虑到后续工序的需求和系统总体效率，零件往往是以混合批次的方式在系统中进行加工的。例如，为了装配某一部件，需要 A 零件 2 件，B 零件 1 件，C 零件 1 件。如果我们采用先加工 A 零件 2000 件，再加工 B 零件 1000 件，然后加工 C 零件 1000 件的作业计划进行生产。则有可能在加工 A 零件时，由于加工 2000 件时间过长，造成后续装配工序无件可装而空闲，这显然会造成整个制造系统负荷不均，影响总体效率。当然，按加工 A 零件 2 件，B 零件 1 件，C 零件 1 件的作业计划能够使后续工序不致空闲，但却未必是高效的。因为机床更换不同加工对象时，会涉及刀具的准备（甚至中途换刀）等问题，会显著地增加中间辅助时间，从而降低系统总的生产率。因此，系统作业计划应按 A、B、C 零件的比例关系 $2x : x : x$ 的混合批次进行加工，但 x 究竟为多少最适宜，需要仔细研究。通过仿真可以相当准确地预测不同加工计划的优劣，确定出最佳的 x 值。当然，通过对作业计划的仿真，还可以预测产品的交货期是多长，是否能够按期完成任务，还可以预测在某个时期制造系统的产品产量。

对作业计划仿真的主要要素是根据实际作业计划抽象出零件类型和加工工艺路线（按先后顺序给出加工工序以及在同一工序上可替换的机床类型），在每道工序上的加工时间（对于详细的仿真可能甚至还包含该道工序所需的刀具数量以及每把刀的使用时间）。其中比较关键的数据是在同一工序上的加工时间。这一工序时间应是 NC 程序的运行时间以及装卸工件时间之和。当然，一般在加工某一零件时，都对 NC 程序进行过试运行，对零件进行过预加工和调整，因此，在一个制造自动化系统建成后对作业计划进行仿真时，加工时间可以相当准确，从而也使加工计划仿真的结果具有更大的准确度。

表7-1、表7-2和表7-3是一个仿真器所输入的零件批量计划、加工计划和相应的刀具需求计划的例子。表7-1中给出了A、B两种零件的批量计划，其中可能的动态加工路线由加工计划来确定。表7-2给出了用于A零件的1号加工计划，共经3种加工工序，第1次的机床类型为MC（＊号表示没有），在此次加工中，MC1、MC2和MC3（假若它们的类型是相同的）都是可选机床，具体的选择则由当时机床的动态情况和零件选择机床的规则来实现。零件的加工时间为20min（在实际制造系统中由NC程序来确定），需要的刀具数量、类型和每把刀的使用时间由14号刀具需求计划来确定。每次加工的机床种类可达4类，例如第2次加工，可在MCH（假若有MCH1、MCH2两台）和MCV（假若有MCV1一台）中挑选。表7-3表示了A零件在第1次加工中在MC类机床上需要的刀具，其中刀具特征尺寸为刀具长度与直径的编码。

表7-1　零件批量计划的实例

零 件 类 型	批量/件	混合比/件	交货期/h：min：s	加工计划号
A	125	10	48：00：00	1
B	60	5	48：00：00	2

表7-2　加工计划的实例（加工计划号：1）

序号	机床类型1	机床类型2	机床类型3	机床类型4	加工时间/min	刀具需求计划号
1	MC	＊	＊	＊	20	14
2	MCH	MCV	＊	＊	30	15
3	WASHER	＊	＊	＊	5	0

表7-3　刀具需求计划的实例（刀具需求计划号：14）

序　　号	刀具类型	刀具特征尺寸/mm	本次加工使用时间/min：s
1	A	156	1：20
…	…	…	…
15	E	244	0：45

四、仿真数据的置信区间

在自动化制造系统仿真作业中，输入的一些参数往往是不确定的。例如，对于一个规划中的柔性制造系统，即使在其布局和调度控制策略已经确定以后，零件的种类数、每种零件的数量、每种零件的加工时间等都是不确定的，而仿真中能够采用的就是这些数据的合理估计值。这种估计值可以看成是在某个区间内的随机数据。因此，仿真结果也有一定的随机性。

假如通过 n 次仿真获得了系统某项性能参数 X 的结果数据为 x_1、x_2、x_3、$\cdots$、x_n，可以根据这组值来估计 X 的近似值 θ，这称为点估计问题，其中 n 称为样本数。除了近似值之外，还需要估计误差，亦即要知道真值所在范围，并希望知道这个范围包含参数真值的可靠程度。这样的范围通常用区间的形式给出，称为置信区间，此区间包含参数真值 θ 的可靠程度称为置信度。对于某个给定值 α（$0 < \alpha < 1$），将百分数 $100(1-\alpha)\%$ 称为置信度，假若

真值的置信区间为（θ^-，θ^+），即此区间包含真值的可能性约为 100（$1-\alpha$）%，而不包含真值 θ 的可能性仅约为 100α% 左右。

下面给出置信区间的一种计算方法，要进一步地了解可以参考概率与数理统计的有关文献。

已知某项参数 X 的 n 次仿真结果为 x_1、x_2、$\cdots$、x_n，对于给定 α（$0 < \alpha < 1$），有

1. 求 x_1、x_2、$\cdots$、x_n 的样本均值 $\bar{x}$

$$\bar{x} = \frac{1}{n} \sum_{i=1}^{n} x_i \tag{7-1}$$

2. 求样本方差 S^2

$$S^2 = \frac{1}{n-1} \sum_{i=1}^{n} (x_i - \bar{x})^2 \tag{7-2}$$

则

$$S = \sqrt{S^2} = \sqrt{\frac{1}{n-1} \sum_{i=1}^{n} (x_i - \bar{x})^2} \tag{7-3}$$

3. 据 $\alpha/2$ 查出自由度为（$n-1$）的概率 t 的分布值：$t_{\alpha/2}$（$n-1$）；其中 $t_{\alpha/2}$（$n-1$）为 t 分布的双侧 100α 百分位点，计算

$$\Delta\bar{x} = t_{\alpha/2}（n-1）\frac{S}{\sqrt{n}} \tag{7-4}$$

4. 则均值的 100（$1-\alpha$）% 的置信区间为

$$(\bar{x} \pm \Delta\bar{x}) \tag{7-5}$$

$$(\bar{x} - \Delta\bar{x}, \bar{x} + \Delta\bar{x}) \tag{7-6}$$

例 7-1 对某一个自动化制造单元进行了 5 次仿真，单元利用率的仿真结果表示在表 7-4 中。

表 7-4 某单元仿真结果数据

仿真次数	No. 1	No. 2	No. 3	No. 4	No. 5	平　　均
单元利用率	0.692	0.702	0.684	0.737	0.679	0.699

计算单元利用率的置信度为 95% 的置信区间。

已知：$n = 5$，$\bar{x} = 0.699$，100（$1-\alpha$）% = 95%，$\alpha = 0.05$

据此可以算得

$$S = \sqrt{\frac{1}{n-1} \sum_{i=1}^{n} (x_i - \bar{x})^2} =$$

$$\sqrt{\frac{1}{5-1}[(0.692-0.699)^2 + (0.702-0.699)^2 + (0.684-0.699)^2 + (0.737-0.699)^2 + (0.679-0.699)^2]}$$

$$= 0.041$$

由 $\alpha/2 = 0.025$，$n = 5$，查得的 t 分布数据为 $t_{0.025}(4) = 2.7764$

而 $\Delta\bar{x} = t_{\alpha/2}(n-1)\dfrac{S}{\sqrt{n}} = 2.7764 \times \dfrac{0.041}{\sqrt{5}} = 0.051$

因此，单元利用率置信度为 95% 的置信区间为：（0.699 ± 0.051）或（64.8%，75.0%）

第四节　通用仿真语言 GPSS 简介

一、概述

离散事件系统的通用仿真语言（General Purpose Simulation System，GPSS）是由美国 IBM 公司开发的，最早的文本发表于 1961 年。多年来，GPSS 一直在发展和演变中，到目前为止已有几种不同版本的 GPSS，它是离散事件系统仿真方面应用得最广泛的语言之一。

GPSS 语言是为那些并不是计算机程序设计专家的分析人员而设计的，GPSS 被构造成一种面向模块的语言。这种基本思想使分析人员能以模块网络的形式向计算机输送一个模型，这些模块按事件序列相同的次序联结成网络，每种模块代表一项基本的系统动作，并且每种模块都与执行该项动作的时间相联系。模块可反复使用，模块所表示的动作由分析人员负责解释，执行该项动作所需的时间也是由分析人员规定的。

在 1967 年发表的 GPSS/360 的基础上，多年来，已发展了 GPSS/V、GPSS/F、GPSS/H 等多种软件版本。

二、模型描述

用 GPSS 仿真的系统用模块符号来描述，这些模块代表活动，各模块图之间的连线表示动作的先后次序，程序将按顺序实现这些动作。程序中有动作选择的地方，离开一个模块图的连线会多于一条，并在该模块图上标明选择的条件。

用模块图描述系统已为大家熟知，而描写模块图的形式却通常是因画模块图的人而异的，为此，必须给每一个模块一个精确的含义。在 GPSS 中定义了 48 种模块类型，每一个都代表系统的一个特征活动，用户必须用这些模块图来画系统的模块流程图。

每一模块类型均有一个名字和一个特定的符号来表示模块活动，图 7-11 显示了部分模块图符号，表 7-5 列出了这些模块图的编码指令，表 7-6 列出了若干控制语句。每一模块均有一些信息组，当模块被描述时，模块图上的信息组 A、B、C 等对应于指令中给定的信息。

图 7-11　GPSS 的若干模块图符号

表 7-5　GPSS 若干模块的功能与编码指令

模块功能	操作信息组	A	B	C	D	E	F
供给时间延迟	ADVANCE	服务时间平均值	修正值				
产生实体	GENERATE	到达平均值	修正值	（初值）	（计数）	（优先）	（参数）
使实体消除	TERMINATE	（基数）					
传送方向	TRANSFER	选择因子	出口 1	出口 2			

注：（　）内的信息组表示可以根据情况进行选择的信息组。

表 7-6　GPSS 的若干控制语句

操作信息组	A	B
END		
SIMULATE		
START	运行数	（NP）

动态实体可以代表通信中的信息流、公路运输系统中的车辆、数据处理中的记录等。在仿真时，它从一个模块到另一个模块的运动就反映了实际的事件序列。

流动实体（TRANSACTION，又称临时实体）在 GENERATE 模块内产生，而在 TERMI-NATE 模块内退出仿真，可以有多个流动实体同时运动并通过模块。每个流动实体通常都处于一个模块上，而大多数模块能同时保存多个流动实体。在一个特定的时间内或当系统条件发生某些变化时，各流动实体将同时从一个模块传送到另一个模块。

一个 GPSS 模块图可以由多个模块组成，直至程序的限定数为止，对每一模块都给定一个识别编号，称其为存储单元（Location），流动实体通常是从最低存储单元的一个模块向下一个存储单元较高的模块运动。存储单元由 GPSS 内的汇编程序自动安排，对问题编码时，模块按顺序列出。给定问题程序中需要识别模块的一个符号名，汇编程序将使用适当的存储单元对这个符号名进行组合。模块的符号名和程序的其他实体，必须由 3 至 5 个非空字符组成，前 3 个字符必须为字母。

三、作用时间

在仿真时，时钟时间用整数表示，而实时区间及相应的时间单位则由用户选定。时间单位可选为微秒、毫秒、分、时、日等，一旦选定，必须贯穿始终。ADVANCE 模块表示花费的时间。当一流动实体进入 ADVANCE 模块，程序将为其计算一定的时间间隔，称之为作用时间。在仿真时间内，流动实体在试图进入下一模块前将一直驻留在这个模块内。另一个为作用时间的模块，是产生流动实体的 GENERATE 模块，GENETRATE 模块的作用时间控制着两个流动实体依次到达的时间间隔。

作用时间可以是一定值（包括0）或一随机值，它也可以用各种方法按照系统中的条件来确定。作用时间有均匀分布的平均值和均匀分布的修正值，分别对应于模块中的 A 和 B 信息组。假如修正值是一个正数（≤平均值），则作用时间是一个整随机变量，其取值范围为平均值 ± 修正值，且每一值都有一相同的选取概率。在许多情况下，用均匀分布的随机变量就可以精确地表示系统中的随机过程。或者对于某些系统，其过程的随机性尽管是已知的，但是在概率方面并没有详细资料可供利用，这时也可以用均匀分布的随机变量表示这些系统中的随机过程。

作用时间的修正值还可以用一系列函数来表示，这些函数用来表示输入变量与输出变量之间的关系。当 ADVANCE 和 GENERATE 模块中修正值为函数时，函数值控制着作用时间，即作用时间等于函数值乘以平均值。各种类型的输入均可用函数表示，函数中也允许引入各种系统变量间的表达式，特别是，当把函数变换为累积概率分布且使用样本均匀分布的随机数作为输入时，函数将提供一个具有特殊非均匀分布的随机变量。

GENERATE 模块通常是从时间为零时开始产生流动实体的，并且这种产生贯穿整个仿真过程。信息组 C 用来表示当第一个流动实体将要到达时的固定时间偏移量。D 信息组用来表示来自模块的流动实体的总数极限。

流动实体有一优先级，E 信息组决定了在生产时间流动实体的优先级。若 E 不被使用，则优先级为最低。

四、传送通路

TRANSFER 模块允许不按顺序选择另外的一些存储单元。通常，TRANSFER 模块下面有两个模块 B 和 C 可供选择（也可用出口 1 和出口 2 表示），选择的方法是通过 TRANSFER 模块中的选择因子来设定，可以有几种不同的选择。若没有确定选择模块，则选择因子留空，将无条件地传送到下一模块 B。选择因子 S 为三位数字的小数，因此去下一模块 B 的概率为 $1-S$、去模块 C 的概率为 S。

五、设备与存储器

在构成系统的实体中，有永久实体和临时实体两种类型。永久实体在仿真期间始终存在于系统中，不会在中间产生或消失，如服务台、停车场、机器等；而临时实体可以在仿真途中产生或消失，如顾客、汽车、工件等。

实体设备（FACILITY）在同一时间内只能接受一个流动实体，它可用于仿真一个系统中的单服务台功能，例：生产单一品种产品的机床，银行的出纳员和加油站的汽油泵等；实体存储器（STORAGE）可同时接纳若干个流动实体，存储器的特征是由用户定义的存储容量，例：停车场或车辆编组站，计算机的缓冲存储器，超级市场的货架等。

第五节　FMS 仿真实例

本节介绍一个真实的 FMS 的仿真实验例子。所仿真的对象是我国某单位所建成的 FMS，为了叙述简便，将该 FMS 称为 CCFMS。

一、仿真平台及建模

仿真平台采用国内自行研制的 FMS 仿真器 FMSSIM，建模过程采用图形建模方式，所建模型的布局和 AGV、机器人的路径与原系统完全一致。由于篇幅关系，数据不一一列出。通过所建模型研究的问题是：

1）对 CCFMS 的当前配置、布局及调度控制策略下的运行状况进行仿真，以期发现潜在的瓶颈。

2）对 CCFMS 调度提出的改进方案进行仿真，以期比较拟议中的改进方案与原有方案的优劣。

二、仿真系统的模型参数

1. 系统配置与布局

本仿真系统所采用的配置、布局数据均与当前 CCFMS 已能联网工作的部分一致。即：加工中心 2 台（MC1 和 MC2），工件装卸站（L-UL）1 个，工件缓冲站 12 个，自动运输车

（AGV）1 台，换刀机器人 1 台，刀具进出站 1 个（刀具容量 18 把），中央刀库刀架 4 个（每个 36 把刀具，共 144 把刀具）。

AGV 速度为 15 ~ 30m/min，实际运行平均速度约为 21m/min，换刀机器人最大实测速度为 25m/min，实际平均速度约 18m/min。

系统中各设备配置与布局见图 7-12。

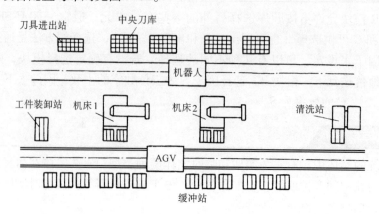

图 7-12 CCFMS 配置与布局图

2. 主要调度策略

CCFMS 系统中，零件加工采用先到先服务（FCFS）规则。机器取刀时，由刀具进出站到中央刀库或由中央刀库到刀具进出站，每次取两把刀；机床取刀或送刀，均为每次一把。零件加工完毕，均完全换刀。

三、仿真运行及结果分析

针对 CCFMS 建立了两个系统模型，模型名及参数为：

（1）CCFMS1 此系统配置与布局，调度策略与实际 FMS 一致。

（2）CCFMS2 对 CCFMS1 的改进。此系统配置及布局与实际 FMS 一致，AGV 调度、机床加工零件规则与实际 FMS 中相当，但对换刀机器人取/送刀和机床换刀策略进行了改进。即换刀机器人无论何时取/送刀，尽量取两把刀。机床在先后加工同类零件时，采用不换刀（或少换刀——换个别刀具寿命已到的刀具）的规则。

1. CCFMS1 的仿真结果分析

仿真时间：1440min（24h）；零件为 A、B 两种，A 为 100 件，B 为 200 件，按 1:2 混合比进入。CCFMS1 的仿真结果见表 7-7。其主要数据为

表 7-7 CCFMS1 仿真统计结果

系统统计数据			
生产效率	系统生产率/(件·min^{-1})	零件通过时间/min	总的仿真时间/h：min：s
0.61	0.1	130.84	24：00：00

零件统计数据						
加工零件总数	成 品 数	半成品数	废 品 数	加工时间/min	等待时间/min	运输时间/min
137	125	12	0	10.00	119.13	1.71

（续）

设备统计数据					
设 备	利 用 率	加工时间/min	辅助时间/min	空闲时间/min	故障时间/min
AGV	0.25	360.53	0.00	1079.47	0.00
缓冲站1	0.26	371.05	0.00	1068.95	0.00
L-UL	0.07	101.58	0.00	1138.42	0.00
机器人	0.91	1308.33	0.00	131.67	0.00
MC1	0.70	631.05	372.30	436.65	0.00
缓冲站2	0.64	926.45	0.00	513.55	0.00
MC2	0.72	621.03	417.32	401.65	0.00
缓冲站3	0.80	1158.45	0.00	281.55	0.00
缓冲站4	0.78	1120.97	0.00	319.03	0.00
缓冲站5	0.83	1193.40	0.00	246.60	0.00
缓冲站6	0.84	1204.08	0.00	235.92	0.00
缓冲站7	0.89	1287.68	0.00	152.33	0.00
缓冲站8	0.86	1232.08	0.00	207.92	0.00
缓冲站9	0.81	1165.10	0.00	274.90	0.00
缓冲站10	0.57	827.60	0.00	612.40	0.00
缓冲站11	0.40	569.43	0.00	870.57	0.00
缓冲站12	0.00	5.68	0.00	1434.32	0.00
清洗站	0.40	573.90	0.00	866.12	0.00

设备队列统计数据		
设 备	最大队列长度	开始时间/min
AGV	2	52.60
MC1	5	25.73
MC2	5	87.82
清洗站	1	52.23

系统效率　　　　　　　　0.61

系统生产率　　　　　　　0.1 件·min^{-1}

加工零件总数　　　　　　125 件

MC1 利用率　　　　　　　0.70

MC2 利用率　　　　　　　0.72

清洗站利用率　　　　　　0.40

换刀机器人利用率　　　　0.91

AGV 利用率　　　　　　　0.25

评价结果表明：机床利用率不足（小于75%），换刀机器人利用率过度，而 AGV 利用率过低。进一步分析表明，机床等待刀具交换时间过长。而换刀机器人是可能的瓶颈。由于换刀机器人利用率高达91%，因此可以判断换刀机器人的调度有问题。

2. CCFMS2 的仿真结果分析

CCFMS2 的换刀机器人取/送刀和换刀策略及机床的换刀策略采用了新的方案，而其他参数与 CCFMS1 的相同。CCFMS2 的仿真结果见表 7-8。其主要数据为

表 7-8　CCFMS2 仿真统计结果

系统统计数据			
生产效率	系统生产率/(件·min⁻¹)	零件通过时间/min	总的仿真时间/h：min：s
0.79	0.14	93.08	24：00：00

零件统计数据						
加工零件总数	成品数	半成品数	废品数	加工时间/min	等待时间/min	运输时间/min
204	193	11	0	10.00	81.29	1.78

设备统计数据					
设　备	利　用　率	加工时间/min	辅助时间/min	空闲时间/min	故障时间/min
AGV	0.51	735.03	0.00	704.97	0.00
缓冲站1	0.04	54.02	0.00	1385.98	0.00
L - UL	0.19	267368	0.00	1172.32	0.00
机器人	0.48	693.92	0.00	746.08	0.00
MC1	0.87	991.65	264.62	183.73	0.00
缓冲站2	0.43	619.77	0.00	820.23	0.00
MC2	0.86	951.58	292.52	195.90	0.00
缓冲站3	0.79	1130.88	0.00	309.12	0.00
缓冲站4	0.85	1229.70	0.00	210.30	0.00
缓冲站5	0.86	1239.80	0.00	200.20	0.00
缓冲站6	0.88	1270.80	0.00	169.20	0.00
缓冲站7	0.86	1232.32	0.00	207.68	0.00
缓冲站8	0.82	1179.17	0.00	260.83	0.00
缓冲站9	0.80	1150.30	0.00	289.70	0.00
缓冲站10	0.49	708.42	0.00	731.58	0.00
缓冲站11	0.10	139.83	0.00	1300.17	0.00
缓冲站12	0.22	312.18	0.00	1127.82	0.00
清洗站	0.64	920.48	0.00	519.52	0.00

设备队列统计数据		
设　备	最大队列长度	开始时间/min
AGV	3	151.40
MC1	4	12.50
MC2	4	14.13
清洗站	2	775.60

系统效率	0.79
系统生产率	0.14 件·min^{-1}
加工零件总数	193 件
MC1 利用率	0.87
MC2 利用率	0.86
清洗站利用率	0.64
换刀机器人利用率	0.48
AGV 利用率	0.51

从上述结果可知，改进换刀机器人取/送刀和换刀策略及机床换刀策略后，可消除瓶颈，并使系统生产率和机床利用率大大提高。

四、结论

通过对 CCFMS 当前运行状态进行的仿真研究可以得出以下结论：

1）CCFMS 在现行控制调度方式下的运行状态未达到系统理想状态，效率低。

2）造成目前系统效率低的瓶颈是换刀机器人，而造成瓶颈的主要原因是换刀机器人在机床上换刀的策略不合理以及取/送策略的不合理。

3）将机器人取/送刀改进为尽量按最大能力数两刀取/送，以及改进机床换刀策略后，能够消除瓶颈，并且增加系统生产率。

由于篇幅的关系，以上仅给出了一次仿真结果。实际仿真研究中，经过了多次多种输入数据的仿真，其结论与上述结论是一致的。

 复习思考题

7-1　试述计算机仿真的意义及在制造系统规划与运行中的作用。

7-2　离散事件系统与连续系统有何不同？

7-3　试述在一般的数字计算机上实现并发事件的仿真原理。

7-4　为什么在统计仿真结果数据时，要考虑统计值在某一置信度时的置信区间？

7-5　在制造系统仿真建模时，一般存在三大系统变量：系统配置与布局、动态调度策略、作业计划。在仿真中，通常研究一种变量对系统的作用时，需要简化固定其余两种变量的影响。为什么要这样做？试分别分析说明在研究系统配置与布局、动态调度策略、作业计划时怎样合理地简化和固定其余两种系统变量？

第八章

自动化制造系统的技术经济分析

本章讨论自动化制造系统的技术经济分析方法，主要目的是从经济学角度研究自动化制造系统设计方案预期的技术经济效果，为科学决策提供依据。本章包括以下内容：自动化制造系统项目评价概述、技术性能评价、经济性评价、效益评价、风险分析及综合评价等。

第一节 自动化制造系统项目评价的内容、特点与指标体系

一、评价的内容与作用

建造自动化制造系统通常需要投入大量的资金，并且需要经过多年的经营活动才能收回投资。因此，它必然会影响整个企业的财务状况和资金周转。如果资金是通过贷款取得的，在此期间，企业还必须偿还为该项目投资而借入的贷款及利息。而未来的收益又带有许多不确定的因素，瞬息万变的市场给投资决策带来很大的风险。同时，这样的投资决策一旦执行，其结果就难以改变，或者要花很大的代价才能改变过来。事实上，国内外都有企业因为投资决策失误，从而使企业背上沉重包袱的案例。因此，对设计中的自动化制造系统必须进行技术经济论证，使所选择的投资方案达到技术与经济效益的统一和最优化，以保证有较好的技术经济效果。

通常，自动化制造系统项目的综合评价包括以下内容：

（1）技术性能评价 指对项目技术水平及在解决企业生产经营各环节有关问题方面的功效进行分析，系统所具有的技术性能是项目产生效益的基础。

（2）综合效益评价 对项目实施对企业可能产生的效益和影响进行分析，它包括经济效益评价、战略效益评价和社会效益评价。

（3）风险分析 指项目实施过程中，由于各种因素的不确定，对项目实施后可能会带给企业的风险进行分析。

二、评价的特点

自动化制造系统的投资评价具有以下特点：

1. 具有战略决策和战术决策双重性质

自动化制造系统投资决策通常具有战略决策和战术决策双重性质，需进行以经济效益为核心的综合评价。战略性投资是为了适应企业若干年生产经营的长远需要和全局利益而进行的投资，其评价的主要依据是战略效益。自动化制造系统投资的主要目的之一是增强企业的技术竞争实力和市场应变能力，谋求企业的竞争优势，这些都属于战略目标的范畴。同时，自动化制造系统项目投资额度大，在资金方面对企业的影响不仅很大，而且投资回收周期比较长。因此，自动化制造系统投资决策具有战略决策的性质。战术性投资决策指在总体战略的框架内为实现某些阶段性的或局部的战术目标所作的投资方案选择。例如，利用自动化制造系统解决生产能力问题，获得直接经济效益等。评价战术性投资方案的主要依据是战术效果，可通过经济效果来衡量。

由此可知，在进行自动化制造系统的规划和设计时，应对其投资的战略效益与经济效益进行综合评价。经济效益最好的方案，如果战略效益不好，从综合效益角度考虑不一定是最

好的方案。但是，若方案的绝对经济效益检验不能通过，不论其战略效益有多好，原则上也不应采纳。也就是说，方案能否通过绝对经济效益检验是投资的必要条件。过去，中国的一些自动化制造系统投资项目失败，除了有些未做技术经济论证盲目"上马"外，一个重要的原因就是过于偏重战略效益，采纳了未通过绝对经济效益检验的方案，出现了为技术改造而技术改造的现象。事实上，当自动化制造系统项目作为企业的投资行为时，应当是为了获取更高利润而进行的技术改造。为了获得高的战略效益，允许短时间内经济效果差些，但在整个项目寿命期内，应有理想的经济效果。否则，会造成企业财务状况恶化，无法归还投资贷款及利息，甚至造成企业破产。那么，再好的战略效益也无法发挥作用。

2. 投资评价是个综合决策过程

自动化制造系统项目通常是新投资项目的一部分，或是在进行原有生产线的基础上进行的技术改造项目，在进行经济效果评价时，应根据实际情况，选择合理的评价方法及评价指标。自动化制造系统主要用于零部件和产品的加工与装配，在新投资项目中通常只是其中的一部分。经济效果评价考察的是项目的收益与费用的关系，只有当自动化制造系统项目的收益与费用能与其他部分分解开来时，才可以独立进行评价，否则除了对自动化制造系统进行方案比较与选择外，还要与整个投资项目一起进行经济效果检验。

自动化制造系统作为原有企业的技术改造项目时，除了需对不同方案进行比较选择外，还应对是否进行技改做经济效果评价。由于新投资与原有投资的寿命期往往不相等，应选择合理的分析期，应用寿命期不等时的评价方法。

3. 定量分析与定性分析相结合

自动化制造系统的综合评价属于半结构化问题，要定量分析与定性分析相结合。所谓半结构化问题是指所涉及的变量及变量之间的关系有些是清楚的，目标与条件参数均可定量描述，但有些是不清楚的，只能对问题的特征、目标和重要的资源条件做定性的描述。在综合评价中对系统的某些技术指标、经济效果等可以定量描述，对于如市场应变能力、企业技术能力等只能做定性描述或部分定量描述。因此，对自动化制造系统的综合评价既需要定量分析，也需要定性分析，既要重视缜密的客观分析，亦不可忽视有经验的专家及决策人员的主观直觉判断。

4. 评价应与项目的规模和企业的规模相结合

自动化制造系统投资评价的内容可根据项目的规模及企业的规模进行合理地选择。自动化制造系统只是企业生产、经营、管理的一个组成部分，当项目规模不大时，项目的战略效益与社会效益评价意义就不大。而企业规模很大时，只需按设备更新做经济效果评价即可。此外，评价是通过一系列评价指标进行的，评价指标亦应根据实际情况合理地选择。

5. 必须进行风险分析

自动化制造系统项目开发的技术难度大，周期长，需要投入大量的人力、物力和财力，而且开发与运行过程中涉及的各种不确定因素较多，因此风险分析是项目评价中不可缺少的重要内容。

三、综合效益评价的指标体系

综合效益评价需要一定的标准和依据，这就是一般所说的评价指标。但是，任何一个指标只能反映效益的一个侧面，要对技术方案的效果做出客观的全面评价，需要有一组指标，从经济、技术、社会、环境的不同角度进行多方面的评价，才能找出整体最优的方案。这样的一组指标，它们之间既互相联系又互相约束，构成一个体系，即指标体系。根据自动化制造系统的属性及评价特点，它的指标体系应包括三个方面：经济效益评价指标、战略效益评价指标和社会效益评价指标。图 8-1 给出了典型的综合效益评价指标体系的例子。

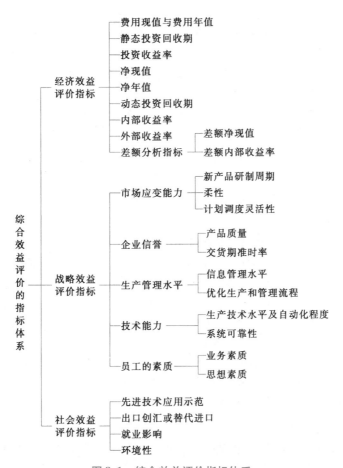

图 8-1　综合效益评价指标体系

对于具体的自动化制造系统，通过技术功能评价可以确定系统各项技术功能的有效程度和对企业的影响程度，从而分析出可能产生的各种效益。它们有些产生直接经济效益，如扩大生产能力、提高生产效率、降低成本等；有些既能产生直接的经济效益，也能产生战略效益，如产品质量的提高，可提高产品档次及价格，使销售收入增加，产生直接的经济效益。另一方面，因产品质量的提高吸引了用户，可提高企业的信誉，扩大市场份额，从而带来战略效益。在综合效益的评价中，为了避免重复计算，正确地评价经济效益，需选择合适的评价指标，将产生的直接经济效益部分通过收入与支出的变化，采用专门的经济效益指标来评价。产生的战略效益部分用战略效益指标评价，各项指标的含义与分析将在后面详细介绍。

第二节 技术性能评价

对自动化制造系统的技术性能评价可以从制造系统的六大类制造属性：经济性、生产率、质量、可靠性、柔性、可持续发展性等方面入手（详见第一章第五节）。

1. 经济性

自动化制造系统的经济性包括成本和效益两个方面，此处只介绍成本，效益将在下一节介绍。

利用自动化制造系统进行生产的成本主要包括以下几个方面：

（1）系统设施和设备成本 建立自动化制造系统需要基础设施（场地、设备、电气供应、厂房等）、制造设备、储运装置及其他设备等，这方面的投资费用都将以折旧的形式计入系统或产品的成本中。

（2）材料成本 包括制造产品所需要的原材料、工具消耗和系统所用的辅助材料（切削液、润滑油等）消耗成本。

（3）劳动力成本 运行系统的直接劳动，如操作工人的工资和奖金、维修工人的工资和奖金、工人的劳保、福利等。

（4）能源成本 有些自动化制造系统能源消耗所占成本的比例低，甚至可以忽略不计；而有些系统却耗能很多，甚至成为系统或产品的主要成本因素。能源主要包括水、电、气等。

（5）维护和培训成本 为保证系统的正常运行所进行的维护工作和需要的维护人员及备件等费用，以及为适应新设备和新技术的必要培训费用。

（6）其他杂项与分摊成本 如环境保护方面的成本。

以上各项成本均可以定量预测和计算，它们可归纳为系统成本和产品成本（指利用自动化制造系统生产的产品）。自动化制造系统的系统成本一般是比较高的，它通常需要大的投资。但有时，由于自动化制造系统设备效率高和利用率高，可以减少所需机床数目，从而降低设备成本。产品成本与系统的功能与性能密切相关。如自动化制造系统生产率的高低，直接影响到设备折旧在产品上的分摊值，当生产率很高时，尽管设备投资大，在单位产品成本中所占份额却较低；系统的自动化程度的高低，决定了直接人工成本；当自动化制造系统因采用计算机有效调度、实现工序集中时，可使辅助时间缩短，能降低成本并减少在制品库存量。

2. 生产率和交货期

在自动化制造系统中，时间要素有两种概念：

1）系统对于产品和生产过程变化（品种、质量、要求的交货时间等）反应的快慢程度。为了使系统具有较强的应变能力，当生产过程发生变化时，系统的反应要快，响应时间要短，意味着在系统改变后能够在很短的时间内恢复到正常运行状态。

2）系统在单位时间内制造产品的数量，即系统的生产率如何。

本章所说的时间主要是指生产率。

自动化制造系统的生产率采用单位时间内制造的产品数量来表示

$$Q = \frac{1}{T} = \frac{1}{t_1 + t_2 + t_3} \tag{8-1}$$

式中 Q 为自动化制造系统的生产率（件·min^{-1}）；T 为系统生产一个产品所需的时间（min），$T = t_1 + t_2 + t_3$；t_1 为有效工作时间；t_2 为加工等待时间（夹紧、测量、空行程等所需时间）；t_3 为辅助时间（刀具准备、调整设备、运送工件等所需时间）。

由式（8-1）可以看出，自动化制造系统的生产率随 t_1、t_2 和 t_3 的缩短而提高，下面分析它们与技术性能的关系。

（1）有效工作时间 提高系统的自动化程度，采用各种先进的技术（如高速加工、多刀多工位加工、高速装配、快速检测、少无切削加工等），优化工艺路线与工艺参数、采用数控加工设备等均可缩短有效的加工时间。但有效工作时间的缩短是有限的，因为它占总时间的比例很小（仅占总车间时间的1.5%）。另外，有效工作时间的缩短所花的代价往往较大。

（2）加工等待时间 为了缩短加工等待时间，可以通过高速装置减少各种动作的时间，如高速换刀机械手、高速上下料机器人、自动的随行夹具或快速装夹夹具等，同时也可以使有关动作相重合，如加工时间与装卸工件时间相重合等。

（3）辅助时间 在产品制造的总时间中，辅助时间占比最大，因此缩短辅助时间是提高生产率的主要途径。缩短辅助时间可采用如下的技术或措施：使各种时间重合，如运送工件时间与加工工件时间重合、采用柔性设备、采用高速高效设备和模块设备、采用成组技术、优化布置物料及其运送路线、实现均衡生产等。

3. 制造柔性

随着大批量预测式生产模式逐渐被适应市场动态变化的用户定单式模式所替代（称之为大规模定制模式），柔性已成为决定一个自动化制造系统的生存能力和竞争能力的主要因素。从系统柔性的要求出发评价系统的技术能力时，应考虑在何种程度上满足以下的柔性要求：

（1）机器柔性 当要求生产一系列不同类型的产品时，机器随产品变化而加工不同零件的可能程度。

（2）工艺柔性 一是工艺流程适应产品或原材料变化的能力；二是制造系统内为适应产品或原材料变化而改变相应工艺的难易程度。

（3）产品柔性 一是产品更新或完全转型后，系统能够非常经济和迅速地生产出新产品的能力；二是产品更新后，对老产品有用特性的继承能力和兼容能力。

（4）维护柔性 采用多种方式查询、处理故障，保障生产正常进行的能力。

（5）生产能力柔性 当生产量改变时、系统也能经济地运行的能力。对于根据订单而组织生产的制造系统，这一点尤为重要。

（6）扩展柔性 当生产需要的时候，可以很容易地扩展系统结构，增加模块，构成一个更大系统的能力（称为系统的可重构性）。

（7）运行柔性 利用不同的机器、材料、工艺流程来生产一系列产品的能力，以及同样的产品换用不同工序加工的能力。

4. 质量和可靠性

产品的质量是由产品设计和产品制造两方面构成的。从制造方面考虑，产品的质量是指生产工艺满足产品设计参数（技术特征、性能、技术要求，可靠性等）的程度。可从以下的技术功能或性能分析着手，衡量自动化制造系统的质量属性：

1）自动化制造系统所包括的各种制造设备、夹具、刀具等各部分本身的原始精度是否足以保证产品制造的质量要求，称为精度特性。

2）自动化制造系统及各相关组成部分在受力、热变形等因素的影响下，是否能长期保持其精度以满足产品制造质量的要求，属于精度保持性。

3）系统是否具有必要的运行状态检测与监控功能。

4）系统是否具有必要的加工（装配）过程检测与监控功能。

5）工艺方法是否合理。

6）系统是否能够可靠地运行，故障少。

5. 可持续发展性

自动化制造系统的可持续发展又称为环境协调性，它是个广义的概念，包括许多内容，在投资决策时需要评价系统的建造和运行对环境的影响：

（1）生态环境影响　系统在整个生命周期中对生态环境造成的影响，如在制造过程中产生的噪声、废气、废液、废物等对生态环境的影响等。

（2）资源综合利用　系统对自然资源特别是不可再生资源的综合利用和优化利用能力，包括制造过程可能要用到的原材料、能源、土地和水资源等的优化利用。

（3）职业健康　系统在其运行过程中可能对劳动者职业健康造成的损害程度。

（4）安全性　系统在运行过程中因故障等原因产生的危害和风险等。

（5）宜人性　系统减轻劳动者负担的程度和操作人员的舒适性等。

第三节　经济性评价

一、基本概念

（一）现金流量

现金流量是主要经济评价指标的计算基础，即计算投资效益的基础。在自动化制造系统技术经济分析中，现金流量指自动化制造系统项目所引起的未来一定期间内所发生的现金流入量（实际收到的现金）与现金流出量（实际支出的现金）。现金流入量与现金流出量的差额，称为净现金流量。现金流量的主要内容包括原始投资、营业现金流量和终结回收三个组成部分。

1. 原始投资

原始投资包括建设投资和生产经营所需要的流动资金投资。原始投资一般均属于现金流出量。但在特殊情况下原始投资也可能是现金流入量，例如以旧设备作价抵去一部分新设备的价款，这样就出现了现金流入量。

2. 营业现金流量

营业现金流量是指投资项目在建成投产后的整个生命周期内，由于开展正常生产经营活动而发生的现金流入与现金流出的数量。营业现金流量，通常包括现金流入量（例如产品销售收入）和现金流出量（例如发生的费用和交纳的税金）两大部分。其中费用的构成比较复杂，如图 8-2 所示。其中直接费用和制造费用构成产品生产成本。

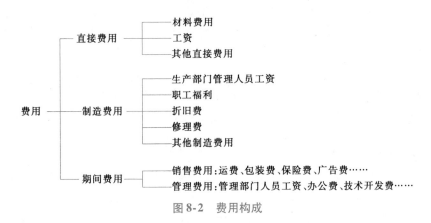

图 8-2　费用构成

3. 终结回收

终结回收是指投资项目在生命周期终了时发生的现金回收。例如，固定资产的残值以及对原垫支的流动资金的回收。

综上所述，现金流量的三个组成部分中，原始投资发生在投资初期，全部属于现金流出量（除特殊情况外）；终结回收发生在项目终了时，全部属于现金流入量。原始投资与终结回收一般无需复杂的计算；营业现金流量发生在项目建成投产后的整个生命周期内，需要分别根据各年的预计收益表的有关数据进行计算。

根据现金流量包含的内容，一个投资项目全过程（包括建设期和生产经营期）的净现金流量的计算公式如下：

$$现金流入量 = 各年产品销售收入之和 + 回收固定资产残值 + 回收流动资金 \tag{8-2}$$

$$现金流出量 = 固定资产投资 + 流动资金投资 + 各年销售税金之和 + 各年产品生产成本之和 +$$
$$各年销售费用之和 + 各年管理费用之和 - 各年计提折旧之和 \tag{8-3}$$

$$净现金流量 = 现金流入量 - 现金流出量 = \Sigma（各年产品销售收入 - 各年销售税金 - 各年产品生产成本$$
$$- 各年销售费用 - 各年管理费用 + 各年折旧） - 固定资产投资 - 流动资金投资 + 固定资$$
$$产残值 + 回收流动资金 = \Sigma（各年营业利润 + 各年折旧） - 固定资产投资 - 流动资金投$$
$$资 + 固定资产残值 + 回收流动资金 \tag{8-4}$$

利用上述公式时，应注意以下问题：

1）技术经济分析中对费用与成本的理解与财务会计中的理解不完全相同。尤其是，技术经济分析强调对现金流量的考察分析。在这个意义上，费用和成本具有相同的性质，如无特殊说明，在后面的叙述中一般不严格区分费用与成本的概念。

2）原始投资中的固定资产在使用过程中会逐渐磨损和贬值，其价值逐步转移到产品中去，这种价值转移称为固定资产折旧，折旧费按国家的有关规定计算并计入产品生产成本。但实际上这笔开支并不是生产经营期的现金开支，而是项目投资时的现金开支在生产经营期的摊销额。所以在计算现金流量时必须剔除这个因素。

3）以上公式中的营业利润可以是税前的，也可以是税后的，两个不同的计算基础是从不同的角度考核项目的经济效益。为考核项目本身的投资效益，应以税前利润作为计算基础，以免因税率的大小或变动而影响经济效益指标。如果是从投资者的角度考察项目的投资效益，应以税后利润作为计算基础。

4）在评价项目投资的经济效果时，并不考虑资金来源问题，也不将借款利息计入现金流量。如果需要考虑借款利息支出，应另列现金流出项。通常原始投资中的借款在建设期间产生的利息支出应计入总投资，而在生产经营期间产生的利息支出应作为财务费用计入生产成本中。

5）自动化制造系统往往并不承担产品的全部生产任务，因此利用上述公式计算时还应将现金流量分解开来，只计入与其相关的部分。但有时这种分解是很困难的，这一问题将在后面进一步讨论。

（二）资金的时间价值

资金的时间价值是指资金随着时间的推延形成的增值。在不同的时间付出或得到同样数额的资金在价值上是不等的。今天可以用来投资的一笔资金，即使不考虑通货膨胀因素，也比将来可获得的同样数额的资金更有价值。因为当前可用的资金能够立即用来投资带来收益，而将来才可取得的资金则无法用于当前的投资，也无法获得相应的收益。

在投资决策中必须考虑资金的时间因素，不能简单地将现在的投资支出和投资以后若干年的投资收入直接相比，而必须将不同时间点的现金流入量和现金流出量都折算到同一时间点，才能使投资项目的经济评价建立在客观并可比的基础上。

利息、盈利或净收益都是资金时间因素的体现。一般把银行存款获得的资金增值叫利息，把资金投入生产建设产生的资金增值称为盈利或净收益。利息或盈利是衡量资金时间因素的绝对尺度。利率、盈利率或收益率是一定时间（通常为年）的利息或收益占原投入资金的比率，它反映了资金随时间变化的增值率，是衡量资金时间因素的相对尺度。因此，计算资金时间因素的方法就是计算利息的方法。

1. 单利与复利

单利（期末利息）是指本金在一定时间内取得的报酬，利息的计算是按最初的本金来进行的。单利及本利和的计算公式为

$$I = Pni \tag{8-5}$$

$$F = P(1 + ni) \tag{8-6}$$

式中　I 为单利；P 为本金；i 为利率；n 为利息周期数（通常为年或月）；F 为本利和。

按单利计算的终值，就是现在一笔存款若干年后的本利和的值，它考虑了资金的时间因素，但对以前已经产生的利息，没有转化为本金而累计计息。

复利是指按本金计算的每期利息在期末加入本金，并在以后各期内再计利息，也就是利上加利的计算方法（俗称利滚利）。它能够更充分地反映资金的时间因素，是普遍采用的方法。按复利计算的本利和计算公式如下

$$F = P(1 + i)^n \tag{8-7}$$

或

$$F = P(F/P, i, n) \tag{8-8}$$

式中　$(F/P, i, n) = (1 + i)^n$ 称为终值系数，可查表得到。

2. 资金等值、终值与现值

在资金时间价值的计算中，等值是一个十分重要的概念。资金等值是指在考虑时间因素的情况下，不同时间点发生的绝对值不等的资金可能具有相等的价值。例如，现在的 100 元

在年利息或年收益率为10%情况下，与一年后的110元是等值的。

所谓终值，就是指某一特定金额按规定利率折算的未来价值，也就是本利和。计算终值用前述的单利或复利公式。

所谓现值，就是指某一特定金额按规定利率折算的现在价值。现值就是指本金。把未来金额折算为现值的过程称为折现。折现与利率有密切联系，利率越高，折算的数值就越小。计算现值的公式可以由复利公式推出

已知
$$F = P(1+i)^n$$

根据上述公式，在已知终值 F 的利率 i，时期 n 的情况下推算当前所需的本金 P，即为现值公式

$$P = \frac{F}{(1+i)^n} \tag{8-9}$$

或
$$P = F(P/F, i, n) \tag{8-10}$$

式中 $(P/F, i, n) = 1/(1+i)^n$ 称为现值系数，可查表得到。

注意，在折现计算时，常采用年末习惯法，即尽管一个项目的每年现金流入和流出是在年内各个不同的时间点上发生，但为了便于货币时间价值的具体运算，均假定现金的流动是于年末发生的。

此外，上述复利（终值）公式与现值公式事实上都是用于一次支付类型的，当出现非一次支付类型时，可用上述公式分别推导计算，也可采用专门的公式（参见技术经济学教材）。

二、主要经济评价指标及其计算方法

经济效益评价的指标是多种多样的，本节所讨论的仅是那些重要而又常用的指标。这些指标分为静态评价指标和动态评价指标。不考虑资金时间价值的评价指标称静态评价指标，它直接按投资项目形成的现金流量进行计算，亦称"非折现的现金流量法"，主要有静态投资回收期和投资收益率等。考虑资金时间价值的评价指标称动态评价指标，它先把不同时间点上的现金流量折算成同一时间点的现金流量，然后再计算比较，亦称"折现的现金流量法"，主要有动态投资回收期、净现值、净年值、净现值率以及内部收益率等。

静态评价指标主要用于技术经济数据不完备和不精确的项目初选阶段。动态评价指标则用于项目最后决策前的可行性研究阶段，有时也综合使用。由于各个指标从不同角度反映了项目的经济性，因此常将这些指标的计算与评价称为某种经济效果的评价方法，如净现值法等。

1. 静态投资回收期

静态投资回收期就是从项目投资建立之日起，用项目各年的净收益将全部投资收回所需的期限（通常用年数表示）。如果投资项目在投产期每年的净现金流量相等，则投资回收期等于投资总额除以每年的净现金流量。对于净现金流量不等的项目，利用现金流量表可按式（8-11）计算静态投资回收期 T_s。

$$T_s = T - 1 + \frac{第(T-1)年的累积净现金流量的绝对值}{第 T 年的净现金流量} \tag{8-11}$$

式中 T 为项目各年累积净现金流量首次为正值或零的年份数。

例 8-1　某自动化制造系统投资项目的现金流量如表 8-1 所示，求静态投资回收期。

表 8-1　某自动化制造系统项目的现金流量表　　　　　　　　（万元）

项 \ 年份	建设期		投产期						合计
	0	1	2	3	4	5	6	7	
1. 固定资产投资	80	20							100
2. 流动资金		40							40
3. 现金流入量			83	97	97	101	105	110	593
4. 现金流出量（不包含投资）			52	60	60	63	65	65	365
5. 净现金流量	−80	−60	31	37	37	38	40	45	
6. 累计净现金流量	−80	−140	−109	−72	−35	3	43	88	

解　从表 8-1 中可以看出，项目各年累积净现金流量首次为正值的年份为 5，即 $T=5$，按式（8-11）则

$$T_{\mathrm{s}} = \left(5-1+\frac{35}{38}\right)\text{年} = 4.92\text{ 年}$$

静态投资回收期指标需与基准投资回收期比较。只有当静态投资回收期小于或等于基准投资回收期时，项目才可以考虑接受。通常可采用项目的经济生命的一半作为基准投资回收期，或参照行业的基准回收期，如机械工业为 3～5 年回收期。当然也可参考同类项目的历史数据、投资者的愿望，根据具体情况做具体分析。

静态投资回收期法的优点在于计算简便、容易理解，并可促使决策者设法缩短回收期，及早收回投资。特别是对那些技术更新较快的工业部门来说，投资回收期越长，风险越大。静态投资回收期法的主要缺点在于，首先它没有考虑资金的时间价值，其次它没有考虑投资回收后的现金流量，故不能全面反映项目在生命期内的真实效益，难以对不同方案的比较选择做出正确判断。

2. 投资收益率

投资收益率是项目在正常生产年份的净收益与原始投资额的比值。根据不同的分析目的，净收益可以是利润、利润税金总额或年净现金流量。投资收益率常见的计算公式有：

$$\text{投资收益率} = \frac{\text{年均净现金流量}}{\text{原始投资额}} \times 100\% \tag{8-12}$$

$$\text{投资利税率} = \frac{\text{年均利润} + \text{年均税金}}{\text{原始投资额}} \times 100\% \tag{8-13}$$

$$\text{投资利润率} = \frac{\text{年均利润}}{\text{原始投资额}} \times 100\% \tag{8-14}$$

投资收益率作为静态指标，一般只用于方案的初选，当计算的投资收益率小于根据同类项目的历史数据及投资者意愿等确定的基准投资收益率时，应拒绝该方案。

例 8-2　某项目经济数据如表 8-1 所示，已知基准投资收益率为 20%，求投资收益率。

解　投资收益率 $= \dfrac{(31+37+37+38+40+45)/6}{100+40} = 0.27 > 20\%$

所以该项目可以考虑接受。

3. 净现值（NPV）

净现值（Net Present Value，NPV）是指项目按部门或行业的基准收益率或设定的折现率，将各年的净现金流量折现到 0 年（或建设期初）的现值之和。其公式为

$$\text{NPV} = \sum_{t=0}^{n} (CI - CO)_t (1 + i_0)^{-t} \qquad (8\text{-}15)$$

或记为

$$\text{NPV} = \sum_{t=0}^{n} (CI - CO)_t (P/F, i_0, t)$$

式中　NPV 为净现值；CI 为现金流入量；CO 为现金流出量；$(CI - CO)_t$ 为第 t 年的净现金流量；n 为计算期；i_0 为基准折现率。

例 8-3　求表 8-1 所示项目的 NPV（设 $i_0 = 10\%$）。

解　$1 + i_0 = 1.1$

$$\text{NPV} = \left(-80 - \frac{60}{1.1} + \frac{31}{1.1^2} + \frac{37}{1.1^3} + \frac{37}{1.1^4} + \frac{38}{1.1^5} + \frac{40}{1.1^6} + \frac{45}{1.1^7} \right) 万元 = 12.96 \ 万元$$

对于单一项目方案而言，若 NPV $\geqslant 0$ 则项目应予接受。若 NPV < 0 则项目应予拒绝。对于多方案比较，NPV $\geqslant 0$ 的各方案均可接受，NPV 越大的方案相对越优。但由于净现值指标用于多方案比较时，未考虑各方案投资额的大小，因此还不能作出正确的评价。常用净现值指数（Net Present Value Index，NPVI）作为净现值的辅助指标，其经济涵义是单位投资现值所能带来的净现值。净现值指数 NPVI 为

$$\text{NPVI} = \frac{\text{NPV}}{K_p} \qquad (8\text{-}16)$$

式中　K_p 为项目总投资现值。

根据净现值指数的涵义，显然净现值指数大的方案为优。

4. 净年值（NAV）

净年值（Net Annual Value，NAV）是通过资金等值换算将项目净现值分摊到生命期内各年（从第 1 年到第 n 年）的等额年值。其表达式为

$$\text{NAV} = \text{NPV}(A/P, i_0, n) = \sum_{t=0}^{n} (CI - CO)_t (P/F, i_0, t)(A/P, i_0, n) \qquad (8\text{-}17)$$

式中　NAV 为净年值；$(A/P, i_0, n) = \dfrac{i_0(1 + i_0)^n}{(1 + i_0)^n - 1}$ 称为投资回收系数，可查表得到。其余符号含义如式（8-15）所示。

由于基准折现率 $i_0 > 0$，则 $i_0(1 + i_0)^n > 0$，因此净年值与净现值符号相同，它们在项目评价的结论上总是一致的，称为等效评价指标。但由于净年值表示的是生命期内每年的等额收益，常用于生命期不等的项目方案的选择比较中。

5. 动态投资回收期

动态投资回收期是考虑资金时间价值的投资返本年限。它是按部门、行业的基准收益率或设定的折现率所折现的现金流量作为计算基础，当累计折现的净现金流量为零时所需的时间。动态投资回收期 T_D 与静态投资回收期在计算上的区别是将计算公式中的净现金流量折现后计算

$$T_D = T - 1 + \frac{\text{第}(T-1)\text{年的累积折现的净现金流量的绝对值}}{\text{第 } T \text{ 年折现的净现金流量}} \tag{8-18}$$

式中 T 为项目各年累积折现的净现金流量首次为正值或零的年份数。

例 8-4 求表 8-1 所示项目的动态投资回收期，设折现率 $i_0 = 10\%$

解 将表 8-1 中的净现金流量折现后（设折现率 $i_0 = 10\%$）可得表 8-2。

表 8-2 某项目折现的净现金流量表

年	0	1	2	3	4	5	6	7
折现的净现金流量	−80	−55	25.62	27.80	25.27	23.60	22.58	23.09
累积折现的净现金流量	−80	−135	−109.38	−81.58	−56.31	−32.71	−10.13	12.96

则该例项目的动态投资回收期为

$$T_D = \left(7 - 1 + \frac{10.13}{23.09}\right)\text{年} = 6.44 \text{ 年}$$

6. 内部收益率（IRR）

内部收益率（Internal Rate of Return，IRR）是所有经济评价指标中应用最普遍的一种方法。它是指项目在计算期内各年净现金流量累计等于零时的折现率。内部收益率 IRR 的求解方程如下

$$\text{NPV}(\text{IRR}) = \sum_{t=0}^{n} (CI - CO)_t (1 + \text{IRR})^{-t} = 0 \tag{8-19}$$

式中 符号含义同式（8-15）。

该式是一个高次方程，一般采用试算内插法求 IRR 的近似解。计算程序是：先估计一个折现率，计算出项目的净现值，如果净现值大于零，说明该项目的内部收益率比所用的折现率大；可再用较高的折现率进行试算，如果净现值为负数，则说明该项目的内部收益率比所用的折现率小。通过逐次试算，可依据净现值由正到负两个相邻的折现率，用内插值法算出近似的内部收益率为

$$\text{IRR} = i_n + (i_m - i_n) \times \frac{|\text{NPV}_n|}{|\text{NPV}_n| + |\text{NPV}_m|} \tag{8-20}$$

式中 i_n 为试算中使净现值为正数的最小折现率；i_m 为试算中使净现值为负数的最大折现率；$|\text{NPV}_n|$ 为以 i_n 折现的净现值的绝对值；$|\text{NPV}_m|$ 为以 i_m 折现的净现值的绝对值。

例 8-5 求表 8-1 所示项目的内部收益率。

解 前面已算出当 $i_1 = 10\%$ 时，NPV $(i_1) = 12.96$，因净现值仍大于零，故增大折现率再试，如取 $i_2 = 12\%$，则

$$\text{NPV}(i_2) = -80 - \frac{60}{1.12} + \frac{31}{1.12^2} + \frac{37}{1.12^3} + \frac{37}{1.12^4} + \frac{38}{1.12^5} + \frac{40}{1.12^6} + \frac{45}{1.12^7} = 3.175 > 0$$

再以 $i_3 = 13\%$ 试算

$$\text{NPV}(i_3) = -80 - \frac{60}{1.13} + \frac{31}{1.13^2} + \frac{37}{1.13^3} + \frac{37}{1.13^4} + \frac{38}{1.13^5} + \frac{40}{1.13^6} + \frac{45}{1.13^7} = -1.517$$

根据试算结果取 $i_n = 12\%$，$i_m = 13\%$ 则由式（8-20）可得

$$\text{IRR} = 0.12 + (0.13 - 0.12) \times \frac{3.175}{3.175 + 1.517} = 0.1268 = 12.68\%$$

当内部收益率大于或等于部门或行业的基准收益率时，应认为项目在经济上是可接受

的，内部收益率越大，表示盈利越多。内部收益率是项目投资的盈利率，反映了投资的报酬率，概念清晰明确。此外，净现值、净现值指数计算时需假设一个折现率，且不能据此了解各投资方案自身可以达到的具体报酬率，相比之下，内部收益率的优越性是明显的。但是，内部收益率指标通常只用于评价常规项目。所谓常规项目是指净现金流量序列符号只变化一次的项目，如表 8-1 所示中，第 0、1 年的净现金流量为负，从第 2 年起均为正值，属于常规项目。如果净现金流量序列符号变化多次，则这样的项目称为非常规项目。自动化制造系统项目如果是分次投资的，很可能成为非常规项目。对于非常规项目可以用试算内插法先求出一个 IRR 的解，对这个解按照内部收益率的经济含义进行检验，即以这个解作为盈利率，如果在项目生命期内始终存在未被回收的投资，则这个解就是内部收益率的唯一解，否则项目无内部收益率，不能使用内部收益率指标进行评价。

7. 外部收益率（ERR）

外部收益率（External Rate of Return，ERR）指标目前在国内应用还不普遍，但它与内部收益率相比，有能直接求解和具有唯一解（特别是求解非常规项目时）的优点。因此，对于非常规项目的评价，ERR 有其独到的优越性。

内部收益率的计算方法中采用复利计算方法，因此隐含了一个基本假定，即项目生命期内所获得的净收益全部可用于再投资，且再投资的收益率等于项目的内部收益率，但由于投资机会的限制，这种假定是很难实现的。外部收益率实际上是内部收益率的一种修正，在计算外部收益率时，也假定项目生命期内所获得的净收益全部可用于再投资，但假定再投资的收益率等于基准折现率，这就比较容易实现。外部收益率 ERR 的求解方程如下

$$\sum_{t=0}^{n} NB_t (1 + i_0)^{n-t} = \sum_{t=0}^{n} K_t (1 + \text{ERR})^{n-t} \tag{8-21}$$

式中　K_t 为第 t 年的净投资；NB_t 为第 t 年的净收益；i_0 为基准折现率。

该方程通常可用代数方法直接求解。但应注意 K_t 和 NB_t 的含义，当第 t 年的净现金流量为正值（例如 100 万元）时，则该年的净投资 $K_t = 0$，净收益 $NB_t = 100$ 万元；反之，第 t 年净现金流量为负值（例如 -100 万元）时，则该年的净投资 $K_t = 100$ 万元，净收益 $NB_t = 0$。

当外部收益率大于或等于基准折现率 i_0 时，项目可以考虑接受，否则不可接受。

三、差额分析指标

在对投资金额不等的投资项目方案进行分析时，或在无法清楚地分离企业原有基础产生的费用和收益情况下的改扩建和技改项目评价中，常使用差额分析指标。下面介绍差额净现值与差额内部收益率。

1. 差额净现值（ΔNPV）

差额净现值等于两个方案的净现值之差，其表达式如下

$$\begin{aligned}
\Delta \text{NPV} &= \sum_{t=0}^{n} \left[(CI_2 - CO_2)_t - (CI_1 - CO_1)_t \right] (1 + i_0)^{-t} \\
&= \sum_{t=0}^{n} (CI_2 - CO_2)_t (1 + i_0)^{-t} - \sum_{t=0}^{n} (CI_1 - CO_1)_t (1 + i_0)^{-t} \\
&= \text{NPV}_2 - \text{NPV}_1
\end{aligned} \tag{8-22}$$

式中 ΔNPV 为差额净现值；$(CI_2 - CO_2)_t$ 为投资大的方案第 t 年的净现金流量；$(CI_1 - CO_1)_t$ 为投资小的方案第 t 年的净现金流量；NPV_2、NPV_1 分别为方案 2 与方案 1 的净现值。

若 $\Delta NPV \geq 0$，表明增量投资可以接受，投资（现值）大的方案较优；若 $\Delta NPV < 0$，表明增量投资不可接受，投资（现值）小的方案较优。

由于差额净现值等于两个方案的净现值之差。因此，用差额净现值指标与采用净现值最大准则是等效的，在多方案比较中，后者更为方便。

2. 差额内部收益率（ΔIRR）

差额内部收益率表示两个方案各年净现金流量差额的现值之和等于零时的折现率。其求解方程为

$$NPV(\Delta IRR) = \sum_{t=0}^{n} \left[(CI_2 - CO_2)_t - (CI_1 - CO_1)_t \right](1 + \Delta IRR)^{-1} = 0 \quad (8\text{-}23)$$

式中 ΔIRR 为差额内部收益率；$(CI_2 - CO_2)_t$ 为投资大的方案第 t 年的净现金流量；$(CI_1 - CO_1)_t$ 为投资小的方案第 t 年的净现金流量。

两个方案的差额内部收益率的计算方法与前述的内部收益率计算方法类似，可用逐次试算内插法求得。不同处只在于将各年的净现金流量和各年累计净现金流量分别用两个方案各年的净现金流量差额和各年累计净现金流量差额代替。采用该方法的前提是两个方案的研究周期必须相同。当差额内部收益率大于或等于基准收益率时，投资大的方案较优，小于基准收益率时，投资小的方案较优。这一判别准则可以理解为将两个方案投资的差额作为一个新方案看待，求其内部收益率。当新方案的差额内部收益率大于或等于基准收益率时，该新方案是有效益的，因此原来的两个方案中，投资大的方案较优。

四、新建投资项目的经济效果评价方法

投资项目经济效果评价的主要内容是根据项目方案的类型及特点，选择和计算经济评价指标，并进行检验。

（一）方案的类型

根据项目各种方案之间的关系，可以分为以下几种类型：

（1）独立方案 独立方案是指各个方案的现金流量是独立的，各个方案之间具有独立性，任一方案的采用与否都不影响其他方案的采用。当项目只有单一方案时，可认为是独立方案的特例。

（2）互斥方案 互斥方案是指各个方案之间存在着互不相容、互相排斥的关系，在对多个互斥方案进行选择时，最多只能选取其中之一。

（3）相关方案 相关方案是指如果接受（或拒绝）某一方案，会显著改变其他方案的现金流量，或者会影响对其他方案接受（或拒绝）的情况。

在对自动化制造系统评价时，常见的是作为独立方案特例的单一方案或互斥方案，下面分别加以讨论。

（二）独立方案的经济效果评价

独立方案的经济效果评价与其他方案无关，只需检验其自身的经济性，这种检验亦称为绝对经济效果检验，最常用的指标是净现值、内部收益率和动态投资回收期。绝对经济效果检验时首先分析、预测及计算投资及寿命期内各年的现金流量，按公式计算上述指标后，凡

是满足经济效果评价标准（如 NPV ≥ 0，IRR ≥ i_0，T_D ≤ 基准动态投资回收期），就认为该方案在经济效果上是可接受的，否则就应予以拒绝。

必须指出，当自动化制造系统是分次投资或因为其他原因造成投资方案为非常规方案时，建议使用外部收益率指标替代内部收益率指标。

此外，绝对经济效果检验不仅用于独立方案的评价，在互斥方案比选时，首先也必须进行绝对经济效果检验，由检验结果确定入选的方案，然后对入选方案采用互斥方案的评价方法进行比选。

（三）互斥方案的经济效果评价

在自动化制造系统技术方案的经济分析中，较多的是互斥方案的比较和选优问题。为实现某种目标，在技术上可以有若干种方案都是可行的，例如 A 方案引进整套设备，B 方案建议国内厂家设计制造，采用了其中一个方案，就不能再用另一个方案，A、B 两个方案即为相互排斥的两个方案。互斥方案选优时必须注意方案之间应具有可比性。主要考虑投资额的可比性与考察时间段及计算期的可比性，当不同方案的投资额与计算期均相等时，只要计算净现值 NPV 或内部收益率 IRR，NPV 或 IRR 越大，则方案越优，不同指标的结果是一致的。但事实上，不同的方案投资额相等的情况是很少出现的。在投资额不等的情况下，如同时使用净现值和内部收益率指标，有可能出现矛盾的结果。例如，甲方案的 NPV = 5.4 万元，IRR = 20%，而乙方案的 NPV = 6.1 万元，IRR = 18%。如比较净现值是乙方案优于甲方案，而比较内部收益率时，甲方案优于乙方案。根据净现值与内部收益率的含义可知，当投资额不等时不能直接用内部收益率指标比选。当生命周期不等时，净现值与内部收益率指标均不能直接进行比较。

1. 投资额不等时互斥方案的比选

（1）净现值法　采用净现值法就是应用净现值、净现值指数或差额净现值对互斥方案进行比较。NPV ≥ 0 的方案均通过绝对经济效果检验，这时利用净现值最大准则（净现值最大且非负的方案为最优方案）就可以选出最优方案。也可以用净现值指数或差额净现值来比较，比选结论是一致的。净现值指数最大的方案最优，它反映了单位投资的收益最大。采用差额净现值时，需两两比较，且遵循环比原则，即将各方案按投资额由小到大排序，依次比较。比较时，若 ΔNPV ≥ 0，表明增量投资可以接受，投资（现值）大的方案经济效果好；若 ΔNPV < 0，表明增量投资不可接受，投资（现值）小的方案经济效果好，然后继续比较。

（2）差额内部收益率法　用差额内部收益率评价互斥方案时，由于 ΔIRR 只能反映增量现金流量的经济性（相对经济效果），不能反映各方案自身的经济性（绝对经济效果），故应首先做绝对经济效果检验，淘汰通不过绝对效果检验的方案。然后按环比原则，计算头两个方案的 ΔIRR，若 ΔIRR > i_0，则保留投资大的方案；ΔIRR < i_0 则保留投资小的方案。将保留的方案与下一个方案比较，直至检验过所有的方案，找到最优方案为止。

2. 生命周期不等的互斥方案比选

在对生命周期不等的互斥方案进行比选时，为了保证时间上的可比性，通常采用方案重复法、年值法或研究期法进行适当处理（详见有关参考书）。评价指标宜采用净现值（或净年值）与差额内部收益率，以满足投资额不等时对互斥方案比选的要求。

（四）AMS 作为部分投资项目时的经济效果评价

自动化制造系统通常是一个完整投资项目的一部分，例如一条生产线。当自动化制造系统是投资项目的主要部分时，投资项目的效益与费用也主要由自动化制造系统产生和使用，应对它单独进行评价。当不同的自动化制造系统方案造成投资项目其他部分也不相同时，或者自动化制造系统的可选方案很少时等情况下，均可不单独对自动化制造系统进行经济效果评价，而对整个投资项目采用前述的方法进行评价。但当自动化制造系统方案较多且对其他部分的方案影响不大时，单独对自动化制造系统进行评价，可以使整个评价工作简化。但这时应区分以下两种情况：

1）自动化制造系统是投资项目相对独立的部分，它的现金流量可以与其他部分分开计算。这种情况下仍采用前述的方法，只要现金流量取自动化制造系统部分的现金流量即可。

2）自动化制造系统的现金流量无法与投资项目其他部分分开计算。无法分开的部分通常是现金流入量，即销售收入中有多大的份额应算作自动化制造系统的现金流入量。当不同的自动化制造系统方案对其他部分的方案影响不大时，可以认为对销售收入影响也不大。因此，在这种情况下可以只用费用现金流量进行方案的比选，其结论是一致的。采用费用现金流量进行方案比选时，前述的评价方法与计算公式均是适用的，包括投资额不等或生命周期不等时的处理。不同之处除了以费用现金流量代替总现金流量外，在计算出指标后的判断准则也不同：

① 采用费用现值指标时，费用现值最小的方案为最优。

② 采用费用年值指标时，费用年值最小的方案为最优。

③ 采用差额内部收益率指标时，若 $\Delta IRR > i_0$，则方案生命周期内年均费用现金流量小的方案优于年均费用现金流量大的方案；若 $0 < \Delta IRR < i_0$，则年均费用现金流量大的方案优于年均费用现金流量小的方案。应注意，采用费用现金流量进行方案比选时，属于相对效果检验。但它完成了多个自动化制造系统方案的比选，绝对经济效果可通过对整个投资项目的评价一起考虑。

五、AMS 作为技术改造项目的经济效果评价

自动化制造系统项目除了是一个新建企业项目或其中一部分外，常常是在企业现有基础上进行的技术改造项目。技改项目与新建项目相比，具有投资项目的一般共性。因此，一般投资项目的经济评价原则和方法也适用于技改项目。但是技改项目是在企业现有基础上进行的部分改造，又有其特殊性，它的经济效果评价可以分为不同技改方案（即自动化制造系统方案）的比选与是否应进行技改的评价。

1. 不同技改方案的比选

自动化制造系统通常主要用于零件的加工，在方案设计时已确定了关于生产能力的技术要求，因此可以认为在相同要求下设计出的不同方案其产出是基本一致的，即收入的现金流量相同。这样从方案比较的角度看，如果要在若干个互斥方案中挑选一个最优的方案，那么各方案中相同的现金流量都可以省略，只要利用费用现金流量进行比选。比选的方法与前述自动化制造系统作为新建项目一部分时完全相同。被选出方案的绝对经济效果可在是否应进行技改的评价中确定。

2. 技改项目评价方法与准则

在选出了最优的技改方案后，技改项目的经济评价问题可以归结为以下三个互斥方案的比选：

1）不技改而继续生产下去。

2）不技改而关、停、并、转。

3）进行技改。

当具备了这三个方案的有关投资、效益、生命周期等数据后，应用投资项目经济评价的一般方法即可做出比选。比选时应注意，这里所说的技改方案评价是指整个企业或整个投资项目进行技改后的经济效果评价，而不仅仅是自动化制造系统项目本身。这样做一方面可避免分解自动化制造系统与企业原有其他部分的现金流入量，另一方面也可对整个企业或投资项目是否技改作出经济效果评价。

1）对不进行技改而继续生产下去的方案作出评价。计算方案的净现值 NPV_1，则

当 $NPV_1 \geqslant 0$ 时，排除关停并转方案，可考虑不技改继续生产。

当 $NPV_1 < 0$ 时，排除不技改继续生产方案。

2）对技改方案进行评价，计算出方案的净现值，记为 NPV_2，则

当 $NPV_2 \geqslant 0$ 时，可考虑技改方案。

当 $NPV_2 < 0$ 时，排除技改方案。

3）对上述评价作分析

当 $NPV_1 < 0$ 且 $NPV_2 < 0$ 时，不技改继续生产方案和技改方案均被排除，只能考虑关停并转或者重新制订技改方案。

$NPV_1 < 0$ 且 $NPV_2 \geqslant 0$ 时，排除了不技改继续生产方案，可考虑技改方案或关停并转，通常采用技改方案。

$NPV_1 \geqslant 0$ 且 $NPV_2 < 0$ 时，技改方案被排除，可接受不技改继续生产方案。

$NPV_1 \geqslant 0$ 且 $NPV_2 \geqslant 0$ 时，不技改继续生产方案与技改方案的绝对经济效果均可接受，需要继续对这两个方案进行比较，由于现有企业的固定资产已使用了若干年，通常是否技改生命周期是不等的，因此需利用前述生命周期不等时互斥方案比较的方法进行比选，从而做出是否技改的结论。

3. 现金流量计算时应注意的问题

由于技改项目是在企业现有基础上进行的，因此在计算现金流量时必须注意其特殊性，否则很可能将实际上不可行的方案判断为可行，或反之。

1）评价不技改而继续生产下去的方案时，必须将原有资产视为投资列入现金流出中，但是投资金额不等于原来的投资金额，而是在考虑是否进行技改时的原来投资的重估值。

2）评价技改方案时的投资不仅仅是新增的技改投资，应加上可利用的原有资产的重估值，减去拆除处理不可利用部分固定资产回收的净价值，必要时还应考虑因技改而造成的停产损失。如果投资和处理资产的回收不是在第 0 年完成，则应按实际可能发生的年份作为现金流出。

3）如果技改方案和不技改继续生产方案的绝对经济效果均为可行，且在两方案比选时采用增量法（增量指标），则计算现金流量增量时，不能将技改后各年份的现金流量减去技改前的有关数据作为增量（这种方法通常称为"前后分析法"），而应将技改方案各年份的现金流量减去不技改继续生产下去的方案的各相应年份的现金流量作为增量（通常称为"有无分析法"），这样才能保证两方案比选时现金流量在时间上的一致性，避免过高或过低估计增量的效果。

第四节　效　益　分　析

效益分析通常可分为战略效益与社会效益两种（以上的经济性分析通常称为直接效益分析），相对于经济性分析，战略效益与社会效益通常是全局性的、潜在的、长期性的，对企业的持续发展有着巨大的影响。但这两种效益一般是很难量化的，故一般仅做定性分析。

一、战略效益

自动化制造系统的战略效益主要体现在增强企业的竞争能力上，它包括以下几个方面。

1. 增强市场应变能力

随着批量生产时代正逐渐被适应市场动态变化的单件、小批量生产时代所替代，一个企业或制造系统的生存能力和竞争能力在很大程度上取决于它的市场应变能力。自动化制造系统的应变能力主要由它的柔性所决定。

2. 提高企业信誉

企业信誉是重要的无形资产，建立与保持良好的信誉会大大增强企业的市场竞争能力。自动化制造系统的时间与质量属性是影响企业信誉的主要因素。

（1）质量　质量是赢得用户信赖，提高企业信誉的主要因素。

（2）交货准时率　随着市场竞争加剧，能否按时交货直接影响到企业的信誉和订单。

自动化制造系统的应用可以提高产品质量、保证交货期，因此可增强企业的竞争力。

3. 提升生产管理水平

通过提高信息管理水平，优化生产过程来提高生产管理水平，以提高各种资源的利用效率，降低生产成本，进一步提高生产效率，从而增强企业的市场竞争能力。

（1）信息管理水平　现代企业生产管理水平高低的一个重要衡量标准就是信息管理水平，它体现在信息的集成度，对信息的收集、传递、存储及处理的质量和效率上。

（2）优化生产过程　在全面掌握生产过程信息流的基础上，利用自动化制造系统优化生产过程有利于提高生产率，降低成本，提高系统的运行质量。当设备发生故障时，系统可以重新进行设备的优化组合，以此来保证系统的连续工作性，更合理地安排加工过程，可以充分发挥生产潜力，实现生产过程整体优化的目的。

4. 提升技术能力

技术能力是企业在市场竞争中保持技术领先优势的保证。利用自动化制造系统使企业有能力，以比竞争者更低的成本生产出性能和质量更高的产品，从而获得更高的市场份额和利润。

（1）生产技术水平和自动化程度　这是体现生产技术能力最主要的一个方面。

（2）系统可靠性　系统的可靠性是保证系统正常运行的重要因素。

5. 提高员工素质

员工的素质包括业务素质和思想素质。员工素质的高低是自动化制造系统可靠运行且发挥最大效益的基础。

（1）员工业务素质　员工的业务素质是体现技术能力的重要方面，是保证系统有效运行的基础。

（2）员工思想素质　思想素质决定了员工的工作态度和工作质量。

二、社会效益

现代企业不仅要追求盈利与企业发展，还要承担一定的社会责任，因此在投资评价中也应考虑项目的社会效益。同时，社会效益也可能会对企业的经济效益产生直接或间接的影响。自动化制造系统的社会效益通常包括以下几个方面：

1. 先进技术应用示范

如果采用的自动化制造系统具有在全国同行业的其他企业推广的可能性，则该项目就可能对其他企业起到技术示范作用，推动先进技术的转移与扩散，产生巨大的社会效益。所采用的先进技术的推广应用，又可给企业带来可观的经济效益。

2. 出口创汇或替代进口

自动化制造系统的采用，促进了产品质量的提高，成本的降低和交货期的缩短，因而有可能促进产品的出口，为国家增加外汇收入；或者其产品可替代进口，从而节约了外汇。这些效益体现为国家直接受益或社会直接受益，故它是一种社会效益。出口创汇和替代进口也会给企业带来一定的经济效益。

3. 就业影响

人们通常认为，自动化制造系统的采用会对当地就业机会产生影响，且随着自动化程度的提高，通常将减少就业机会。事实上，由于各种高新技术的采用和生产率的提高，又可创造出各种附加的就业机会。因此，应进行具体分析。

4. 环境性

对环境性的考虑包括优化利用能源和资源，减少乃至消除对环境的污染，对操作者实施劳动保护，以及通过产品的质量与性能在更大范围内产生对环境有益的影响。自动化制造系统在其规划和设计过程中，充分考虑了这些因素，有助于人类社会的可持续发展。

以上讨论的评价自动化制造系统战略效益与社会效益的各个方面，并不是每个项目都必须全部涉及的，当然也可能涉及未讨论到的方面。因此，在具体项目的评价中应根据实际情况加以分析，涉及哪些方面，就评价哪些方面。由于上述指标难以进行量化，通常可采用专家打分的方法，此时应针对各个评价指标设计适当的评分表，将各个方案的相应内容及其计算过程交给若干名专家，对专家的评分综合后得到各个方案的计分值。

第五节　风险分析

自动化制造系统项目在投资评价、开发与运行中存在许多不确定的因素，它们会给项目的实施带来潜在的风险。在对自动化制造系统项目综合评价时，必须同时对风险进行分析。

一、风险的来源

1. 技术风险

自动化制造系统是综合运用多种高新技术的复杂大系统，从方案的总体设计、单元技术的选择到整个系统的集成，任何一个环节出了问题，都会影响系统的功效，甚至可能导致项目的失败。此外，自动化制造系统作为战略性投资项目，通过技术的先进性保证市场竞争能力是一个主要的考虑因素，但是开发与运行周期长，期间各种技术发展的不确定性也会给项目的成功带来风险。

2. 组织风险

自动化制造系统的开发需要企业具有较高的管理水平及组织项目实施的能力与经验。自动化制造系统的有效运行需要高素质的人才支持，需要有适应现代生产管理的组织机构和管理体制，甚至需要改变人们的传统观念。这些都是影响自动化制造系统项目成功的重要因素。

3. 市场风险

自动化制造系统项目是为产品制造服务的，它并不涉及产品的开发，而其经济效益总是与产品联系在一起的，即使自动化制造系统项目本身各方面都是成功的，但由于所生产的产品或市场的不确定因素仍然可能带来很大的风险，例如更有竞争力的同类产品或竞争者的出现，市场销售结构的变化，市场需求的变化等。

4. 外部环境风险

项目的实施还需要外部资源的支持，受外部环境的影响。外部环境诸因素的不确定性也是项目风险的重要来源，例如税收政策、宏观经济形势、产业发展趋势、可依托的外部技术力量、外币汇率、工业协作条件以及人文社会环境等。

5. 财务风险

自动化制造系统投资项目的财务风险主要体现在以下几个方面：

（1）资金筹措方面的风险　因项目投资大，企业能否及时筹集到足够的资金，将直接影响项目的实施和效果，甚至会半途而废。

（2）还贷方面的风险　在前述的经济效果评价中，通常不考虑资金来源，虽然计算中可将支付利息作为现金流出，但本金的偿还是按整个生命周期的收益来考虑的，没有进行详细分析。为此，还需进行还贷能力的分析。

（3）经济效果评价的数据问题　虽然要求项目必须通过绝对经济效果评价才能实施，但是评价时所用的数据，大部分是采用预测、估算的办法而取得的。因此，可能存在原始数据不准确，预测时调查所取得的样本量不够，不能反映客观的变化趋势或这些数据之间的相互关系，统计方面的局限性或数学模型过于简化，不能很好反映实际情况等问题，从而使评价时用的数据与未来的客观实际不吻合，给项目的实施带来潜在的风险和不确定性。

以上各种情况都会使经济效果评价中使用的投资、成本、产量、价格等基础数据具有不确定性，可能使方案经济效果的实际值偏离预期值。因此在决策前，要充分考虑各种不确定因素，预计未来可能出现的各种情况，分析各个不确定因素对经济评价指标的影响，预测项目可能出现的风险，确定项目在经济上的可引性。

不确定性分析包括盈亏平衡分析、敏感性分析和概率分析等方法。

二、盈亏平衡分析

盈亏平衡分析也叫保本点分析，它是通过盈亏平衡点（保本点）分析项目对市场需求变化适应能力的一种方法。盈亏平衡点通常是用正常生产年份的产品产量或销售量、变动成本、固定成本、产品价格和销售税金等数据进行计算。当项目达到盈亏平衡点时，总投入成本等于销售收入，由此可得到盈亏平衡点（BEP）的计算公式

$$BEP(生产能力利用率) = \frac{年固定总成本}{年产品销售收入 - 年变动总成本 - 年销售税金} \times 100\% \tag{8-24}$$

$$BEP(产量) = \frac{年固定总成本}{单位产品价格 - 单位产品变动成本 - 单位产品销售税金} \tag{8-25}$$

或

$$BEP(产量) = 设计年产量 \times BEP(生产能力利用率) \tag{8-26}$$

$$BEP(销售收入) = 单位产品价格 \times BEP(产量) \tag{8-27}$$

$$BEP(单位产品价格) = 单位产品变动成本 + \frac{年固定总成本}{设计年产量} \tag{8-28}$$

以上计算公式用于生产成本、销售收入与产量（销售量）之间是线性关系的假设条件之下，亦称为线性盈亏平衡分析。在非线性情况下，若设 $C(X)$ 为总成本、$S(X)$ 为销售收入，则盈亏平衡点的生产能力利用率或产销量可通过解方程 $C(X) = S(X)$ 得到。

此外，还可以通过计算安全裕度 H 来了解项目投产后销售收入或产量等减少多少还不至于亏损，这种允许的减少量就是企业的抗风险能力。

$$H = \frac{Q_r - Q_o}{Q_r} \times 100\% \tag{8-29}$$

式中 Q_r 为实际或计划的产品产量（或产品销售量、生产能力利用率、销售收入等）；Q_o 为盈亏平衡点上的产品产量（或产品销售量、生产能力利用率、销售收入等）。

例如，安全裕度为20%，说明项目投产后销售收入（或产品产量）减少20%还不至于发生亏损。安全裕度越大，盈亏平衡点越低，亏损的风险就越小。

三、敏感性分析

敏感性分析是通过分析、预测项目主要因素发生变化时对经济评价指标的影响，从中找出敏感因素，并确定其影响程度。敏感性分析的一般步骤如下：

1）选择不确定因素，设定其变动范围。影响项目经济效果指标的不确定因素通常有：投资额、产（销）量、产品价格、固定成本和变动成本、建设期、项目生命周期、项目生命周期期末残值、折现率、外币汇率等。敏感性分析时只需选择其中对数据的准确性把握不大的因素或者对方案的经济效果指标影响大的因素进行分析。

2）确定分析指标。敏感性分析是在确定性经济分析的基础上进行的，一般情况下，敏感性分析的指标应与确定性经济效果评价所使用的指标相一致。当确定性经济分析中使用的指标比较多时，可选择最重要的指标进行。

3）计算各不确定因素在可能的变动范围内发生不同幅度变动所导致的方案经济效果指标的变动结果，建立起一一对应的数量关系，并用图或表的形式表示出来。

4）确定敏感因素，对方案的风险情况做出判断。

敏感性分析可分为单因素分析和多因素分析。所谓单因素敏感性分析是就单个不确定因素的变动对方案经济效果的影响所做的分析。具体做法通过例8-6说明。

例8-6 经预测，某投资方案各年现金流量如表8-3所示。由于对未来影响经济环境的

某些因素把握不大，估计投资额、经营成本和产品价格均可能在±20%的范围内变动。设折现率为12%，试分别对上述三个不确定因素作敏感性分析。

表8-3　自动化制造系统项目现金流量表　　　　　　　　（万元）

科目 \ 年份	0	1	2 ~ 10	11
投资额	15000			
销售收入			22000	22000
经营成本			15200	15200
税金			2200	2200
期末资产残值				2000
净现金流量	-15000	0	4600	4600 + 2000

解　设投资额为I，年销售收入为S，年经营成本为C，年税金为T，期末资产残值为S_v。净现值计算公式为

$$NPV = -I + (S - C - T)(P/A, 12\%, 10)(P/F, 12\%, 1) + S_v(P/F, 12\%, 11)$$

代入表8-3数据得

$$NPV = (-15000 + 4600 \times 56502 \times 0.8929 + 2000 \times 0.2875)万元 = 8.782万元$$

设投资额变动的百分比为x，其对净现值影响的计算公式为

$$NPV = -I(1 + x) + (S - C - T)(P/A, 12\%, 10)(P/F, 12\%, 1) + S_v(P/F, 12\%, 11)$$

经营成本变动的百分比为y，其对净现值影响的计算公式为

$$NPV = -I + [S - C(1 + y) - T](P/A, 12\%, 10)(P/F, 12\%, 1) + S_v(P/F, 12\%, 11)$$

设产品价格变动的百分比为z，则税金随销售收入的变化而变化，其对净现值影响的计算公式为

$$NPV = -I + [(S - T)(1 + z) - C](P/A, 12\%, 10)(P/F, 12\%, 1) + S_v(P/F, 12\%, 11)$$

对三个因素分别变动±5%、±10%、±15%、±20%作敏感性分析计算，得表8-4。

表8-4　不确定因素的变动对净现值的影响　　　　　　　　（万元）

不确定因素 \ 变动率净现值	-20%	-15%	-10%	-5%	0	+5%	+10%	+15%	+20%
投资额	11782	11032	10282	9532	8782	8032	7278	6532	5782
经营成本	24119	20285	16450	12617	8782	4948	1114	-2720	-6554
产品价格	-11196	-6201	-1207	3788	8782	13777	18772	23766	28761

作敏感性分析图，如图8-3所示。

由表8-4和图8-3可以看出，在同样的变化率下，产品价格的变动对方案净现值的影响最大，经营成本变动的影响其次，投资额变动的影响最小。

当NPV = 0时，用前面三个公式计算得

$$x = 58.5\% \quad y = 11.5\% \quad z = -8.8\%$$

由此可知，当其他因素不变时，价格下降8.8%或经营费用增加11.5%或投资额增加58.5%，方案变得不可接受。因此，对本方案来说产品价格是最敏感因素，其次是经营成

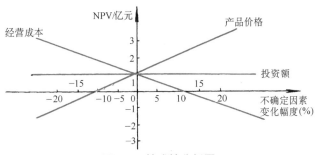

图 8-3 敏感性分析图

本。如果价格低于原来预测的 8.8% 或经营成本高于预测的 11.5% 的可能性较大，则投资风险较大。投资额不大敏感，适当增加投资风险也不大。

四、概率分析

敏感性分析只能指出项目评价指标对不确定因素的敏感程度，但不能表明不确定因素的变化对评价指标的这种影响发生可能性的大小，以及在这种可能性下对评价指标的影响程度。因此，根据投资项目特点和实际需要，有条件时还应进行概率分析。简单的概率分析可以计算项目净现值的期望值及净现值大于或等于零时的累计概率。前者表示项目净现值的最大可能取值，后者则反映了项目赢利的可能性，赢利的可能性越大，则项目的风险越小。

在现实经济活动中，影响方案经济效果的大多数因素（如投资额、成本、销售量、产品价格、项目生命周期等）都是随机变量，我们可以预测其未来可能的取值范围，估计各种取值或值域发生的概率，但不可能肯定地预知它们取什么值。投资方案的现金流量序列是由这些因素的取值所决定的，所以实际上方案的现金流量序列也是随机变量，以随机变量作为自变量的经济评价指标函数也是随机变量。期望值是描述随机变量的主要参数。

期望值可由下式计算

$$E(X) = \sum_{i=1}^{n} X_i P_i \tag{8-30}$$

式中　$E(X)$ 为随机变量 X 的数学期望值；X_i 为随机变量 X 的可能取值；P_i 为 X_i 对应的发生概率；$\sum_{i=1}^{n} P_i = 1$，即概率之和等于 1。

下面以实例说明投资项目的简单概率分析。

例 8-7　某自动化制造系统项目初期投资为 20 万元，建设期为一年。预计项目生产期年净收入每年为 5 万元、10 万元和 12.5 万元的概率分别是 0.3、0.5 和 0.2，每一种收入下的生产期为 3 年、4 年和 5 年的概率分别为 0.4、0.5 和 0.1，如折现率 $i = 10\%$，试对项目净现值的期望值进行累计概率分析。

解　以年收入 10 万元，生产期 4 年的事件为例计算事件发生的概率和净现值。

事例发生的概率　$P = P(10\,万元) \times P(4\,万元) = 0.5 \times 0.5 = 0.25$

$$\begin{aligned}
NPV &= -20 + 10(P/A, 10\%, 4)(P/F, 10\%, 1) \\
&= (-20 + 10 \times 3.1699 \times 0.9091)\,万元 \\
&= 8.82\,万元
\end{aligned}$$

其余各种情况的发生概率和净现值均可按上述方法计算，得表 8-5。

计算结果表明，在年净收入 5 万元的情况下，该项目不能达到基准投资收益水平，在年净收入 10 万元和 12.5 万元的情况下，项目有真正的净现值收益。利用表中的 NPV 及加权概率按式（8-30）可算出，考虑各种不确定因素变化的可能性，这个项目净现值的期望值为 4.12 万元。

将表中 NPV <0 时的各概率相加得

$$P(\text{NPV} < 0) = 0.12 + 0.15 + 0.03 = 0.3$$

则

$$P(\text{NPV} \geqslant 0) = 1 - P(\text{NPV} < 0) = 1 - 0.3 = 0.7$$

即净现值大于等于零的累计概率为 0.7，因此项目盈利的可能为 70%，亏损的可能为 30%。

表 8-5　发生概率和净现值

投资/万元	年净收入/万元	发生概率	生产期/年	发生概率	加权概率	NPV/万元
−20	5	0.3	3	0.4	0.12	−8.70
			4	0.5	0.15	−5.59
			5	0.1	0.03	−2.77
	10	0.5	3	0.4	0.20	2.61
			4	0.5	0.25	8.82
			5	0.1	0.05	14.46
	12.5	0.2	3	0.4	0.08	8.26
			4	0.5	0.10	16.02
			5	0.1	0.02	23.08

第六节　综合评价

自动化制造系统项目的综合评价主要用于对通过绝对经济效果检验的多个方案进行的综合比较与选优。对于单个方案而言，一方面自动化制造系统的实施总是可以带来较好的战略效益与社会效益；另一方面自动化制造系统项目投资大，又具有战略性投资的性质，要通过经济效果评价已很不容易，因此通常也可以只进行经济效果评价及风险分析。

一、评价的一般步骤

1. 确定评价内容和评价指标体系

首先应全面、深入地了解企业实施自动化制造系统的目标，企业生产经营环境及现状，项目实施的条件。根据方案的性质、范围、类型等确定评价的具体目标、内容和评价指标体系。

2. 经济效果评价

1）根据评价指标体系中的经济评价指标及方案的具体情况，选择经济效果评价的方法。

2）收集经济效果评价所需的预测表和各种计算数据。

3）计算相应的经济评价指标，做绝对经济效果检验。

4）对通过绝对经济效果检验的方案，进行比较与选择。

3. 风险分析

根据实际情况分析项目的风险，选择需进行风险分析的不确定性因素，视需要做盈亏平衡分析、敏感性分析与概率分析等。

4. 综合评价

1）选择综合评价方法。

2）制定评价标准。

3）根据各个指标的重要性程度确定指标的权重。

4）对通过绝对经济效果检验的方案进行综合评价，确定最佳方案。

5）对评价过程进行总结，提出结论性意见和改进建议，编写报告书。

在上述步骤中，战略效益和社会效益评价指标的分析评价直接在综合评价时进行。必要时也可分开进行。

二、综合评价的一般方法

综合评价的方法，一般有如下类型：

1）将各种评价结果列出，加上评价者的倾向性意见。

2）以经济指标为主，辅以定性指标。

3）用评分法进行综合评价。

4）用图来反映综合结果。

5）用费用效益分析方法，即将非货币衡量因素转化为可用货币衡量的因素，然后用经济评价指标评价或无量纲的效益费用比衡量等。

6）用多级过滤的方法。

7）用系统分析理论进行分析和优化。

8）利用层次分析法进行评价。

三、评分法

评分法是通过对各评价项目进行专家打分，汇总后对方案作出综合评价，这种方法可将不同量纲表示的指标统一用得分来比较，并将定性问题转化为定量化进行评价，该方法简单易行，是一种常用的综合评价方法。评分法的一般步骤为：

1）对每一项目达到的程度制订出若干等级，对每一等级制订一个评分标准。如果要加权考虑各项目对方案总体影响的重要程度，则同一层项目的最高得分应相同。否则可以不同，这时各项目对方案总体影响的重要程度就反映在最高得分上。

2）按照评分标准对各项目进行分析，分别进行打分。

3）经过计算和汇总，对方案加以比较选优。计算总分可用加法评分法、连乘评分法、加积混合评分法或加权加法评分法等。其中加权加法评分法使用较多，其计算公式为

$$u = \sum_{j=1}^{n} W_j u_j \qquad (j = 1, 2, \cdots, n) \qquad (8\text{-}31)$$

式中 u 为方案得分总数；W_j 为第 j 个评价项目的权重；u_j 为第 j 个评价项目得分。

评分法中的权重除了根据情况直接判断决定外，还可以采用强制确定法、比值评价法、

层次分析法等计算确定，详见有关参考文献。一般来说，评分法的权重与评分分数的划分，具有一定的主观性。

例8-8 某企业投资开发自动化制造系统，A、B、C 三个方案的内部收益率分别为12.5%、14.1%、16%（$i = 12\%$），NPV 大于等于零时的累计概率分别为75%、70%、62%，根据实际情况选择的综合评价指标体系如图8-4 所示。

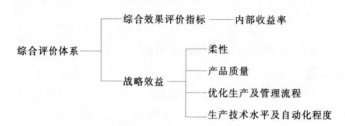

图8-4 综合评价指标体系

解 考虑风险因素，制定的评分标准如表8-6 所示。

表8-6 评分标准表

	评价指标	评分等级	评分分数
战略效益	柔性	1——高度柔性	10
		2——较高柔性	8
		3——一般	5
		4——较差	2
	产品质量	1——好	10
		2——一般	6
		3——较差	2
	优化生产及管理流程	1——好	10
		2——较好	8
		3——一般	5
		4——较差	2
	生产技术水平及自动化程度	1——国际先进水平	10
		2——国内先进水平	8
		3——国内一般水平	5
		4——不及国内一般水平	2
经济	内部收益率	1——18%以上	40
		2——16%以上	30
		3——14%以上	20
		4——12%以上	10
风险	净现值大于等于零的累计概率	1——75%以上	20
		2——70%以上	15
		3——65%以上	10
		4——60%以上	5

表8-6 中，评分分数的划分，隐含了战略效益、经济效益和风险的权重分别为40%、40%、20%。评分后得表8-7。

表 8-7 评分比较表

评 价 指 标	方案 A	方案 B	方案 C
柔性	8	5	2
产品质量	10	10	6
优化产品及管理流程	8	8	8
生产技术水平及自动化程度	8	8	5
内部收益率	10	20	30
累计概率	20	15	5
合计	64	66	56

从表 8-7 的总得分看，方案 B 得分最高，可作为首选方案。

除评分法外，实践中还常常采用层次分析法，由于篇幅所限，本书不予以介绍，感兴趣的读者可参考有关文献。

复习思考题

8-1 某项目净现金流量如下表所示：

年 份	0	1	2	3	4	5
净现金流量/元	−100000	35000	35000	35000	35000	35000

试计算静态投资回收期、净现值、净年值、内部收益率、净现值指数和动态投资回收期（$i_0 = 10\%$）。

8-2 方案 A、B 是互斥方案，其各年的现金流量如下表，试进行评价选择（$i_0 = 10\%$）。

年 份	0	1～10
方案 A 的净现金流量/万元	−200	39
方案 B 的净现金流量/万元	−100	20

8-3 对自动化制造系统项目需进行哪些方面的综合评价？各个方面评价的作用是什么？为什么说经济效果评价是综合评价的核心？

8-4 根据你所了解的情况，指出自动化制造系统的评价指标体系中哪些指标对企业的影响最大。试进一步修改和完善图 8-1 所示的综合评价指标体系。

8-5 你认为战略效益、社会效益和经济效益中哪个更重要？为什么？

8-6 为什么要进行风险分析？在经济效益很好时，是否仍需进行风险分析？

8-7 列表说明各种经济效益评价指标的特点及应用范围。

第九章

自动化制造系统的实施及实例分析

在前面各章中，我们系统地学习了自动化制造系统的设计及分析方法。在实践中，一个自动化制造系统从开始规划到投入使用，还有很多其他工作要做。任何一个自动化制造系统的实施都是个复杂的系统工程，任何一个环节出现问题，都会对其最终在生产实践中发挥应有的作用产生很大的影响。在这一章中，首先介绍自动化制造系统的实施方法及步骤，然后以一个实际自动化制造系统的实施全过程为例，简要地回顾和归纳，进一步巩固在前面几章中所学过的内容。

第一节 自动化制造系统的实施过程

自动化制造系统是个复杂的大系统，所包括的内容很多。为了确保系统的可靠及优化运行，就必须按照系统工程的技术和方法进行系统的规划、分析、设计及运行，以便得到投入最少、产出最高的效果。在规划和运行一个自动化制造系统过程中，一般要经历队伍组织、需求分析、可行性论证、初步设计、详细设计和系统实施等阶段。实施步骤的流程图如图 9-1 所示。

下面我们简单介绍一下自动化制造系统规划、设计和运行各阶段的基本内容。

1. 提出需求

首先由企业有关部门根据自身的需求向计划部门提出实施自动化制造系统的要求，此要求要用书面形式表达，说明提出该要求的原因、目的及一些初步设想。

2. 组织队伍

在项目立项后，企业应组织专业配套、熟悉业务、工作责任心强、团结协作精神好的精干班子，同时注意吸收部分企业以外的自动化制造系统方面的专家参加。组织者应在技术和行政职务方面具有较高的权威性，内部人员主要从技术部门、制造车间、质量部门、财务部门、计划部门、设备管理部门和采购部门抽调，外部专家应从学术研究机构、专业咨询公司和专业制造厂家聘请。在队伍组建完后，还应对有关人员进行相应的

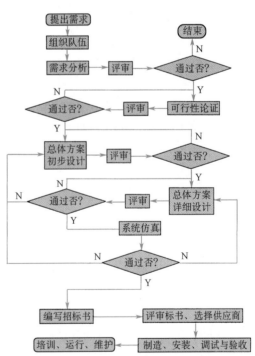

图 9-1 自动化制造系统实施步骤流程图

培训。在自动化制造系统从规划到运行过程中，需求分析、可行性论证、系统验收及系统运行应以用户为主，供应商为辅。总体方案初步设计、详细设计、安装与调试应以供应商为主，用户积极参与。当然，在系统总体设计方案确定后进行系统招标时，早期参与系统分析、设计及论证的专业制造厂家也应同其他厂家一样参加投标活动。

3. 需求分析

需求分析是自动化制造系统规划过程中最重要的内容之一。需求分析的主要目的是摸清

系统的真实需求，即是否有必要搞自动化制造系统？搞哪种类型的自动化制造系统？它的意义何在？目的是什么？需求分析做得好坏，对系统的成败影响很大。由于不认真做需求分析，就匆匆"上马"搞自动化制造系统，而最后导致失败的事例屡见不鲜。因此，应十分重视并做好需求分析工作。在做需求分析时，首先应进行认真细致的系统调研，要弄清楚企业的经营现状、目前存在的主要问题、市场环境分析及预测、竞争对手的情况、企业的资金情况、企业的发展规划等。在需求分析完成后，要撰写需求分析报告，明确回答是否有必要搞自动化制造系统，并组织专家对需求分析结果进行评审。如果需求分析的结果表明暂时没有搞自动化制造系统的需求，则不应盲目"上马"。否则会给企业带来不可估量的损失。

4. 可行性论证

在需求分析完成并确认有必要建造自动化制造系统后，就可在需求分析的基础上开始进行可行性论证。可行性论证的主要目的是确定项目在技术方面、经济性方面和生态环境等方面是否可行。可行性论证包括确定系统的功能及目标，提出系统初步技术方案，拟定工作计划，确定系统的投资概算，进行效益和风险分析等，最后撰写可行性论证报告，并提交专家评审。可行性论证应是实事求是的，切忌走过场。在可行性论证方面应特别注意的是进行切合实际的风险分析，将技术的风险、经济的风险、市场的风险都考虑在内，只有当项目的风险小于某一个概率时才是可行的。

5. 总体方案初步设计

在可行性论证获得批准后，项目便可进入总体初步设计阶段，初步设计应以自动化制造系统的研制单位为主，用户单位抽调相应的工程技术人员共同组成联合设计组来完成。

初步设计的主要工作内容如下：

1）按照成组技术的原理确定自动化制造系统加工对象的类别及范围，并确定加工制造工艺方案，包括划分工序、选择装夹原则及方式、确定刀具的种类及数量、估算工时定额等。

2）进行集成化环境下的人机一体化系统分析，划分人机界面，确定人和机器在自动化制造系统中的功能。

3）建立系统的功能模型和信息模型。功能模型确定了系统的功能及对功能进行分解的结果，信息模型描述和分析系统的信息需求，为设计数据库和选择应用软件做准备。

4）确定设备选型及配置，进行设备布局设计，确定物流系统的方案和控制系统的方案，进行计算机通信网络和数据库管理系统设计，确定系统的质量控制方式及设计系统运行监控方案。

5）进行系统配置及运行的计算机仿真及优化。

6）进行系统的可靠性分析。

在初步设计方案确定后，还应进行系统的投资预算，进行投资效益和风险分析，确定人员配置及人员培训计划，撰写初步设计报告并提交专家评审。

6. 总体方案详细设计

总体初步设计方案经专家评审通过后，即可进入详细设计阶段。参加详细设计的人员基本上以自动化制造系统的供应商为主，但用户的参与是必要的。详细设计实质上是将初步设计提出的设计方案具体化，转化成可实施的工作图、施工图和可以进行程序代码设计的软件设计方案（数据结构和算法）。详细设计包括以下主要内容：

1）完善及细化系统的功能模型。

2）完善及细化系统的信息模型，进行数据管理系统的物理设计。

3）应用软件程序框图设计。

4）硬件设备的选型及设计。

5）生产场地总体布置图设计。

6）施工设计。

在详细设计方案确定后，还应再一次计算系统的投资，撰写详细设计报告并提交专家评审。

7. 系统仿真

在系统投入实施之前，应进行系统的计算机仿真，以最后确定系统的技术可行性和经济可行性。只有在进行了系统的仿真以后，才应开始系统的实施，以避免不必要的损失。

8. 系统实施

系统实施包括以下内容：制定实施计划、编写招标书、选择供应商、设备的制造、安装与调试、系统验收、人员培训、系统的运行及维护等内容。

（1）制定实施计划　根据自动化制造系统的需求分析报告、可行性论证报告、初步设计及详细设计报告，由企业和供应商共同制定具体的实施计划，包括实施进度计划、基建计划、质量保证计划、资金筹集及投入计划、人员抽调及培训计划等。实施进度计划建议采用计划评审技术（Program Evaluation and Review Technique，PERT），这是目前大型工程项目常采用的进度控制技术。基建计划又称为环境改造计划，主要是改造、扩建或新建厂房，配置能源保证系统以及环境保护系统。质量保证计划严格规定各阶段的质量控制方案，包括质量检验方法、所使用的检验工具及应遵循的检验标准等。

（2）编写招标书　编写招标书是系统实施的重要环节，它对选择最佳供货商，减少系统投资影响很大。招标书由下列内容组成：

1）任务说明书。应说明被加工零件的类型和范围、建议零件的工艺方案、年生产纲领和生产率、期望的系统运行寿命、交货日程表等。

2）性能说明书。应规定系统的运行模式及人机功能的分配、系统的正常利用率、系统加工零件应达到的精度、系统的占地面积、系统运行时的环境保护要求、对操作者的安全要求，系统的能源需求等。

3）子系统说明书。向供货商提供选购设备所要求的特性数据，包括系统的实际能力如：功率、刀库容量、计算机内/外存容量、建议的机床类型、建议的辅助设备、建议的检验方法及设备、建议的切屑和切削液的回收和处理方式、需要的软件功能、物料及刀具储运系统的组成及布局、系统的接口要求等。

4）控制及检测系统。要求的控制功能、控制系统的操作及显示方式、刀具的管理方式、附加的控制软件、在线检测及故障诊断专用软件包、控制系统的可靠性和开放性等。

5）供货商的责任。明确规定供货商的职责范围、供货商应提交的文档资料、供货商质量保证能力的证明、供货商的业绩证明、系统的保证期及保证期内供货商的责任、易损备件的提供、保证期外系统的维修与保养、系统硬软件的升级等。

（3）评审投标书、选择供货商　在收到各供货商和系统集成商的投标书后，应成立专门的小组对投标书进行评审。评审时可采用决策矩阵表，即将需要比较的项目列出来，然后对各投标商按项目进行打分，以便于相对比较。选出最有竞争力的 3 家供货商进行现场竞标，最后选定合作伙伴并签订合作合同。

（4）设备的安装　用户应按计划做好设备安装前的准备工作，在设备到位后协助供货商进行设备安装。准备工作包括成立安装实施小组、培训工作人员、准备地基、做好安装现场内外的准备工作、准备必要的器具等。

（5）设备的调试　调试主要是供货商的责任，包括硬件精度调试和软件功能调试。按级别又分为单机调试、分系统调试和整个系统联调等。调试的主要项目是系统的起动性能调试、空运转性能调试和实际运转过程调试。调试过程中应做好记录。

（6）系统验收　验收指的是用户对调试后的系统进行的确认性验收。为此，供需双方应成立验收小组，按照合同的要求对系统进行逐项验收，并进行系统在实际情况下的切削试运转，记录并检查试运转结果，以确定系统的加工精度、生产率、可靠性等指标是否达到要求，最后给出验收结论。

（7）人员培训　系统在正式投入运行之前，必须对用户的人员进行技术培训。一般情况下，用户使用系统的人员应尽可能早地加入系统的验收与调试工作。一个自动化制造系统应包括下述人员：物料装卸工、物料搬运工、机床操作员兼质量检查员、系统负责人、软件工程师、物料管理人员和维修人员等。应对这些人员进行系统的培训，以使它们达到能够独立运行整个系统的水平。

（8）系统的运行及维护　为保证系统的正常运行，必须按照系统的设计要求提供良好的运行环境，如能源供应、物料存放与供应、毛坯的制备、严格按照操作规程操作等。保证系统正常运行的另一重要因素是系统的日常维护和定期维护，系统维修人员必须严格按照系统运行维护手册做好日常维护并做好维护记录。

第二节　自动化制造系统实例分析

本教材第一章建立了自动化制造系统的基本概念，第二章至第八章学习了自动化制造系统规划设计、分析的基本理论和方法，本章第一节又学习了自动化制造系统的实施步骤。这一节，我们以振华减速机厂的 FMS 为例，介绍一个实际的自动化制造系统的规划、设计及实施过程。

一、需求分析与可行性论证

振华减速机厂是国内生产行星摆线针轮减速机的骨干企业，国家二级企业、原机电部"机加工工艺样板厂"。工厂生产设备配套齐全，检验仪器先进，职工素质较高，技术力量雄厚。工厂的产品品种齐全，质量高，在用户中的信誉高，因此，产品的市场前景很好。但因同类型产品国内生产厂家众多，市场竞争十分激烈。工厂领导在对产品的国内外市场认真调查研究的基础上，结合企业的内外部环境，对本厂的优势和不足进行了深入的分析，制订了企业的发展规划、发展战略目标和实施战略。在分析了产品的市场需求后，预测产品的市场潜力巨大，而影响市场开拓的主要矛盾是产品的交货期不能满足用户要求，生产的柔性程度低，远不能满足市场竞争的需要。为了适应社会主义市场经济要求，建立现代企业的管理模式，进行多元化的经营销售，占领市场制高点，除不断开发高技术含量的新产品外，工厂

领导决定通过技术改造，采用先进生产技术扩大减速机生产，并希望在以下几方面努力，以增强企业的竞争实力：

1）减少专用工艺装备，提高加工柔性，缩短加工周期。

2）稳步提高产品质量，以质取胜。

3）改进生产管理模式，按成组技术原理组织单元化生产。

4）将计算机技术引入生产管理，在主生产计划指导下，安排调度计划，进行准时制（JIT）生产。

5）适应商品经济市场竞争的需要，具有快速响应市场的应变能力。

在减速机产品生产过程中，机座零件加工技术难度高，呈多品种轮番批量生产的特点。既要适应高生产率的批量生产，又要不断改型开发新品种，是减速机制造的"瓶颈"。因此，急需要提高制造柔性，采用自动化制造系统是最好的解决办法。

工厂在对自动化制造系统进行可行性论证时，分析了以下已有的基础条件：

1）领导的大力支持　随着国家高技术研究成果的不断推广和深入应用，工厂领导已将目光瞄准这一新的领域，意识到采用先进制造技术对未来企业发展的重要性。未来企业首先面临的问题便是市场问题，只有依靠合理的管理机制和科学的管理模式，借助先进的技术手段，合理集成人、财、物，才能以不变应万变，在竞争中求得生存与发展。因此，工厂领导对采用先进制造技术十分重视与支持。

2）扎实的基础工作　工厂生产的系列产品零件相似性好，标准化、系列化、通用化程度高，制造工艺有明显的相似性。工厂经过多年努力，建立了成组技术（GT）编码系统，计算机应用也有一定水平，为应用自动化制造系统新技术打下了坚实的工作基础。

3）有一定的经济实力　前几年，工厂效益较好，积累了一定的技改资金。依靠国家政策、政府支持及自筹，有足够的资金能力实施规划中的自动化制造系统。

4）有一支攻坚队伍　经过多年努力，工厂在计算机应用及技术改造方面积累了一些经验，同时培养了一批专业技术人员和一大批素质较好的职工队伍，科技攻关能力强。加上有多年产、学、研结合经验，学科交叉，技术力量互补的优势，对实施自动化制造系统的关键技术攻关是有能力的。

鉴于以上需求及可行性论证，工厂决定实施自动化制造系统，把反映机械制造最新技术之一的柔性制造技术逐步应用到减速机生产中去。用柔性制造系统替代传统加工设备，实现柔性化生产，上述需要才能得到满足，企业才能在激烈的国内外市场竞争中取胜。

二、系统建造的指导思想

1）所建系统应具有一定的先进性和自动化程度，但不追求高度的自动化。

2）以小型化、简单化和实用化为原则，以获取最大的经济效益为目标。

3）主要依靠国内科技力量，尽可能吸收成熟的国产化成果。

4）强调充分发挥人的作用，必要的工位都应有人的干预。

5）用户和设计单位密切结合，以确保系统建造质量和工程进度。

6）投资少，见效快。

7）考虑到产品的结构较为复杂，多品种、小批量轮番生产，又要便于新产品试制，快速"上马"，决定采用一定规模的FMS。

三、零件族与生产纲领的确定

1. 零件结构及规格

减速机机座规格为 3 号至 6 号共 4 种机型不同规格的零件进入 FMS 加工，零件外形尺寸为：

3 号：$230 \times 155 \times 200$（$A \times B \times C$）

4 号：$330 \times 195 \times 265$

5 号：$410 \times 240 \times 310$

6 号：$430 \times 380 \times 400$

零件材料：灰铸铁 HT200

2. 生产纲领

机座 3 ~ 6 号轮番生产，年生产纲领为 15000 台。

四、零件分析及工艺规程的确定

1. 零件加工特点分析

减速机机座（图 9-2）属于不规则的壳体类零件，结构比较复杂，需要加工的面较多，涉及所有内外表面的铣削、各种大小孔的钻、铰及攻螺纹等，工序多，工艺路线长，加工技术难度大。过去采用工序分散的机群作业方式生产，工期长，非生产时间占用多，加工质量难以保证，很不经济。采用工序集中方式在自动化制造系统中加工，既能保证加工质量，又可实现混批生产，节约辅助工时，是减速机机座制造的有效方式。

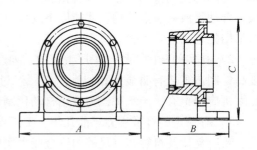

图 9-2　机座零件结构示意图

2. 工艺内容

加工面主要涉及底面、顶面、0°侧面、90°和 270°侧面、180°侧面。

加工工艺有：铣平面，钻、铣、铰、锪孔、镗孔、倒角及攻螺纹等。

3. 工件的典型加工工艺路线和平均加工工时

1）在立式加工中心以外形定位加工底面及相应孔，单位工时为 10min。

2）在卧式加工中心上以底面和两孔定位，加工四周，侧面及孔，按粗、精两道工序加工。粗精加工工序之间需在机外冷却 60min，两工序机加工时间平均 40min。

3）在卧式加工中心上以底面和两孔定位，加工顶面及螺孔，加工平均时间 9min。加工工件所需的夹具分两档，3 ~ 5 号机座工件使用一类夹具，在更换不同机座工件时，夹具需按不同机型调整，加工 6 号机座工件时，要更换另一类夹具，制造系统在线使用率为 30%。

五、人机系统分析

由设计指导思想可知，规划中的 ZH-FMS 应是一个以人为中心的适度自动化系统。人的作用主要体现在以下几方面：

1）装夹零件毛坯及存放在制品是由人工在平面仓库内进行的。操作人员在用螺栓、螺母压紧机构完成对零件毛坯及在制品装夹的同时，还要对零件毛坯质量、加工质量、装夹情况进行全面检查。

2）每一工件在系统中加工时，需使用两种夹具：即底面加工夹具和侧、顶面加工夹具。考虑到机座在立式加工中心上加工时间短，立式夹具与卧式夹具形式差别很大，为了避免在工作台面上频繁更换夹具，减少夹具数量，采用在几个工作台面上安装立式夹具加工底面，零件经第一道工序加工后回到平面仓库由人工拆卸，再安装到别的卧式夹具上供以后工序加工的方法。

3）本系统的毛坯入线，工序与工序间重新调整，成品出线，均由人工介入，需要配置好人机接口，生产调度也应考虑安排工人至合理的劳动强度和劳动量。

4）对零件精度的检测，仅在加工单元配置较简单的测量装置进行在线测量，精确的检测主要靠人工离线进行。

5）其他如切削液处理系统、切屑的清除与回收、工件清洗等也都采用人工干预的方法。

由于在自动化制造系统中融入了人的力量，使系统的可靠性增强，降低了资金的投入，为提高系统的经济效益打下坚实的基础。

六、系统组成及平面布局

（一）系统组成

ZH-FMS 按生产纲领要求、设备生产能力及企业资金情况，以全部国产化的设备和计算机软硬件来组建系统，共计：带有托盘交换器的 XH714A 立式加工中心一台，TH6350 卧式加工中心两台（配 BESK-6MCNC），无轨自动导引小车（AGV）一辆，TJ-2220 一台，IC-011 计算机两台，软件控制系统由某大学和某研究所联合研制。系统配置见图 9-3。

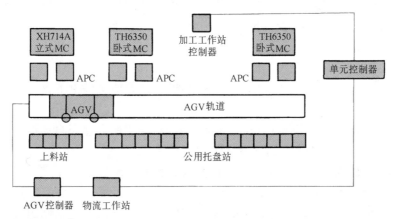

图 9-3　系统配置图

由系统配置图可看出，ZH-FMS 由以下主要部分组成：

1）加工系统。

2）物料储运系统。

3）控制系统。

4）工夹具系统。

5）加工单元检测系统等。

以下就各部分的组成与功能分别加以说明。

1. 加工系统

任务是完成零件所有工艺内容的加工。

因机座属于壳体类零件，结构比较复杂，需加工的面较多，外形尺寸较大，组成加工系统的机床宜选用加工中心，根据加工中心选择原则，结合机座零件的加工工艺要求与加工中心本身的特点，选择如下加工中心系统。

1）根据工艺路线 1 的加工内容，选用 XH714A 立式加工中心机床。

2）根据工艺路线 2 的加工内容，选用 TH6350 卧式加工中心机床。

3）根据工艺路线 3 的加工内容，选用 TH6350 卧式加工中心机床。

根据估算，加工最大规格的 6 号机座零件所占机加工时间为：

立式加工中心　　　　19min/件

卧式加工中心　　　　50min/件

加工最小规格的 3 号机座零件所占机加工时间为：

立式加工中心　　　　14min/件

卧式加工中心　　　　30min/件

若按 4 种机座工时平均计算大约为：

立式加工中心平均机加工时间　　　　15min/件

卧式加工中心平均机加工时间　　　　40min/件

一台立式加工中心 XH714A 年产 18000 件。

两台卧式加工中心 TH6350 年产 14000 件。

卧式加工中心年产量离设计纲领有 1000 件的差距。考虑到 TH6350 机床投资较大，所以不足部分以开三班工作或进一步工艺实验以采用先进刀具提高加工效率来解决。故 ZH-FMS 采用一台立式加工中心和两台卧式加工中心组成加工系统。

三台加工中心具有以下特点：

1）具有稳定加工 IT7 级精度的能力。

2）带有双交换工作台托盘自动交换装置（APC），方便工件上下料，具备进线工作的条件。

3）机床刀库容量较大：TH6350 机床配备具有 60 把刀的刀库及自动换刀装置（ATC）；XH714A 机床配备具有 16 把刀的刀库及 ATC 装置。

4）具有 RS232C 接口，可与上级管理计算机交换信息。

2. 物料储运系统

物料运储系统由一台自动导向无轨小车（AGV）和 18 个缓冲托盘站组成，其中左边的四个缓冲托盘站专门用作装卸站（参见图 9-5，系统平面布局），AGV 只担负工件的运输。物料、托盘及托盘储存在平面仓库内。工件用夹具安装到托盘上后经物流自动输送小车搬运至加工中心。机床加工完毕的工件也由搬运车送至仓库。由于工件加工所需刀具品种有限，加工中心刀库容量可以满足生产用刀具需要，刀具管理的需求较简单，故不设刀具储运系统。

3. 控制系统

整个 ZH-FMS 的控制部分由单元控制器、工作站控制器和底层设备控制器三级递阶单元控制系统组成。单元控制器与底层设备之间通过工作站控制器相连接，加工工作站和物流工作站分别由一台工业型微型计算机 IC-011 担任。在单元控制器与工作站控制器之间和工作站控制器与底层设备之间都是经过 RS232C 接口实现点对点的通信。自动导向小车（AGV）的控制器选用 STD 总线机，机床 CNC 控制器是 BESK-6M 系统，另外加接由 STD 总线机组成的 DNC 接口。整个单元控制系统的硬件构成如图 9-4 所示。

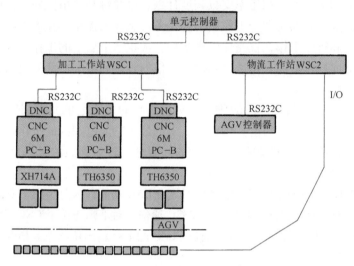

图 9-4　ZH-FMS 单元控制系统的构成

（1）单元控制器

硬件环境：

1）TJ2220 计算机（相当于 MicroVAX II）内存 9MB，硬盘 86MB，软盘 400KB×2

2）主控台西文终端　1 台

3）用户中西文终端　1 台

4）彩色图形终端　1 台

5）打印机（AR3240）1 台

软件环境：

1）CVMS4.4 操作系统。

2）C 语言编辑软件。

3）GKS 图形软件。

（2）工作站控制器

选用工业微型计算机 IC-011。该计算机相当于 IBM5531 档次。

基本配置为：

1）IC-011 主机：CPU8088 II，工业键盘、内存 640KB、硬盘 20MB。

2）工业型彩色显示器（IBM7534）。

3）DOS3.30 操作系统、C 编译器。

4）用于物流工作站的控制器加配：RS232C 两个信道；40 点输入/40 点输出的开关量

插件。

5）用于加工工作站的控制器加配：SECOM2/44 路智能通信插件。

（3）设备控制器

1）DNC 接口用于 STD 总线计算机搭配。

2）AGV 控制器采用 STD 总线计算机。

3）机床控制器为 BESK-6M 内存 PC-B。

本系统以单元控制器为系统管理核心。根据制造单元的资源，接受车间输入的生产任务，以交货期指标和最大设备利用率安排调度计划，以关键制造单元满负荷的目标为动态调度的依据，分别向加工和物流两个工作站下达任务。工作站控制器在本系统中的功能作了简化，本身不做调度和排序工作，仅完成生产指令，承担承上启下的工作。简化后的工作站级控制器主要承担面向操作员的人机接口和对下通信的管理和适配，此外也对下一级有一定的控制和信息采集功能。

由于本 FMS 仅是研制目标产品的雏形，其主要目的是验证单元控制器的初步成果，所以在形成系统的其他环节中，目前只做针对需求的最小功能范围内的工作。工作站控制器采用 PC/XT 级工业微机，在扩充功能上有较大的局限性，较为理想的设备是 AT 级工业微机，采用 XENIX 操作系统。

设备控制级的加工中心机床所用的 CNC 不具有 DNC 功能，为此组织了 DNC 研制组，采用总线计算机结构，编制通信软件，对上以 RS232C 通信，对下则连接了 CNC 的接口，传送加工程序、刀具补偿值、工件坐标系等文件，通过 PC-B 的 I/O 输出位状态和指令信号。

4. 工夹具系统

（1）夹具　根据机座尺寸大小将夹具分成两大类：第一类夹具适用于 3 号、4 号机座；第二类夹具适用于 5 号、6 号机座。

由于零件有六个加工面，必然要分两次装夹，倒换工艺基准才能完成全部加工内容，因此，每类夹具中又分为立式和卧式两种。

每类夹具都按成组技术以组合模块构成。成组夹具的基础底板和交换工作台面合一。为简化结构，降低成本，装夹零件毛坯及在制品均采用人工在平面仓库内进行。作为随行夹具还适应运输小车的搬运要求，能随托盘一起拉出或推入机床或托盘缓冲站，在机床上定位误差 <0.02mm。

（2）刀具　工艺实验表明，对典型零件 5 号机座各面加工所需刀具如表 9-1 所示（在单刀单刃条件下）。

表 9-1　加工中所需的刀具

加　工　面	数量/把	刀柄型号
底面	5	BT45
四周面	28	BT50
顶面	8	BT45

考虑到各部分刀具在系统中对多种机座可重复使用以及留有余地和发展新产品的储备情况，配置如下：

1）通用数控机床刀柄 BT45　40 套。

2）通用数控机床刀柄 BT50　140 套。

3）配置多刀多刃复合刀具 10～20 套，以提高加工效率。

5. 加工单元检测系统

因投资强度所限，只在每个加工单元中配置一套自动测量装置，采用三向接触传感器对所加工的工件进行工件装夹定位检测、零件关键加工尺寸精度检测及零件毛坯余量检测等。

（二）系统平面布局

由以上系统组成部分构成的 ZH-FMS 平面布局如图 9-5 所示。

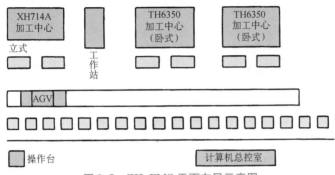

图 9-5　ZH-FMS 平面布局示意图

七、单元计划调度系统软件

为强调重点，并有利于说明问题，下面对单元控制器的讨论仅局限于对零件流动过程的管理问题。

1. ZH-FMS 单元生产计划调度系统的功能模型

该系统采用如图 9-6 所示的计划调度体系。将 ZH-FMS 中对零件的管理分为三个阶段（层次），即初始作业分配、静态调度和动态调度，它们的具体功能如下。

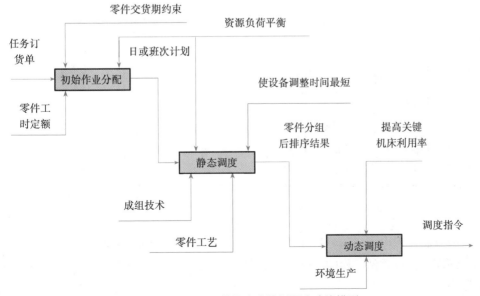

图 9-6　ZH-FMS 单元生产计划调度功能模型

（1）初始作业分配功能

1）任务订单的输入。

2）单元生产作业日或班次计划的制订。

3）对工时定额的维护调整。

（2）静态调度

1）零件的最优分组。

2）系统负荷的最优排序。

（3）动态调度功能

1）零件的实时动态排序。

2）系统资源的实时调度与控制。

2. ZH-FMS 单元控制系统软件结构

ZH-FMS 单元控制系统的软件模块结构如图 9-7 所示。

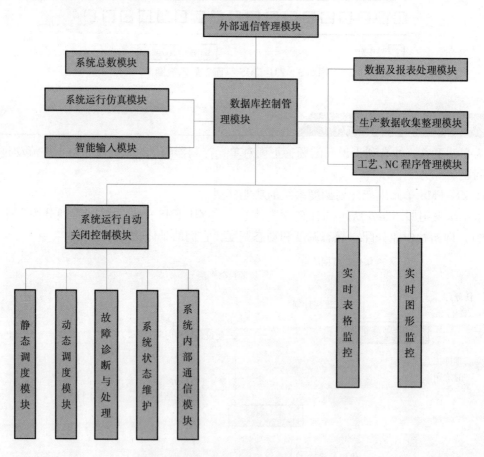

图 9-7 ZH-FMS 单元控制软件构成

在系统研制过程中，还需根据软件工程方法将图 9-7 所示软件模块进一步细化，即进行系统的详细设计。按软件工程的要求，详细设计必须进行到可具体编写单元控制系统的各个具体程序为止。

3. 运行过程

上述 ZH-FMS 软件系统运行过程是：系统管理员输入单元生产任务订单后，系统首先对订单进行合法性验证，然后由任务输入决策支持子系统对输入的任务订单进行初始作业分配，分配的结果由一系列仿真指标进行评价，这些指标包括：机床利用率、刀具更换次数、每天投入生产零件数和输出的产品数、毛坯的节余数量等。如初始作业分配仿真结果满意，就输出日或班次作业计划到静态调度子系统，否则进入调整流程，调整方式包括参数调整、自动分配和表格调整三种方式。

试运行结果表明：正确合理地安排 FMS 的生产任务，对提高系统的生产能力，预先估计计货任务完成情况等效果十分显著，通过初始作业分配以后的任务除能保证订单交货期以外，关键机床的利用率一般都保持在 90% 以上。

八、实施要点

1. 总体设计

根据第四章介绍的可行性论证内容及总体设计要求，在总体设计阶段进行以下工作：

1) 可行性分析、论证。

2) 工艺方案试切削实验。

3) FMS 工艺流程确定。

4) 总体方案设计。

5) 系统各部分主要软硬件的配置确定。

6) 全线平面布置图。

2. 加工单元的配置

1) 根据总体要求，单机的进线、改造设计进行以下工作：

①单机工作可靠性提高的改进设计；②立式、卧式机床交换工作台的通用性设计；③机床数控系统与机床管理工作站的接口及连接要求；④加工中心的 APC 装置与物流搬运车工作台面的机械改进设计及控制操作改进设计；⑤加工中心根据系统要求的各种运行方式实现的改进设计及控制操作改进设计。

2) 两台卧式加工中心和一台立式加工中心的功能选择、附件确定及订货制造。

3. 工艺编程序软件及工夹具系统的研制

1) 机座零件在普通加工中心机床上做全面试切工艺实验，实验零件在 MC 机床上加工的工艺特点、工夹具要求、生产节拍效率，探讨应用复合刀具、高效刀具的可能性。

2) 成组夹具、成组工艺的研究、设计和制造。

3) 复合刀具、特殊高效刀具的研制和订货。

4) 成组零件加工宏程序的研究和开发。

5) 零件测量宏程序的研究和开发。

6) 零件全部加工程序的汇编及试切削。

7) ZH-FMS 系统中刀具、夹具型谱的建立。

4. 物流系统的研制

1) 物流系统总体方案设计。

2) 自动运输小车的选择、订货及改进设计。

3）平面仓库构思及工程设计建造。

4）物流管理工作站与平面布置图设计及施工要点的提出。

5. 控制系统的开发研制

1）中央管理系统的硬件配置和功能软件开发。

2）机床管理工作站的研制。

3）物流管理工作站的研制。

4）全系统控制信息网络配线图设计。

6. 系统配套设施、土建施工及在用户单位的实施

由用户单位完成系统安装调试前的一切准备性工作，如水电气等能源供给系统的施工、厂房的准备、地基的准备、起重设备及其他安装调试设备的准备及试切零件毛坯的准备等。

7. 人员培训计划的制订与实施

FMS技术是在数控加工应用技术上的深入和提高，ZH-FMS系统投入正常使用的先决条件是必须有一个训练有素的操作、维护技术队伍。在我国目前状况下，高技术素质的人员培训，必须作为成套技术中不可分割的部分来对待，否则系统将很难在用户单位得到长期使用。

（1）对甲方单位操作人员的技术培训

1）参加CNC机床技术培训班。

2）在乙方现场安排的对应加工中心机床上生产实习1~2个月。

3）参加FMS系统操作培训班。

4）参加机床零件程序编制和试切工作。

5）参加系统总调试全过程。

6）在甲方场地试生产运行中逐步独立操作使用本系统。

（2）对甲方维修人员的技术培训

1）参加单机维修技术培训班。

2）参加FMS系统维修培训班。

3）参加系统在乙方场地总装、调试，参加在甲方场地总装、调试及试生产全过程。

4）在甲方场地试生产过程中开始独立工作。

8. 系统总调试要点

（1）在乙方场地第一阶段总装、调试　在乙方场地用半年时间对构成本系统的八个部分完成联调工作。要求达到：

1）验证系统各部分所有功能。

2）完成全部进线零件试切工作，加工程序、宏程序齐全。

3）系统软硬件齐全、工夹具齐全、技术资料齐全。

4）全系统满负荷自动运行（切削加工），两班制（每天15h以上）四天正常，无意外故障，生产节拍符合设计要求，零件精度合格。

（2）在甲方场地第二阶段安装、调试（三个月），要求达到：

1）全系统性能、功能恢复正常。

2）全系统自动运行加工两种机座，两班制累计40h无意外，加工精度合格、生产节拍符合设计要求。

3）实验系统中安全保护措施齐全。

4）甲方为主，乙方配合完成系统交接验收工作。

（3）在甲方场地试生产运行（两个月） 系统验收后，由甲方组织好生产准备，提供充足加工毛坯，以甲方人员为主，操作系统试生产两个月，乙方提供全面技术服务。

（4）保修及售后服务 ZH-FMS 系统验收投产后保修期一年，软硬件齐全、保修期后乙方继续提供有偿服务。

九、效益分析

ZH-FMS 在研制完成后，通过了原国家机电部组织的鉴定。ZH-FMS 的实施，产生了明显的经济效益和社会效益。具体情况如下：

1）可实现车间—单元—工作站—设备生产计划的逐级分解、下达和计划执行情况的逐级数据采集统计和反馈。

2）能自动生成合理可行的生产作业计划，缩短了计划编制时间；可实现零星急件的插入与计划的动态调整；实现了生产现场的准确跟踪，大大减轻了生产统计和做报表的工作量。

3）减少了停工待料现象，使刀具、物料、工装到位准确率有极大提高。

4）生产效率大为提高，零件生产周期显著缩短，减少了车间在制品；稳定提高了产品质量。

5）缩短了新产品试制时间，提高了市场应变能力。

6）提高了车间生产技术和管理水平，培养了一批掌握高技术的高素质人才。

7）该系统是我国科技人员自行设计和开发的第一条全部国产化的 FMS，为我国在自动化制造系统研究方面积累了宝贵的经验，锻炼造就了一支从事自动化制造系统研究与开发的科技队伍。

复习思考题

9-1 试着不看书，做出自动化制造系统实施步骤流程图。

9-2 为什么要进行需求分析？需求分析的主要内容是什么？

9-3 总体方案设计主要包括哪些工作内容？

9-4 总体方案初步设计与详细设计从内容上有哪些区别？

9-5 系统的实施包括哪些步骤？

第十章

先进生产模式与自动化制造系统的发展趋势

先进生产模式（技术）指的是国际上于 20 世纪 80 年代以来提出并得到广泛重视的新型生产模式和制造技术，这些生产模式和技术注重管理体制的革新，注意充分发挥人的作用，特别强调计算机技术的应用。这些新生产模式和技术包括计算机集成制造系统、精益生产、敏捷制造、智能制造系统、网络化制造、可重构制造系统、快速原型制造技术和低碳制造等。先进生产模式下的自动化制造系统具有很多区别于常规制造系统的特点。本章首先介绍上述八种先进制造模式和技术，然后归纳总结自动化制造系统的发展趋势。

第一节　计算机集成制造系统 CIMS

一、CIMS 的基本概念

自从 20 世纪 60 年代以来，计算机和数字控制技术在制造企业中得到了广泛的应用。早期的计算机应用是从设计、制造、管理等领域各自独立发展起来的，等它们发展到一定程度后，却形成一个个相互独立的"自动化孤岛"。虽然能取得孤岛的局部效益，但孤岛之间的相互通信和数据交换却很难进行，难于达到信息集成和整体最优的目的。于是，人们开始寻找实现信息集成的技术和方法。在这种背景下，美国人约瑟夫·哈林顿博士于 1974 年在《计算机集成制造》一书中提出计算机集成制造（Computer Integrated Manufacturing，CIM）的概念。提出通过采用系统工程技术进行企业计算机应用的整体规划，以实现全企业各种信息的有机集成。哈林顿提出 CIM 概念是基于以下两个基本观点：

1）企业的各个生产环节，即从市场调研、产品规划、产品设计、加工制造、经营管理到售后服务的全部生产活动都是一个不可分割的整体，需要统一考虑。

2）整个制造过程实质上是个信息采集、传递及加工处理的过程。

这两个观点至今仍然是 CIM 的核心内容。

计算机集成制造系统 CIMS 和 CIM 是两个既相互联系又相互区别的概念。人们认为，CIM 是一种组织、管理及运行企业生产的新理论，其宗旨是提高企业产品的质量、降低生产成本、缩短上市时间，从而使企业赢得激烈的市场竞争。CIMS 是基于 CIM 原理而组成的实际系统，它是 CIM 哲理的具体体现。

虽然计算机集成制造系统这个术语早已得到人们的公认，但至今还没有一个为大家普遍认可的定义。考虑到 CIMS 技术的发展，我们给 CIMS 下的定义是：

CIMS 是以系统工程理论为指导，强调信息集成和适度自动化，以过程重组和机构精简为手段，在企业信息系统的支持下，将制造企业的全部要素（人、技术、设备、经营管理）和全部经营活动集成为一个有机的整体，实现以人为中心的柔性化生产，使企业在新产品开发、产品质量、产品成本、相关服务、交货期和环境保护等方面均取得整体最佳的效果。

二、CIMS 的组成和功能

一般情况下，CIMS 由四个应用分系统和两个支撑分系统组成，如图 10-1 所示。用户需求和市场信息进入管理信息分系统（Management Information System，MIS），经过决策确定产品策略和产品设计要求。产品设计要求（以产品设计任务书的形式表达）经网络送给技术信息分系统（Technological Information System，TIS），TIS分系统进行产品设计、工艺设计和生产准备，并产生数控代码，经网络分系统将有关信息送给制造自动化分系统（Manufacturing Automation System，MAS）。MAS分系统接受原材料、能源、外协件、配套件和外购标准件，经加工和装配形成市场需要的产品，并投放市场。在整个过程中，质量信息分系统（Quality Information System，QIS）收集质量信息并加以分析，根据分析结果控制设计和制造质量。为了有效地存储和管理数据并实现信息的传递和共享，两个支撑分系统即网络分系统（Network System，NES）和数据库分系统（Date Base System，DBS）是必不可少的。

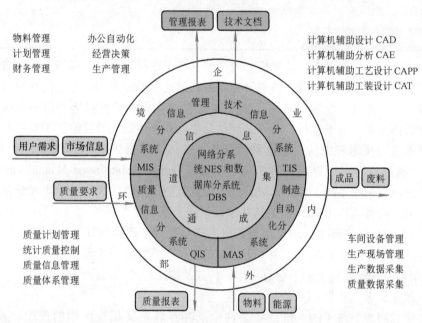

图 10-1　计算机集成制造系统的组成

下面简单介绍一下 CIMS 各分系统的主要功能。

1. 管理信息分系统 MIS

MIS 接受用户信息和市场需求，在企业运行过程中收集、整理及分析各种管理数据，向企业和组织的管理人员提供所需要的各种管理及决策信息，必要时还可以提供智能决策支持。管理信息分系统实现办公自动化、物料管理、经营管理、生产管理、销售管理、人力资源管理、成本管理、计划管理和财务管理等功能，它的核心是制造资源计划（Manufacturing Resources Planning，MRPII）或企业资源计划（Enterprise Resources Planning，ERP）。事实上，ERP 系统可以实现 MIS 的所有功能。

2. 技术信息分系统 TIS

根据 MIS 分系统下达的产品设计要求进行产品的研发、技术设计、工艺设计和工装设计，包括必要的工程分析、优化和绘图，通过工程数据库和产品数据管理 PDM 实现企业内外部的信息集成。TIS 分系统的核心是所谓 CAD/CAE/CAPP/CAM 的 4C 一体化，实施的难点是产品数据管理系统 PDM（或产品生命周期管理 PLM）。此外。数字样机技术已成为技术信息分系统的核心技术。

3. 制造自动化分系统 MAS

它是 CIMS 中信息流与物流的结合点，是 CIMS 最终产生经济效益的所在。它接受能源、原材料、配套件和技术信息作为输入，完成加工和装配，最后输出合格的产品。提起 MAS，人们很自然地会想到柔性制造系统 FMS，但这往往是很不全面的。由于 FMS 系统投资大，系统结构复杂，对用户的要求高、投资见效慢，所以是否选择自动化程度较高的 FMS 应根据企业的具体情况而定。目前人们更强调投资规模小的 DNC 系统和柔性制造单元 FMC，强调以人为中心的、普通机床和数控机床共存的适度自动化制造系统。

4. 质量信息分系统 QIS

在一个产品的生命周期中，从市场调研、产品规划、产品设计、工艺准备、材料采购、加工制造、检验、包装、发运到售后服务，都存在很多质量活动，产生大量的质量信息，这些质量信息在各阶段内部和各阶段之间都有信息传送和反馈。全面质量管理要求整个企业从最高层决策者，到第一线生产工人，都应参加到质量管理和控制中。因此，企业内部各个部门之间也有大量的质量信息需要交换。上述每个质量活动都会对其他活动产生影响。所以，应从系统工程学的观点去分析所有活动和信息，使全部质量活动构成一个有机的整体，质量系统才能有效地发挥效能。集成质量信息系统的功能包括质量计划管理、统计质量控制、质量信息管理、质量体系管理、质量评价与追踪等功能。在计算机技术深入渗透到企业管理的今天，基于信息技术的 e - 质量管理系统正在得到越来越广泛的应用。

5. 计算机网络分系统 NES

在网络硬、软件的支持下，实现各个工作站之间，各个分系统之间的相互通信，以实现信息的共享和集成。在数据库分系统的配合下，计算机网络分系统应做到所谓的 4R（Right），即在正确的时间，将正确的信息，以正确的方式，传递给正确的对象。随着智能制造技术的发展和应用，计算机网络正在向"物联网"的方向发展。

6. 数据库分系统 DBS

用来存储和管理企业生产经营活动中的各种信息和数据，要保证数据存储的准确一致性、及时性、安全性、完整性，以及使用和维护的方便性。集成的核心是信息共享，对信息共享的最基本要求是数据存储及使用格式的一致性。

在 CIM 概念提出 40 多年后，随着技术的发展，人们对 CIM 又赋予很多新内容，例如电子商务、供应链管理、用户关系管理等，这些概念还在进一步发展中。

三、CIMS 环境下自动化制造系统的信息流

自动化制造系统中本身有大量的信息在流动，它与 CIMS 的其他分系统也有大量的信息交换，如图 10-2 所示。这些信息包括质量信息、系统运行状态信息、物资需求及供应信息、生产计划信息、作业调度信息、生产统计信息等。这些信息的存储和流动是通过数据库和网络分系统实现的。

四、CIMS 环境下自动化制造系统的特点

CIMS 的核心是集成，因此，CIMS 环境下自动化制造系统的主要特点也是"集成化"，

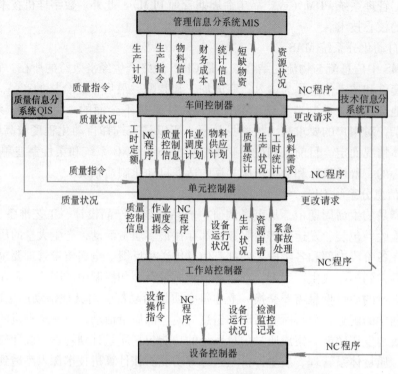

图 10-2　CIMS 环境下自动化制造系统的信息流

即要求自动化制造系统的内外部都是集成的。内部集成意味着自动化制造系统本身各组成部分之间应该通过控制系统实现集成，包括设备的集成、物流的集成、人和系统的集成、软件和硬件的集成等。外部集成则意味着自动化制造系统与企业管理系统和技术系统的集成，也包括与企业外部的集成。除此之外，自动化制造系统还特别强调发挥人的作用，要更多地采用 DNC 系统结构和 FMC 设备，以免造成投资过大。

第二节　精益生产 LP

一、精益生产的基本概念

从 20 世纪 70 年代开始，日本经济迅速崛起，日本产品依靠高质量、低价格、品种多、性能优越等优势势不可挡地进入世界市场，欧美市场面临着严峻考验！为了探索日本经济腾飞的秘密，1985 年美国麻省理工学院（MIT）启动了一个具有历史意义的研究计划——国际汽车研究计划。整个计划耗资 500 万美元，历时 5 年，116 名研究人员中包括各方面的专家。他们走访了世界各地的近 100 家汽车制造企业，获得大量的第一手资料，经分析提出精益生产（Lean Production，LP）的概念，并得出一个重要结论：日本经济腾飞在很大程度上与其创造的新生产方式——精益生产有密切关系。研究人员认为，大量流水线的生产方式是旧时代工业化的象征，而精益生产则是新时代工业化的标志。人们还认为，精益生产方式不仅对制造业甚至还会对人类社会发展产生巨大而深远的影响。1990 年，这个计划的三名主要负责人共同出版一本书《改变世界的机器》（The Machine That Changed The World）。在这本书中，他们对起源于日本丰田公司的精益生产模式进行了全面而详尽的论述，认为制造业正在由大规模生产方式（Mass Production）向精益生产方式转变，人们应该充分意识到这一点，尽快使自己适应这种转变，否则就会被历史淘汰。

精益生产方式在日本被称为丰田生产方式（TOYOTA Production System：TPS），它被认为是日本人打败欧美国家的"秘密武器"。因此，精益生产的概念一经提出，立即在全世界掀起一股研究和推广其应用的热潮。人们普遍认为，精益生产的基本原理和方法对各种企业都适用，不仅花钱少，而且见效快。

在《改变世界的机器》得到巨大反响后，该书的作者们于 1996 年又出版了一本新书《精益思想》，后来又有人提出精益管理、精益供应链和精益企业等概念。

二、精益生产的定义和特点

我们给精益生产如下的定义：

精益生产是贯彻以人为中心的思想，通过系统结构、人员组织、运行方式、产品结构和市场供求等多方面的变革，精简掉生产过程中一切无用、多余的东西，使生产系统能很快适应用户需求的不断变化，并能使包括市场供销在内的生产各方面最终达到最好的结果。

可从五个方面论述精益生产的特征。这五个方面是：工厂组织、产品设计、供货环节、顾客和企业管理。归纳起来，精益生产的主要特征为：对外以用户为上帝，对内以人为中心，在组织机构上以精简为手段，在工作方法上采用小组化工作方式和并行设计，在供货方面采用准时供货制（Just-In-Time，JIT）方式，在最终目标方面为零缺陷。

（1）以用户为上帝　产品面向用户，与用户保持密切联系，将用户纳入产品开发过程，以多变的产品、良好的服务、尽可能短的交货期来满足用户的需求，真正体现用户是"上帝"的目标。企业不仅要向用户提供周到的服务，而且要洞悉用户的思想和要求，只有这样才能生产出适销对路的产品。产品的适销性、适宜的价格、优良的品质、快捷的交货、优质的服务都是面向用户的基本内容。

（2）以人为中心　人是企业一切活动的主体，应以人为中心，大力推行独立自主的小组化工作方式。充分发挥一线职工的积极性和创造性，使他们积极为改进产品的质量献计献策，使一线工人真正成为零缺陷生产的主力军。为此，企业应经常对职工进行爱厂如家的教育，并从制度上保证职工的利益与企业的利益挂钩。应下放部分权力，使人人有权力、有责任、有义务随时解决碰到的问题。还要满足人们学习新知识和实现自我价值的愿望，形成独特的、具有竞争意识的企业文化。

（3）以精简为手段　在组织机构方面实行精简化，去掉一切多余的环节和人员。实现纵向减少层次，横向打破部门壁垒，将层次细分工，将宝塔式的管理模式转化为分布式平行网络型的管理结构。在生产过程中，采用先进的柔性加工设备，减少非直接生产工人的数量，使每个工人都真正对产品实现增值。另外，采用 JIT 方式供货和看板方式管理物流，大幅度减少库存量甚至实现零库存，也减少了库存管理人员、设备、场所和各种浪费。此外，精简不仅仅是指减少生产过程的一切多余环节，还包括减少生产过程及产品的复杂性，在减少产品复杂性的同时，提供多样化的产品。

（4）协同工作和并行设计　精益生产强调采用协同工作方式进行产品的并行设计。综合工作组（Team Work）是指由企业各部门专业人员组成的多功能设计组，对产品的开发和生产具有很强的指导和集成能力。综合工作组全面负责一个产品型号的开发和生产，包括产品设计、工艺设计、编制预算、材料购置、生产准备及投产等工作，并根据实际情况调整原有的设计和计划。综合工作组是企业集成各方面人才的一种组织形式。

（5）JIT 供货方式　JIT 工作方式可以保证最小的库存量和最少在制品数。为了实现这种供货方式，应与供货商建立起良好的合作关系，相互信任，相互支持，利益共沾。

（6）零缺陷工作目标　精益生产所追求的目标不是尽可能好一些，而是零缺陷。即最低的成本、最好的质量、无废品、零库存与产品的多样性。当然，这样的境界只是一种理想境界，但应无止境地去追求这一目标，才会使企业永远保持进步，永远走在他人的前面。

如果把精益生产体系看作一幢大厦，它的基础就是在计算机网络支持下的、以小组方式工作的并行工作方式。在此基础上的五根支柱就是：

1）全面质量管理 TQM，它是保证产品质量，达到零缺陷目标的主要方法。

2）准时生产和零库存，它是缩短生产周期和降低生产成本的主要方法。

3）柔性成组技术 GT，这是实现多品种、按顾客订单组织生产、扩大批量、降低成本的技术基础。

4）以企业重组（Business Process Reengineering，BPR）作为精简的手段，简化掉一切无用环节。

5）以人为中心，充分发挥人的主观能动性。

这幢大厦的屋顶就是精益生产体系，如图 10-3 所示。

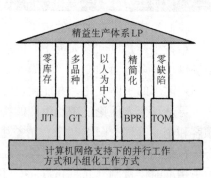

图 10-3　精益生产的体系结构

三、精益生产模式下自动化制造系统的特点

为了满足精益生产的要求，自动化制造系统应该具备以下特点：

1）系统具有足够的柔性，能够适应产品的改变，以数控设备为主。

2）生产线的结构和布局要便于实现一人多机的操作，多以 U 型布局为主。

3）生产系统应该具有自动防错功能，如果出现异常现象，系统能够自动停机。

4）最优化的人机功能分配，减轻工人的劳动强度。

第三节　敏捷制造 AM

一、敏捷制造的基本概念

美国为了夺回被日本、西欧和世界新兴经济体国家所占领的市场，巩固其在世界经济中的霸主地位，重振经济雄风，把希望寄托在 21 世纪的制造业上。为此，1991 年在国防部的资助下，美国里海（Lehigh University）大学组织了百余家公司，耗资 50 万美元，花费 7500

人时，在分析研究了 400 多篇优秀科技报告后，于 1994 年底正式发表了著名的研究报告——《21 世纪制造企业战略》。正是在这份报告中，作者们明确提出敏捷制造（Agile Manufacturing，AM）的新概念。该报告向人们描绘了在当时已经开始出现的敏捷制造企业的未来全景画面。提出在 2006 年以前，依靠敏捷制造重新夺回美国制造业的优势，使美国制造业在世界上始终处于领先地位（这一目标到 2005 年已基本实现）。

敏捷制造概念的提出者认为：在影响市场竞争力的诸要素（交货期 T、产品质量 Q、价格 C、服务质量 S，即所谓的 TQCS）中，未来竞争的焦点将集中在缩短产品的交货期上（Time To Market）。在 21 世纪，谁能够在尽可能短的时间内向市场推出适销对路、高质量的产品，谁就能在激烈的市场竞争中站稳脚跟，并获取尽可能大的利润。

未来市场是动态多变的，是不可预知的，顾客的需求是多种多样的，他们追求的是产品的个性，这就决定了未来制造企业的主导生产模式应是多品种，中小批量，甚至是单件化生产，就是所谓的批量定制生产模式（Mass-customization）。这种生产模式进一步加剧了制造企业响应市场变化的难度。因此，提高生产系统的敏捷性就成为制造企业赢得市场竞争的关键因素，这就是敏捷制造概念提出的根本原因。

敏捷制造的概念一经提出，立即在世界各国引起强烈反响，大多数人都认为，敏捷制造将成为 21 世纪占主导地位的制造业模式。目前，敏捷制造仍然是学术界和制造业研究的重点。

那么，什么叫敏捷制造？我们可以认为，敏捷制造指的是制造企业能够把握市场机遇，及时动态地重组生产系统，在最短的时间内（与其他企业相比）向市场推出有利可图的、用户认可的、高质量的产品。一句话，敏捷制造企业的一切活动都是围绕着"快"和"好"这两个字进行的，要求企业具有很强的自适应能力。

这里的敏捷性有两个方面的含义：企业的生产系统能够快速重组以适应市场需求的动态变化；重组后的生产系统能够在极短的时间内恢复到正常生产状态。

二、敏捷制造企业的主要特征

敏捷制造企业具有许多传统企业所不具备的特征。下面分别从组织和管理方面、技术方面、产品方面、员工素质方面、工作环境方面和社会环境方面列出敏捷制造企业应具备的主要特征：

1. 敏捷制造企业的组织和管理系统

（1）柔性可重构的模块化的组织机构 意味着企业的组织结构能够快速改变，以适应市场需求的变化。

（2）采用并行工作方式的多功能工作组 这是敏捷制造企业内部主要的工作方式。

（3）适当地下放权利 通过下放权利使得企业的工作人员都要为企业的发展承担相应的权利和义务。

（4）十分简化的组织机构和很少的管理层次 意味着要以平面网状化的管理取代传统的金字塔式的管理。

（5）动态多方合作 意味着企业要借助计算机网络沿着供应链组建网络型企业或虚拟企业，优化利用各成员企业的资源，抓住市场的各种机遇，实现供应链企业的共赢。

（6）具有远见卓识的领导群体 意味着企业的领导群体要具有很高的素质，能够把握企业发展的方向，并实现基于事实的决策。

（7）管理、技术和人的集成　利用 CIMS 技术实现企业管理模式和各种信息的集成化。

2. 敏捷制造企业的技术系统

（1）先进的设计制造技术　利用计算机支持产品的设计和制造。

（2）产品设计的一次成功　利用计算机建模和仿真技术确保产品的设计一次成功。

（3）柔性模块化的技术装备　为了适应市场的动态多变，敏捷制造企业的技术装备应该是模块化的，能够根据产品对制造设备和系统进行动态重组。

（4）公开的信息资源　信息是企业最重要的资源之一，敏捷制造企业的信息系统要能够为员工提供所有必需的信息。

（5）开放的体系结构　企业的一切结构都是开放的，可以很方便地进行增减和重新组合，组织结构能够实现即插即用的目标。

（6）先进的通信系统　敏捷制造企业要多方接受信息，要与供应链企业组建动态联盟，因此企业要拥有先进的通信系统。

（7）清洁的生产技术　敏捷制造企业应该是环保型企业，要最大限度地利用资源，减少企业生产过程产生的污染。

3. 敏捷制造企业的产品

（1）技术先进、功能实用无冗余　敏捷制造企业的产品要满足用户的功能需求，技术上要先进，要有较高的智能化水平，但产品尽量不要有冗余功能，以降低成本，提高可靠性。

（2）产品终生质量保证　敏捷制造企业要对产品提供生命周期内的质量保证，特别是使用过程中的质量保证。

（3）模块化设计　敏捷制造企业的产品应该是模块化的，一方面便于组织生产，提高生产批量；另一方面可以最快的速度向用户提供产品。

（4）绿色产品　敏捷制造企业的产品在其生命周期内应该是绿色的，即在产品的生命周期中要节省能源、优化利用资源、减少对环境的污染，对生产者和使用者提供最大限度的安全保障。

4. 敏捷制造企业的员工

（1）高素质的雇员　敏捷制造企业的内外部环境均比较复杂，要求员工一专多能，能够适应多种工作环境。

（2）尊重雇员　敏捷制造企业强调人本管理，要求将雇员作为企业的主人来对待，在充分尊重员工的前提下充分发挥他们的作用。

（3）员工的继续教育　敏捷制造理念特别强调对员工的继续教育，通过继续教育提高员工的素质，在企业形成持续学习的氛围。

（4）充分发挥一线员工的作用　敏捷制造理念认为，一线员工是企业生产经营的主力军，要提高生产效率、降低成本、提高质量，一线员工起着不可替代的作用。因此，要采取措施充分调动员工的积极性和主动性。

5. 敏捷制造企业的工作环境

1）工作环境的宜人性。

2）工作环境的安全性。

6. 敏捷制造企业的外部环境

1）四通八达的国际企业网。

2）良好的社会环境。

三、敏捷制造模式下自动化制造系统的特点

敏捷制造要求制造系统能够快速响应市场的需求，因此，敏捷制造模式下的自动化制造系统就必须具备以下特点：

1）系统的结构应该是可重构的，能够根据用户的需求快速改变系统的结构。

2）系统应是基于模块化原理设计的，只有模块化的设计才能满足系统快速重构的需求。

3）系统应具有强大的网络通信功能，以便于动态联盟能够通过网络控制制造过程。

4）系统应具备远程诊断和维修功能，以便于制造商通过网络监控系统的运行，发现问题后通过网络实现远程维修。

第四节　智能制造系统

智能制造系统（Intelligent Manufacturing System，IMS）是制造系统的最新发展，也是自动化制造系统的未来发展方向。也就是说，未来的制造系统至少应同时具有智能化和自动化两个主要特征。

一、智能制造系统的基本概念

智能制造系统是一种由智能机器和人类专家共同组成的人机一体化系统，它将人工智能技术融合进制造系统的各个环节中，通过模拟人类专家的智能活动，诸如分析、推理、判断、构思和决策等，取代或辅助制造环境中应由人类专家来完成的那部分活动，使系统具有智能特征。

由于计算机永远不可能代替人（至少目前看来是如此），所以，即使是最高级的智能制造系统，也不可能离开人类专家的支持。从这个意义上讲，我们有理由认为智能制造系统是由三部分组成的，即：

智能制造系统 = 常规制造系统 + 人工智能技术 + 人类专家

因此，智能制造系统是典型的人机一体化系统。

智能制造系统之所以出现，是由需求来推动的，主要表现在以下几个方面：

1）制造系统中的信息量呈爆炸性增长的趋势，信息处理的工作量猛增，仅靠传统的信息处理方式，已远远不能满足需求，这就要求系统具有更多的智能，尽量减少人工干预。

2）专业性人才和专门知识的严重短缺，极大地制约了制造业的发展，这就需要系统能存储人类专家的知识和经验，并能自主进行思维活动，根据外部环境条件的变化自动做出适当的决策，尽量减少对人类专家的依赖。

3）市场竞争越来越激烈，决策的正确与否对企业的命运生死攸关，这就要求决策人的素质高、知识面全，人类专家很难做到这一点。于是，就要求系统能融合尽可能多人的决策

知识和经验，并提供全面的决策支持。

4）制造技术的发展常常要求系统的最优解，但最优化模型的建立和求解仅靠一般的数学工具是远远不够的，要求系统具有人类专家的智能。

5）有些制造环境极其恶劣，如高温、高压、极冷、强噪声、大振动、有毒等工作环境，使操作者根本无法在其中工作，也必须依靠人工智能技术解决问题。

二、智能制造系统的发展概况

美国是智能制造思想的主要发源地，美国国家科学基金委员会从 1987 年以来一直重点资助智能制造技术的研究。

最早正式提出智能制造并付诸实施的是建立在美国 Purdue 大学的智能制造国家工程中心。该工程中心创建于 1985 年，以研究新一代离散制造技术为主要任务，集多种学科合作研究制造过程的智能活动。经过 10 多年的发展，该工程中心已在过程建模、设计工具开发、系统集成策略以及智能制造研究平台开发等方面取得很多成果。

美国其他著名大学多年来也都在积极进行智能制造的研究。1988 年，美国纽约大学和卡内基—梅隆大学的两位教授出版了智能制造领域的第一本专著《Manufacturing Intelligence》，该书曾获 1988 年制造领域最佳专著荣誉。

欧洲国家对智能制造的研究始于 20 世纪 80 年代中期，刚开始时，他们把研究重点放在制造系统中人的因素这一问题上。欧洲共同体的跨国高技术研究计划 ESPRIT（欧洲信息技术研究发展战略计划）和 EUREKA（欧洲高技术发展计划即尤里卡计划）中都有多项研究项目是针对智能制造的。

智能制造系统的国际性研究计划是 1989 年由日本东京大学 Yoshikawa 教授倡导，由日本工业和国际贸易部发起组织的一个国际合作研究计划，旨在建立一个由日本、美国和西欧共同参加的智能制造系统研究中心。该计划于 1991 年开始可行性研究，与 1995 年正式开始实施。其研究主要集中在以下五个方面：①IMS 结构系统化、标准化的原理和方法；②IMS 信息的通信网络；③用于 IMS 的最佳智能生产和控制设备；④IMS 的社会、环境和人的因素；⑤提高 IMS 设备质量及性能的新材料应用与研究。

智能制造的最新进展是 2013 年德国政府正式推出的"工业 4.0 计划"和我国政府于 2015 年推出的《中国制造 2025》计划，详见本节最后的内容。

智能制造系统是一个复杂的大系统，包括的内容很多，其研究进展和实际应用将主要取决于人工智能技术的进展。在目前条件下，只能进行一些探索性的研究，争取在局部应用上取得一些进展。

三、智能制造系统的主要研究领域

理论上，人工智能技术可以应用到制造系统中所有与人类专家有关，需要由人类专家做出决策的部分。归纳起来，主要包括以下内容。

1. 智能设计

工程设计，特别是概念设计和工艺设计需要大量人类专家的创造性思维、判断和决策，将人工智能技术，特别是专家系统技术引入设计领域就变得格外迫切。目前，在概念设计领域和 CAPP 领域应用专家系统技术均取得了一些进展，但距人们的期望还有很大距离。

2. 智能机器人

制造系统中的机器人可分为两类：一类为固定位置不动的机械手，完成焊接、装配、上下料等工作；另一类为可以自由移动的运动机器人，这类机器人在智能方面的要求更高一些。智能机器人应具有下列"智能"特性：视觉功能，即能够借助于机器人的"眼"看东西，这个"眼"可以采用工业摄像机；听觉功能，即能够借助于机器人的"耳"去接受声波信号，机器人的"耳"可以是个话筒；触觉功能，即能够借助于机器人的"手"或其他触觉器官去接受（或获取）触觉信息，机器人的触觉器官可以是各种传感器；语音能力，即能够借助于机器人的"口"与操作者或其他人对话，机器人的口可以是个扩音器；理解能力，即机器人有根据接收到的信息进行分析、推理并做出正确决策的能力，理解能力可以借助于专家系统来实现。

3. 智能调度

与工艺设计类似，生产和调度问题往往无法用严格的数学模型描述，常依靠计划人员及调度人员的知识和经验，往往效率很低。在多品种、小批量生产模式占优势的今天，生产调度任务更显繁重，难度也大，必须开发智能调度及管理系统。

4. 智能办公系统

智能办公系统应具有良好的用户界面，善解人意，能够根据人的意志自动完成一定的工作。一个智能办公系统应具有"听觉"功能和语音理解能力，工作人员只需口述命令，办公系统就可根据命令去完成相应的工作。

5. 智能诊断

系统能够自动检测本身的运行状态，如发现故障正在或已经形成，则自动查找原因，并进行使故障消除的作业，以保证系统始终运行在最佳状态下。

6. 智能控制

能够根据外界环境的变化，自动调整自身的参数，使系统迅速适应外界环境。对于可以用数学模型表示的控制问题，常可用最优化方法去求解。对于无法用数学模型表示的控制问题，就必须采用人工智能的方法去优化求解。

总之，人工智能在制造系统中有着广阔的应用前景，应大力加强这方面的研究。由于受到人工智能技术发展的限制，制造系统的完全智能化实现起来难度很大，目前应从单元技术做起，一步一步向智能自动化制造系统方向迈进。

四、智能制造模式下自动化制造系统的特点

为了适应智能制造模式，自动化制造系统必须具备以下特点：

1）制造系统必须具有一定的智能，能够自行诊断系统运行中出现的各种问题，包括设备故障、产品质量问题、安全问题等。

2）制造系统能够根据产品需求自行进行系统的重构。

3）制造系统能够在一定的范围内自行进行调度和控制。

4）系统的自动化程度比一般制造系统更高。

五、德国"工业4.0计划"简介

为了提高德国工业的竞争实力，在新一轮工业革命中抢占先机，德国政府于2013年4

月的汉诺威工业博览会上正式提出"工业4.0"的概念。自从该概念正式推出以来,"工业4.0"迅速成为德国科技的另一个标签,并在全球范围内引发了新一轮的工业转型竞赛。

根据"工业4.0"的概念,可以将世界工业发展划分为四个阶段:工业1.0:机械化,以蒸汽机为标志,取代人力,工业从农业分离;工业2.0:电气化,电力取代蒸汽动力,大规模生产;工业3.0:自动化,以PLC和PC的大规模应用为标志,机器部分取代人的脑力劳动;工业4.0:智能互联化,以智能化和互联化为标志,万物互联,实现产品的智能化和生产过程智能化。

"工业4.0"概念包含了由集中式控制向分散式增强型控制基本模式的转变,目标是建立一个高度灵活的个性化、数字化和智能化的产品与服务的生产模式。在这种模式中,传统的行业界限将消失,并会产生各种新的活动领域和合作形式。"工业4.0"为德国提供了一个机会,使其进一步巩固其作为生产制造基地、生产设备供应商和IT业务解决方案供应商的优势地位。德国学术界和产业界普遍认为,"工业4.0"概念是以智能制造为主导的第四次工业革命,该战略旨在通过充分利用信息通信技术和网络空间虚拟系统——信息物理系统(Cyber- Physical System)相结合的手段,将制造业向智能化转型。

"工业4.0"项目主要分为三大主题:其一是"智能工厂",重点研究智能化生产系统及过程,以及网络化分布式生产设施的实现;其二是"智能生产",主要涉及整个企业的生产物流管理、人机互动以及3D技术在工业生产过程中的应用等。其三是"智能物流",主要通过互联网、物联网、物流网,整合物流资源,充分发挥现有物流资源供应方的效率,而需求方则能够快速获得服务匹配,得到物流支持。

"工业4.0"有一个关键概念,就是"原材料(物质)=信息"。具体来讲,就是工厂内采购来的原材料,被贴上一个标签:这是给A客户生产的××产品,××项工艺中的原材料。准确来说,是智能工厂中使用了含有信息的原材料,实现了"原材料(物质)=信息",制造业终将成为信息产业的一部分,所以"工业4.0"也被认为是最后一次工业革命。

商业模式对制造业来说至关重要。那么,在"工业4.0"时代,未来制造业的商业模式就是以解决顾客的问题为主。所以说,未来制造企业将不仅仅进行硬件的销售,而是通过提供售后服务和其他后续服务,来获取更多的附加价值,这就是软性制造。而带有信息功能的系统成为硬件产品新的核心,意味着个性化需求、批量定制制造将成为潮流。制造业的企业家们要在制造过程中尽可能多地增加产品附加价值,拓展更多、更丰富的服务,提出更好、更完善的解决方案,满足消费者的个性化需求,走"软性制造+个性化定制"道路。

工业自动化是德国得以启动"工业4.0"的重要前提之一,主要是在机械制造和电气工程领域。目前在德国和国际制造业中广泛采用的嵌入式系统,正是将机械或电气部件完全嵌入到受控器件内部,是一种为特定应用设计的专用计算机系统。数据显示,这种嵌入式系统每年获得的市场效益高达200亿欧元,而到2020年将提升至400亿欧元。

"工业4.0"是德国人提出的概念,认为制造业未来只能通过智能化的生产创造价值,即制造本身是创造价值的。而美国则提出工业互联网,以通用电气(GE)为代表,注重通过机器互联、软件及大数据分析,提升生产效率,创造数字工业的未来。

德国联邦贸易与投资署专家Jerome Hull在接受《时代周报》记者专访时表示,"工业4.0"是运用智能技术去创建更灵活的生产程序、支持制造业的革新以及更好地服务消费者，它代表着集中生产模式的转变。Jerome Hull 介绍：所谓的系统应用、智能生产工艺和工业制造，并不是简单的一种生产过程，而是产品和机器的沟通交流，产品来告诉机器该怎么做。生产智能化在未来是可行的，将工厂、产品和智能服务通联起来，将是全球在新的制造业时代一件非常正常的事情。

六、《中国制造 2025 计划》简介

在"工业 4.0"浪潮的冲击下，为了推进智能制造技术在我国的实施，国务院于 2015 年 5 月 8 日正式发布《国务院关于印发 < 中国制造 2025 > 的通知》，《中国制造 2025》是我国实施制造强国战略第一个十年的行动纲领，宣告了中国从此进入研究和全面推广智能制造的新阶段。

事实上，《中国制造 2025》概念的提出源于世界科技的快速发展：具体表现在：①创新驱动、3D 打印、移动互联网、云计算、大数据、生物工程、新能源、新材料等领域不断取得新突破；②基于信息物理系统的智能装备、智能工厂等智能制造正在引领制造方式变革；③网络众包、协同设计、大规模个性化定制、精准供应链管理、全生命周期管理、电子商务等正在重塑产业价值链体系；④可穿戴智能产品、智能家电、智能汽车等智能终端产品不断拓展制造业新领域。

《中国制造 2025》的指导思想为：创新驱动、质量为先、绿色发展、结构优化、人才为本。

《中国制造 2025》规划纲要为中国制造制定了宏伟的三步走战略目标：

第一步：力争用十年时间（到 2025 年），迈入制造强国行列。重点发展信息化和绿色化。

第二步：到 2035 年，我国制造业整体达到世界制造强国阵营中等水平。

第三步：新中国成立一百年时（到 2049 年），制造业大国地位更加巩固，综合实力进入世界制造强国前列。

为了实现上述目标，规划纲要确定了九大任务、十大领域和五大工程

九大任务为：

1）提高国家制造业创新能力。

2）推进信息化与工业化深度融合。

3）强化工业基础能力。

4）加强质量品牌建设。

5）全面推行绿色制造。

6）大力推动重点领域突破发展。

7）深入推进制造业结构调整。

8）积极发展服务型制造和生产性服务业。

9）提高制造业国际化发展水平。

涉及的十大领域为：

1）新一代信息技术产业。

2）高档数控机床和机器人。

3）航空航天装备。

4）海洋工程装备及高技术船舶。

5）先进轨道交通装备。

6）节能与新能源汽车。

7）电力装备。

8）农机装备。

9）新材料。

10）生物医药及高性能医疗器械。

确定的五大工程为：

1）制造业创新中心建设工程。

2）智能制造工程。

3）工业强基工程。

4）绿色制造工程。

5）高端装备创新工程。

第五节　网络化制造

一、网络化制造的基本概念

随着信息网络的飞速发展，借助网络技术实现产品的设计和制造已经是大势所趋。网络化制造的概念产生于20世纪90年代，是目前设计和制造领域重点研究的技术。网络化制造是通过采用先进的网络技术、现代制造技术、现代企业管理技术及其他相关技术，构建面向企业特定需求的、基于网络的集成化制造平台，并在平台的支持下，突破空间地域对企业生产经营范围和方式的约束，开展覆盖产品整个生命周期全部环节的企业数字化业务活动（如市场调研、产品设计、制造、销售、服务、报废回收处理等），实现企业间的商务协同和各种社会资源的共享与集成，高速度、高质量、低成本地为市场提供所需的产品和服务，最终提高企业的核心竞争能力。

网络化制造系统是一种由多种、异构、分布式的制造资源，以一定互联方式，利用计算机网络组成开放式的、多平台的、相互协作的、能及时灵活地响应用户需求变化的制造系统，是一种面向群体协同工作并支持开放集成性的系统。

网络化制造是企业实现制造资源优化配置与合理利用的主要途径。网络化制造模式致力于将分散的制造资源有效集成，形成核心优势，降低成本，提高企业的效率和效益。在全球化制造形势下，使用外部资源而不是拥有它们的制造模式将成为制造业重要的发展方向。

也有人从动态联盟的角度定义网络化制造：面对市场机遇，针对某一市场需要，利用以Internet为标志的信息高速公路，灵活而迅速地组织社会制造资源，把分散在不同地区的现有生产设备资源、智力资源和各种核心能力，按资源优势互补的原则，迅速地组合成一种没有围墙的、超越空间约束的、靠电子手段联系的、统一指挥的经营实体——网络联盟企业，以便快速推出高质量、低成本的新产品。

从整体上看，网络化制造有四个核心概念：覆盖企业内外部、四通八达的网络环境，产品生命周期过程的协同，不同企业制造资源的共享，供应链上各方利益的共赢。

实现网络化制造后，企业可以最快的速度、最低的成本、最好的服务满足动态多变的市场需求。

二、网络化制造的主要内容

网络化制造包含的内容很多，几乎囊括了制造技术的方方面面。

1. 网络化制造的支撑环境

网络化制造系统是一个复杂的大系统，它的运作主要借助于现代计算机网络。按照企业的组织结构和网络化制造的要求，一般可分为企业内部的 Intranet 网，实现内部的信息交换和集成制造；企业总部与分散在全国各地甚至全球各国的分/子公司之间实现信息交换的 Extranet 网，实现集团级的协同管理和制造；与外部环境实现信息交换的 Internet 网，企业之间借助于网络实现协同设计、协同制造、协同商务等，供应链企业与制造企业共同构成敏捷供应链，此处的外部环境包括上级管理部门、上游供应商、下游的分销商和用户等。

网络化制造的重点是实现远程、异地的信息交换，因此需要在硬件网络环境基础上建立起一种机制，用以支持集团公司、各子公司、集团外战略合作伙伴、用户和供应商之间的通信，这种机制通过一个分布式异构环境下的集团资源共享、信息和过程集成的支撑平台来实现。

支撑平台支持跨地域、异构环境下的信息无缝连接，支持整个集团的信息集成、过程集成和资源共享，从而能够实现更大范围内的应用系统重组。但是在逻辑上，产品生命周期的物流还是要经过设计、制造和销售等环节来实现的。

支撑平台具有高度的灵活性和开放性，采用分布式对象技术，使不同应用系统之间的互操作透明化，并保证数据传输的可靠性和效率，采用工作流管理等技术实现应用系统的重组和集成。

支撑环境还包括建立内容丰富的制造资源库。

2. 协同的概念

网络化制造的关键是协同，不同实体（既包括计算机系统，也包括人和组织等）的协同作用贯穿了整个产品生命周期的全过程（协同设计、分散制造、协同商务等方面），这些协同作用有：

1）集团公司与子公司的协同，主要表现为两个方面：第一个是并行工程式的协同，即集团公司在新产品的开发过程中要经常与负责制造的子公司进行工艺方面信息的交流；第二个是供应链式的协同，即集团的采购工作要迅速响应生产的需求。

2）子公司之间的协同，主要表现为集团内部供应链式的协同和产品的配套性协同。

3）集团与其他合作伙伴的协同，表现为集团与其他伙伴之间的知识共享（比如与科研机构）、设计资源共享（比如与同行业的其他企业）、制造资源共享（比如与其他核心制造能力不同的企业）、商务信息共享（比如与供应商或用户）。

4）集团与用户的协同，表现为用户对设计和制造过程的某种介入，目的是使设计和制造的产品更符合用户的要求，减少双方理解上的偏差。

5）集团与供应商的协同，表现为使原材料供应商能够及时响应集团需求，减少甚至消除供应链的等待时间。

3. 协同商务系统

既包括对外的供应链管理系统、用户关系管理系统、合同管理系统、网上产品配置系统等，也包括用于集团内部（包括各子公司）联系的资产管理系统、财务管理系统、信息管理系统、决策支持系统和人力资源管理系统等。

4. 协同设计系统

包括新产品的协同设计（虚拟设计和并行设计）、跨地域服务工程、协同工艺设计等功能。协同设计系统不仅支持集团内部的协同设计，也支持集团与其他企业和研究机构的协同设计。

5. 分散制造系统

由各个子公司内部的 ERP、CAM 等子系统与动态联盟企业中合作伙伴的部分系统组成。分散制造也包括借助于数据库的社会资源的协同采购和动态联盟（基于网络化制造的敏捷制造系统组织模式）等。

三、网络化制造环境下的自动化制造系统

网络化制造在一定程度上扩展了自动化制造系统的概念，网络化制造环境下的机床或自动化制造设备将不再是孤立的加工系统，而是在网络环境下与工程设计系统、生产管理系统直接相连的一个节点，可以实现远程动态重构设备布局、远程加工过程管理和控制、远程设备监控及远程故障诊断和维修等功能。

第六节　可重构制造系统

一、可重构制造系统的基本概念

可重构制造系统的概念来源于敏捷制造。在敏捷制造模式中，为了快速响应市场的变化，人们提出可重构制造系统的概念。一般地讲，具备动态重构能力，能够敏捷地自我调整系统结构以便快速响应环境变化的制造系统称为可重构制造系统。由于可重构制造系统可以以较低的成本很快地响应用户需求的变化，具有自我修复和容错能力，具有高的可靠性和利用率，使得它成为各种现代制造模式的核心要素。

制造系统的可重构有两个方面的含义：

1）当内外部环境稳定变化或业务变化可长期预测时，系统结构随之稳定演变发展。

2）当环境剧烈变化或者业务变化不可预测时，系统结构可以快速彻底地重组，重组后的系统必须在尽可能短的时间内恢复到正常生产状态。

可重构制造系统的概念可以用图 10-4 表示。

从图 10-4 可以看出，可重构制造系统包括两大过程：动态重构过程和系统运行过程。当市场需求发生变化时，应该在重构控制系统的控制下对制造系统进行重构，使之能够满足变化了的市场需求。在重构结束后，得到系统运行的主要参数，重构后的系统根据运行参数

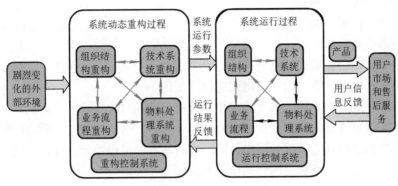

图 10-4　可重构制造系统的基本概念

正常运行，在运行过程中发现问题后，将问题反馈给重构控制系统再对系统进行动态重构。系统运行的输出是市场需要的产品，系统同时接收用户反馈的意见并将意见反馈给重构控制系统，使系统的结构发生改变。

需要指出的是，可重构制造系统的重构和运行过程都离不开信息系统的有力支持。

二、可重构制造系统的主要内容

可重构制造系统是个广义的概念，它包括企业组织结构的可重构、业务处理流程的可重构、技术系统的可重构和物料处理系统的可重构等。

1. 企业组织结构的重构

人员是制造系统的重要组成部分，组织结构规范了人员的行为方式与活动空间，因此，组织结构的可重构能力是制造系统快速响应变化的基本条件。通过对组织机构的快速重构，能使企业以最恰当的方式组织和管理企业的生产经营过程，快捷和经济地向用户提供产品。

组织结构的重构包括两个方面：企业内部组织结构的重构和企业之间组织结构的重构。

企业内部组织结构的重构分为静态重构和动态重构两种类型。例如，一般企业在经过较长时间的运行后，面对市场环境的变化，或为了提高组织的管理效率，需要对组织结构做一定的调整，包括增设新机构、撤销或合并一些旧机构，就属于组织机构静态重构的内容。组织机构静态重构会对企业结构进行较大的变革，其结果会保持较长的时间，以便维持企业结构的稳定性。企业内部组织结构的动态重构是为了响应外部环境的扰动，在一定的范围内进行临时性组织结构变化。动态重构在范围和深度方面的影响比较小，对企业的冲击小，重构后企业结构可以很快趋于稳定状态。建立面向用户订单的项目组是动态重构的典型体现。例如，如果用户的需求必须个性化处理，企业就可以单独成立专门的项目组具体负责订单全过程的管理，采用项目管理的方式从计划、进度、人员、设备、资金、原材料、成本、质量等方面进行全面管理，项目完成后撤销项目组，这就是典型的动态重构。

企业间组织结构的重构是指以供应链上的若干组织建立起长期或短期的战略联盟，称为动态联盟或网络型企业（因为这类组织都是通过网络运作的）。动态联盟可以优化利用各企业的资源快速满足某个市场需求，实现共赢，市场需求满足后，动态联盟解体。

2. 业务处理过程的重构

现代企业的运作更多的是基于过程的。因此，制造系统的重构必须包括业务过程的重构。业务过程的重构包括单个过程的重构和过程网络的重构，单个过程的重构是过程网络重构的基础。例如，在企业组织结构重构后（例如成立了订单式项目组后），企业的业务处理过程也必须相应地进行重构，以适应组织结构的变化。

过程重构被分成三个阶段，即过程建模、过程分析和过程重构三个阶段。

过程建模采用形式化的语言描述过程的目标、内容、活动分解、活动之间的关系等。过程建模时要对过程进行自上而下的层次分解，直到基本的过程单元，并建立活动功能树。然后研究基本过程单元的属性和对属性的操作方法。

过程分析研究过程的边界、目标、活动的输入/输出约束、角色、资源和协调控制方式，评价过程运行的性能，分析可能存在的问题，寻找隐含的关联性。

过程重构是在各个过程单元的属性及其操作方法都确定后，再自下而上地将过程单元组合起来，形成完整的过程，再将相关过程组合成过程网络，并对过程网络进行优化，从而实现过程重构。重构后的过程网络可以适应重构后的组织结构需求。

3. 技术系统的重构

技术系统的重构主要指的是产品开发技术的重构，通过产品开发技术的重构实现产品的可重构性。产品重构涉及从市场营销、设计、加工制造、使用，到报废处理的整个生命周期。产品的可重构性有三个方面的含义：

1）产品方案设计阶段的系列化和模块化，可以根据用户的需求快速组装产品，也可以提高企业的生产批量。

2）产品结构详细设计阶段的通用化和标准化，可以有效减少零部件的种类，提高生产效率，也提高了制造系统响应用户需求的速度。

3）产品报废处理过程的拆卸性和可重用性，可以提高产品的生命周期绿色特性。

为了实现产品的可重构设计，还需要对设计资源进行重构，通过对设计资源进行分析、描述、定义和管理，可以按照产品设计要求快速组织、配置设计资源。

4. 物料处理系统的重构

物料处理系统就是本书所指的自动化制造系统，它包括物料加工设备和物料储运设备。首先设备本身应该是可重构的，其次是设备的布局也应该是可重构的。设备本身的重构可以简化设备的结构，实现设备无冗余运行，从而提高了设备的可靠性、效率和运行成本。设备布局的重构意味着可以快速改变设备的组合，以适应产品种类的变化。设备的模块化设计是设备及系统重构的基础。

除了上述重构内容外，还包括系统控制结构的重构和信息系统的重构。

三、可重构制造系统的自动化特性

可重构制造系统兼有智能色彩和自动化色彩，主要表现在以下几个方面：

1）系统应该具有一定的智能，能够根据需求的变化自动调整自身的结构。

2）为了在极短的时间内恢复到正常运行状态，系统应该具备自动检测和智能控制功能。

3）系统应该是按照模块化原理进行设计的，以便于系统的快速重构。

4）系统的设备应该是数字控制的，以使系统具有足够的柔性。

5）系统的布局应该在信息系统的支持下快速、自动地改变。

第七节　增材制造技术

一、增材制造的基本概念

增材制造是国外于 20 世纪 80 年代发展起来的一种新技术，最早称为快速原型制造，现在更名叫 3D 打印技术。增材制造对缩短新产品开发周期、降低开发费用具有极其重要的意义。因此，有人认为增材制造技术是继数控技术之后制造业的又一次革命。目前，增材制造技术已经广泛地应用在产品快速开发、快速模具制造、快速制造功能零件等方面，已成为缩短研发和制造周期、降低研发和生产成本的主要手段。增材制造技术是综合利用 CAD 技术、数控技术、激光加工技术和新材料技术实现零件设计到制造一体化的系统技术，它的成形原理与一般的切削加工成形技术完全不同，它采用材料堆积原理利用激光技术实现零件的成形，其原理如图 10-5 所示。

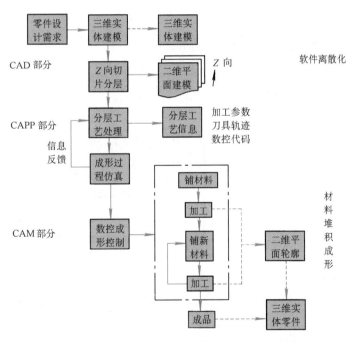

图 10-5　增材制造的原理

增材制造的具体过程如下：首先根据用户的需求，利用高性能 CAD 软件设计出零件的三维曲面或实体模型；再根据工艺要求按一定的厚度在 Z 向（或其他方向）对生成的 CAD 模型进行切片分层，生成各个截面的二维平面信息；然后对二维层面信息进行工艺处理，选择加工参数，系统自动生成刀具移动轨迹和数控加工代码；再对二维层面加工过程进行仿真，确认数控代码的正确性；然后利用数控装置精确控制激光束或其他工具的运动，在当前工作层上采用扫描方式加工出适当的二维截面形状；再铺设一层新的成形材料（对有些加工工艺，扫描和铺设新材料同时进行），进行下一截面的加工，直至整个零件都加工完毕。可以看出，增材制造技术是个由三维转换成二维（软件离散化），再由二维到三维（材料堆积成形）的工作过程。

二、增材制造的典型工艺

增材制造的工艺种类很多，但相对成熟且应用较多的有四种：激光扫描固化法、薄片叠层法、选择性激光烧结法和熔融堆积成形法。

1. 激光扫描固化法

激光扫描固化法又称 LSL（Laser Scan Lithography）法，它是以各类光敏树脂为成形材料，以各种光源（激光、紫外线等）为能源，以树脂受热固化为特征的成形方法。具体做法是：由 CAD 系统设计出零件的三维模型。然后分层设定工艺参数，由数控装置控制光源的扫描轨迹，当光源照射到液态树脂时，被照射的液态树脂固化，当一层加工完毕后，就生成零件的一个截面，然后向下移动工作台（工作台和已加工完的部分一直浸泡在液态树脂中），加上一层新的树脂（工作台上移一定距离），进行第二层扫描，第二层就牢固地粘贴到第一层上，就这样一层一层加工直至整个零件都加工完毕。图 10-6 所示是 LSL 制造的工作原理。

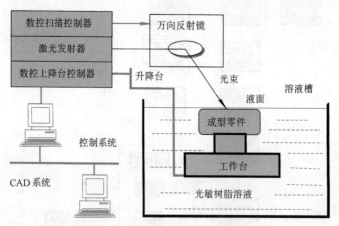

图 10-6　LSL 工艺原理

2. 薄片叠层制造法

薄片叠层制造法 LOM（Laminated Object Manufacturing）的特点是以片材（如纸片、塑料薄膜、薄片金属或复合材料）为成形材料，利用 CO_2 激光器为能源，利用激光束切割片材的边界线，形成某一层的轮廓。各层间涂上粘结剂，利用加热、加压的方法将各层粘在一起，最后形成零件的形状。该方法的特点是材料广泛，成本相对较低。

3. 选择性激光烧结法

选择性激光烧结法 SLS（Selectivity Laser Sintering）的特点是采用各种粉末（金属、陶瓷、蜡粉、塑料等）为成形材料，利用辊子铺粉，用 CO_2 高功率激光器为能源对每层粉末进行加热，直至烧结成块。利用这种方法可以加工出能够直接使用的金属件。

4. 熔融堆积成形法

熔融堆积成形法 FDM（Fused Deposition Modeling）使用蜡丝为原料，利用电加热方式将蜡丝熔化成蜡液，蜡液由喷嘴喷到指定的位置固化，一层层地加工出零件。该方法污染小，材料可以回收。

三、增材制造系统的自动化特性

增材制造是一种自动化程度比较高的制造技术。这种技术可以使制造过程完全自动化地进行，加工过程中不需要人工干预。该方法实现了设计和制造两个过程的一体化，减少了设计数据到制造数据的人工干预。在增材制造过程中，人所做的工作主要是进行 CAD 造型、添加原材料和制造完毕后的精化处理。

第八节 低碳制造

一、低碳制造的基本概念

自从 20 世纪以来，科学技术突飞猛进，社会生产力得到极大的提高，物资极大的丰富，人们的生活水平得到极大的改善。在人们日常使用的产品中，绝大部分都是通过各类制造业制造出来的，在产品制造、使用和报废处理中，会消耗大量的能源和资源，也会对环境造成极大的污染。社会发展的同时，人类的生态环境急剧恶化，有限的资源接近枯竭。据统计，造成全球环境污染的 70% 以上的排放物来自制造业，每年约产生 7 亿 t 有害废物。

为了彻底解决资源枯竭和环境污染问题，20 世纪 90 年代，联合国环境和发展大会提出可持续发展的理念，其基本含义是，我们这一代人要替子孙后代考虑，要把有限的资源留给后代，给后代一个优美宜人的环境。为了贯彻可持续发展的理念，制造业的专家和学者提出绿色制造的概念。所谓绿色制造，就是在产品形成、使用和报废处理的过程中，系统全面地考虑资源消耗、环境污染和安全问题，使所制造的产品不仅在制造过程中是绿色的，在使用和报废处理中也应该是绿色的。经过 10 多年的发展，可持续发展概念已经深入人心，绿色制造的技术体系已经初步形成，部分技术已经开始得到应用。

20 世纪末，人们又进一步提出再制造的概念，再制造属于绿色制造的范畴，它将关注点聚焦在机电产品的报废处理上，通过分析产品或零部件的剩余寿命，采用表面工程技术或其他技术对产品或零部件进行修复，使得产品的寿命得以延长，零部件可以得到重复利用，从而达到节省资源、保护环境的目的。

进入 21 世纪，随着全球人口和经济规模的不断增长，能源使用带来的环境问题及其诱因不断地为人们所认识，不止是烟雾、光化学烟雾-微粒悬浮物构成的霾和酸雨等的危害，大气中二氧化碳浓度升高将带来的全球气候变化，也已被确认为不争的事实。在此背景下，"碳足迹""低碳经济""低碳技术""低碳发展""低碳生活方式""低碳社会""低碳城市""低碳世界"等一系列新概念、新政策应运而生。2007 年 12 月 3 日，联合国气候变化大会在印尼巴厘岛举行，该次会议制订了世人关注的应对气候变化的"巴厘岛路线图"。该路线图要求发达国家在 2020 年前将温室气体减排 25%～40%。"巴厘岛路线图"为全球进一步迈向低碳经济起到了积极的作用，具有里程碑式的意义。2008 年 7 月，日本北海道 G8 峰会上八个西方发达国家表示将寻求与《联合国气候变化框架公约》的其他签约方一道共同达成到 2050 年把全球温室气体排放减少 50% 的长期目标。

低碳经济的特征是以减少温室气体排放为目标，构筑低能耗、低污染为基础的经济发展体系，包括低碳能源系统、低碳技术和低碳产业体系。低碳能源系统是指通过发展清洁能源，包括风能、太阳能、核能、地热能和生物质能等替代煤、石油等化石能源，以减少二氧化碳排放。低碳技术包括清洁煤技术（IGCC）和二氧化碳捕捉及储存技术（CCS）等。低碳产业体系包括火电减排、新能源汽车、节能建筑、工业节能与减排、循环经济、资源回收、环保设备、节能材料等。

由于制造业是资源和能源的消耗大户，制造业本身及其产品也是主要的碳排放源，因此制造业在低碳经济中占有非常重要的地位。在此背景下，制造业的有关专家就提出低碳制造的概念。由于低碳制造提出的时间不长，还没有形成一个大家都认可的定义，但其内涵是明确的，即通过分析制造系统及其产品的碳源和碳足迹，计算产品生命周期的碳排放，采取各种措施降低碳排放量，从而达到降低资源和能源消耗，并保护环境的目的。

二、低碳制造的主要内容

低碳制造包括的内容很多，概括起来主要有以下几个方面：

1. 产品生命周期碳排放分析

在制造系统运行和产品使用过程中，与碳排放有关的主要有能源消耗、资源消耗和污染物排放三个方面。

（1）能源消耗　能源消耗（水、电、气）的多少直接影响能源的生产环节（碳足迹），例如，如果消耗的是火力发电生产的电能，就与发电过程中煤和天然气的消耗有关，发电过程不仅消耗自然资源，还会产生很重的环境污染。另外，根据能量守恒原理，产品制造和使用过程中消耗的能源最后必然会转化为其他形式向大气排放，也会产生环境污染。

（2）资源消耗　制造过程消耗的资源包括各种金属材料和非金属材料，所消耗的材料一部分转化为产品，其他的部分就是废物。废物中，有些可以直接利用，有些会排放到自然环境中，从而造成污染。

（3）污染物排放　产品制造和使用过程中排放的污染物包括：废油、废水、废气、金属碎屑等（例如，汽车使用中会向大气释放大量的微颗粒），这些污染物都可以直接或间接转化为碳排放。

综上所述，制造系统产品的碳排放可以按以下公式计算：

$$C = (E1 + R1 + W1) + (E2 + R2 + W2) + (E3 + R3 + W3)$$

式中　E1、E2、E3 分别是制造过程、使用过程和报废处理过程中的能源消耗；R1、R2、R3 分别是制造过程、使用过程和报废处理过程中的资源消耗；W1、W2、W3 分别是制造过程、使用过程和报废处理过程中的污染物排放。

可见，对于机电产品，降低碳排放要从产品的整个生命周期中去考虑。另外，在计算碳排放时，还要考虑碳足迹问题。

2. 低碳设计

为了实现低碳制造，设计是关键。此处的设计包括两个方面的内容：制造系统设计和产品设计。制造系统在运行过程中会消耗大量的能源，据统计，全国所有机床所消耗的电能相当于两个三峡电站的发电量。因此，在制造系统设计中，要采用低能耗的设备和工艺；要对资源利用进行详细规划，提高资源利用率；要减少制造过程向环境排放的各种废物，最好实现废物的循环利用，实现循环经济。在产品设计中，也要充分考虑低碳问题，例如，汽车产品在制造过程中会消耗大量的资源，在使用过程中会消耗大量的能源，也会向大气排放大量的微颗粒，因此，在汽车产品的设计过程中就要采用各种低碳设计技术。低碳设计技术包括：材料选择、结构设计、可回收设计、绿色包装设计、节能设计等。

3. 低碳加工和装配

产品的加工和装配是产品形成的物理环节，产品在制造阶段的所有排放都出现在加工和装配过程中。产品加工就是从原材料形成零部件，包括原材料采购、毛坯制备、零部件加工等，加工工艺包括切削加工（车削、磨削、镗削、铣削、钻削、去毛刺等）、铸造、锻造、冲压、表面处理（涂装、热处理、清洗等）、焊接等，这些环节会消耗大量的能源（水、电、气）和资源（原材料、油品、油漆、切削液等），也会产生大量的废物（切屑、边角余料等）和污染，低碳制造中碳排放的计算和控制主要是在这一阶段进行的。产品装配是将零部件组装成产品的物理过程，主要是装配机械的能源消耗和一些辅料的消耗。另外，在装配过程中和装配完成后要穿插进行大量的功能、性能和可靠性实验，这些实验过程和实验设备也要消耗大量的能源和资源。很多加工和装配任务经常需要在恒温、恒湿、清洁、无振动的环境条件下进行，建立和保持这些环境条件，也需要消耗大量的能源。加工和装配环节中降低碳排放的措施主要有：

1）采用先进结构，减少切削加工工作量。

2）提高毛坯精度，减少切削余量，可以大量节省材料，减少废料的产生。

3）优化工艺，缩短加工制造时间，可以减少机器的运行时间。

4）进行加工机械节能设计和节能运行。

5）采用先进的制造工艺，例如少无切削加工工艺。

6）采用高速切削技术，减少设备的运行时间。

7）尽量减少恒温、恒湿、清洁、无振动等特殊的环境面积。

8）采用清洁生产技术。

9）机械制造中热加工对能量的消耗是非常大的，节能减排的潜力很大，在确定热处理工艺时可以采取很多措施，如缩短时间、避免采用高温技术等。

需要指出的是，上述措施是否合理，是否可采用，要对其碳排放量进行计算和对比分析才能最后确定。例如，采用高速切削技术尽管可以降低设备的运行时间，但一般高速加工设备的功率都比较大，可能会消耗更多的能源，因此，需要结合具体情况进行具体分析。

4. 产品低碳使用

所制造的产品最终都要交付给用户去使用，有些产品在使用过程中基本不会产生碳排放，如一般的手动工具就不会产生碳排放。但有些产品在使用过程中会产生大量的碳排放，汽车就是典型的例子，汽车在其使用过程中，会消耗大量的石油资源，发动机会产生大量的废气，已经成为石油资源主要消耗大户和城市空气污染的主要来源。再如，热处理设备、铸造设备、焊接设备等都会在使用阶段产生大量的碳排放。为了减少机械产品使用过程的碳排放，首先要进行产品的节能设计，如高效率发动机、节能机床等；其次是对产品的使用过程进行控制，通过优化调度减少设备的运行时间，还可通过优化调度有效避免"大马拉小车"的现象；对于家电、汽车等个人消费类产品，要从社会方面形成低碳经济、低碳消费的氛围，使民众自觉适应低碳生活。

5. 产品低碳报废处理

报废处理是产品生命周期的最后一个环节。报废意味着产品已经不能够再继续使用，需要执行报废处理。传统的报废处理是将能够回收的零部件进行直接回炉，制造成新零件，对于不能回收的零部件则作为垃圾进行处理。这种处理方式原理上并不是低碳的，首先，尽管整个产品已经报废，但有些零部件还具有剩余生命，还可以拿来直接利用，或进行一定的处理后再利用，如果直接回炉，就会造成大量的浪费。其次，对于不能回收的零部件，例如电子产品的电路板，如果作为垃圾处理，其中的重金属不仅不能得到再利用，而且还会污染土地和水源，严重时会造成生态灾难。低碳制造中，产品的报废处理包括以下内容：

1）可拆卸和可回收设计。产品的结构必须是可拆卸和便于拆卸的，产品的结构要便于分别回收。在产品设计中要尽量少采用不能回收处理的材料和零部件。

2）产品的再制造。对于拆卸下来的零部件进行分门别类处理，检测零部件的剩余寿命，对于可直接利用的则直接利用，对于不能直接利用的则进行修复或做延长寿命处理，直至降级使用。

3）零部件报废处理。对于实在不能再利用的零部件，则进行报废处理。如果可以从中提取贵重金属，则采取提取措施；对于没有提取价值的金属材料进行回炉处理；对于极少量无法回炉重用的零部件，则作为垃圾进行处理。

需要指出的是，产品的低碳报废处理也要进行碳排放计算，以碳排放量作为选择处理方式的主要依据。

第九节　自动化制造系统的发展趋势

先进生产模式对自动化制造系统提出了多种不同的要求，这些要求也同时代表了自动化制造系统的发展趋势。

1. 高度智能集成性

随着计算机集成制造技术和人工智能技术在制造系统中的广泛应用，具备智能特性已成为自动化制造系统的主要特征之一。智能集成化制造系统可以根据外部环境的变化自动地调整自身的运行参数，使自己始终处于最佳运行状态，将这种能力称为系统具有的自律能力。智能集成化制造系统还具有自决策能力，能够最大限度地自行解决系统运行过程中所遇到的各种问题。由于有了智能，系统就可以自动监视本身的运行状态，发现故障则自动给予排除。如发现故障正在形成，则采取措施防止故障的发生。智能集成化制造系统还应与 CIMS 的其他分系统共同集成为一个有机的整体，以实现信息资源的共享。它的集成性不仅仅体现在信息的集成上，它还包括另一个层次的集成，即人和技术之间的集成，实现人机功能的合理分配，并能够充分发挥人的主观能动性。带有智能的制造系统还可以在最佳加工方法和加工参数选择、加工路线的最佳化和智能加工质量控制等方面发挥重要作用。总之，智能集成化制造系统具有自适应能力、自学习能力、自修复能力、自组织能力和自我优化能力。因而，这种具有智能的集成化制造系统将是自动化制造系统的主要发展趋势之一。但由于受到人工智能技术发展的制约，智能集成型自动化制造系统的实现将是个缓慢的过程。

2. 人机结合的适度自动化

传统的自动化制造系统往往过分强调完全自动化，对如何发挥人的主导作用考虑甚少。但在先进生产模式下的自动化制造系统却并不过分强调它的自动化水平，而强调的是人机功能的合理分配，强调充分发挥人的主观能动性。因此，先进生产模式下的自动化制造系统是人机结合的适度自动化系统。这种系统的成本不高，但运行可靠性却很高，系统的结构也比较简单（特别体现在可重构制造系统上）。它的主要缺陷是人的情绪波动会影响系统的运行质量。在先进生产模式下特别是智能制造系统中，计算机可以取代人的一部分思维、推理及决策活动，但绝不是全部。在这种系统中，起主导作用的仍然是人，因为无论计算机如何"聪明"，它的智能将永远无法与人的智能相提并论。

3. 强调系统的柔性和敏捷性

传统的自动化制造系统的应用场合往往是大批大量生产环境，这种环境不特别强调系统具有柔性。但先进生产模式下的自动化制造系统面对的却是多品种、小批量生产环境和不可预测的市场需求，这就要求系统具有比较大的柔性，能够满足产品快速更换的要求。实现自动化制造系统柔性的主要手段是采用成组技术和计算机控制的、模块化的数控设备。但这里所说的柔性与传统意义上的柔性却不同，我们称之为敏捷性。传统意义上的柔性制造系统仅能在一定范围内具有柔性，而且系统的柔性范围是在系统设计时就预先确定了的，超出这个范围时系统就无能为力。但先进生产模式下的自动化制造系统面对的是无法预测的外部环境，无法在规划系统时预先设定系统的有效范围。但由于系统具有智能且采用了多种新技术（如模块化技术，可重构技术和标准化技术），因此不管外部环境如何变化，系统都可以通过改变自身的结构适应之。智能制造系统的这种敏捷性比柔性具有更广泛的适应性。

4. 功能扩展化

理论上，完整的自动化制造系统应包括毛坯的制备、物料的存储、运输、加工、辅助处理、零件检验、装配、部件及成品测试、涂装和包装等内容，并将它们集成为一个有机的整体。但目前的自动化制造系统主要是面向零件加工的，其他内容则涉及较少。未来的自动化制造系统应逐步向前扩展到毛坯的自动制备，向后扩展到自动装配、自动测试及自动包装等。

5. 网络化

未来的企业应该是信息化企业，企业的技术系统和管理系统都在信息系统的支持下运行，这就要求自动化制造系统也应该是信息化的，要能够与其他系统实时交换各种信息，还能够通过网络接受远程控制、诊断和维修。

6. 小型化

小型化的自动化制造系统结构相对简单，可靠性较高，容易使用和管理，生命周期成本也较低，投资小、见效快，并且一般情况下均能满足使用要求。所以，将来的用户将会更加钟情于小型化的自动化制造系统，如 DNC 和 FMC。

7. 简单化

在满足使用要求的条件下，自动化制造系统的结构将会越来越简单，冗余功能、极少用到的功能以及由人来实现的功能极其简单，但由系统自动实现却十分复杂的功能将会越来越少（更多的是由人来完成）。结构简单可以带来生命周期成本低、可靠性高、容易使用和管理的优点，还可以减少对熟练工人的需求。可以认为，简单化将是自动化制造系统的一个主要发展方向。

8. 绿色化

可持续发展问题是目前人类社会最迫切需要解决的问题之一，资源和环境是可持续发展的两个主要问题。制造系统作为能源和资源消耗以及环境污染的大户，应该首先实施可持续发展战略。因此，在系统的规划及运行过程中，应将资源和能源的优化利用以及环境保护作为主要目标之一进行控制。

 复习思考题

10-1 为什么说智能集成制造系统是自动化制造系统的发展方向？

10-2 什么是计算机集成制造系统？它由哪几部分组成？

10-3 与常规制造系统相比，CIMS 环境下的自动化制造系统有哪些特点？

10-4 试述精益生产的基本概念。

10-5 试述敏捷制造的基本概念。

10-6 先进生产模式下自动化制造系统有哪些主要特征？

10-7 何谓智能制造系统？它有哪些主要特点？为什么需要智能制造系统？

10-8 智能制造系统的主要研究领域有哪些？

10-9 新型制造企业具有哪些主要特点？

10-10 试述自动化制造系统的主要发展趋势。

10-11 试述网络化制造的意义。

10-12 增材制造的原理是什么？它有哪些优缺点？

10-13 为什么要提出可重构的概念？可重构制造系统的可重构性主要体现在哪些方面？

10-14 试述低碳制造的意义。

10-15 如何实现低碳制造？

参 考 文 献

[1] 赵汝嘉. 先进制造系统导论 [M]. 北京：机械工业出版社，2003.

[2] Paul Kenneth Wright. 21世纪制造 [M]. 北京：清华大学出版社，2002.

[3] D Homer. Eckhardt. 机器与机构设计（英文版）[M]. 北京：机械工业出版社，2002.

[4] 王茂元. 机械制造技术 [M]. 北京：机械工业出版社，2002.

[5] 颜鸿森. 机械装置的创造性设计 [M]. 北京：机械工业出版社，2002.

[6] 徐杜，蒋永平，张宪民，等. 柔性制造系统原理与实践 [M]. 北京：机械工业出版社，2001.

[7] 勋建国. 机械制造工程 [M]. 北京：机械工业出版社，2001.

[8] 刘延林. 柔性制造自动化概论 [M]. 武汉：华中科技大学出版社，2001.

[9] 周骥平，林岗. 机械制造自动化技术 [M]. 北京：机械工业出版社，2001.

[10] 张根保. 先进制造技术 [M]. 重庆：重庆大学出版社，1996.

[11] 张根保. 制造企业竞争力分析及其提高策略 [J]. 工业工程与管理，1997（4）：24-27.

[12] G Ohryssolouris. Manufacturing System：Theory and Practice [M]. New York：Springer-verlag，1992.

[13] H C William, et al. Tool and Mnaufacturing Engineering Handbook [M]. New York：SME Desk Edition，1989.

[14] 丁玉兰. 人机工程学 [M]. 北京：北京理工大学出版社，1991.

[15] 顾宝德. 工效学基础 [M]. 哈尔滨：黑龙江科学技术出版社，1981.

[16] 杨灿军，等. 人机一体化系统建模初探 [J]. 机械工业自动化，1997，19（3）：1-5.

[17] 刘飞. CIMS制造自动化 [M]. 北京：机械工业出版社，1997.

[18] 吴天林. 机械加工系统自动化 [M]. 北京：机械工业出版社，1992.

[19] 谭益智. 柔性制造系统 [M]. 北京：兵器工业出版社，1995.

[20] 吴盛济. 柔性制造系统设计指南 [M]. 北京：兵器工业出版社，1995.

[21] 吴锡英. 计算机集成制造技术 [M]. 北京：机械工业出版社，1996.

[22] 宋文骐. 机械制造工艺过程自动化 [M]. 昆明：云南人民出版社，1985.

[23] 薛劲松. CIMS的总体设计 [M]. 北京：机械工业出版社，1997.

[24] 航空制造手册编委会. 航空制造手册：计算机辅助制造工程 [M]. 北京：宇航出版社，1994.

[25] 李伯虎. 计算机集成制造系统（CIMS）约定、标准和指南 [M]. 北京：兵器工业出版社，1994.

[26] 查尔斯. 柔性制造系统手册 [M]. 徐兰如，等译. 北京：宇航出版社，1987.

[27] 王辰宝. 机械加工工艺基础 [M]. 南京：东南大学出版社，1996.

[28] W W Luggen. Flexible Manufacturing Cells and System [M]. London：Pretice Hall Inc.，1991.

[29] U Rembold, et al. Computer Integrated Manufacturing and Engineering [M]. New York：Addison Wesley Publishers Ltd，1993.

[30] 毕承恩. 现代数控机床 [M]. 北京：机械工业出版社，1993.

[31] 邓子琼. 柔性制造系统建模及仿真 [M]. 北京：国防工业出版社，1993.

[32] K Andrew. 柔性制造系统的建模与设计 [M]. 曹永上，等译. 上海：上海科技文献出版社，1990.

[33] 李小宁. 制造系统建模与仿真软件的研究与进展 [J]. 兵工自动化，1996（3）：1-6.

[34] 李小宁. 基于O-O的新型柔性制造系统仿真器的研究 [J]. 系统仿真学报，1997，9（2）：116-122.

[35] 杭育. 技术经济学 [M]. 北京：世界图书出版社，1997.

[36] 周裕新. 技术经济学 [M]. 广州：华南理工大学出版社，1996.

[37] 李天民. 现代管理会计 [M]. 上海：立新会计出版社，1996.

[38] 傅家骥. 工业技术经济学 [M]. 北京：清华大学出版社，1996.

[39] 熊罴. 工业技术经济学 [M]. 武汉：华中理工大学出版社，1985.

[40] 海因里希，比厄斯讷. 计算机集成制造的投资决策 [M]. 丁一凡，等译. 北京：兵器工业出版社，1992.

[41] 顾培亮. 系统分析 [M]. 北京：机械工业出版社，1991.

[42] 汪应洛. 系统工程 [M]. 北京：机械工业出版社，1995.

[43] 张根保. 敏捷制造技术 [R]. 重庆：重庆大学科技资料，1996.

[44] 张根保. 精益生产模式与技术 [R]. 重庆：重庆大学科技资料，1996.

[45] 张根保. 我国制造企业实施 CIMS 应注意的问题 [J]. 计算机辅助设计与制造，1997（8）：12-14.

[46] 安德鲁·库夏克. 智能制造系统 [M]. 北京：清华大学出版社，1993.

[47] 李培根，张洁. 敏捷化智能制造系统的重构与控制 [M]. 北京：机械工业出版社，2003.

[48] 彭瑜，刘亚威，王健. 智慧工厂：中国制造业探索实践 [M]//工业控制与智能制造丛书. 北京：机械工业出版社，2016.

[49] 李杰，倪军，王安正，等. 从大数据到智能制造 [M]. 上海：上海交通大学出版社，2016.

[50] Mikell P Groover. 自动化生产系统与计算机集成制造 [M]. 4 版. 北京：清华大学出版社，2016.

[51] 王隆太，先进制造技术 [M]. 北京：机械工业出版社，2012.

[52] 项英话，人类功效学 [M]. 北京：北京理工大学出版社，2008.

[53] 夏恩君，技术经济学 [M]. 北京：中国人民大学出版社，2013.

[54] 王璞，技术经济学 [M]. 北京：机械工业出版社，2012.

[55] 王海民，现代管理会计 [M]. 西安：西安交通大学出版社，2009.